普通高等教育机械类特色专业系列教材

# 工程识图教程

（第二版）

卜林森　贾皓丽　编

科学出版社

北京

## 内 容 简 介

本书根据高等院校“画法几何及工程制图课程教学基本要求”编写，本书共10章，内容包括设计中的图形语言、制图的基本知识、正投影基础、立体的投影、轴测投影、组合体、机件常用的表达方法、标准件和常用件、零件图、装配图等，书末附有常用相关国家标准。

本书可作为普通高等院校非机械类各专业的教材，也可作为高等职业教育用书或供有关工程技术人员参考。

同时出版的《工程识图习题集(第二版)》与本书配套使用。

**图书在版编目(CIP)数据**

工程识图教程/卜林森，贾皓丽编. —2版. —北京：科学出版社，2015.1
普通高等教育机械类特色专业系列教材

ISBN 978-7-03-042461-7

Ⅰ.①工… Ⅱ.①卜… ②贾… Ⅲ.①工程制图-识别-高等学校-教材
Ⅳ.①TB23

中国版本图书馆CIP数据核字(2014)第268340号

责任编辑：毛 莹 张丽花/责任校对：桂伟利
责任印制：赵 博/封面设计：迷底书装

科学出版社出版
北京东黄城根北街16号
邮政编码：100717
http://www.sciencep.com
天津市新科印刷有限公司印刷
科学出版社发行 各地新华书店经销
*
2003年9月第 一 版 开本：787×1092 1/16
2015年1月第 二 版 印张：11 1/2
2024年8月第二十二次印刷 字数：264 000

**定价：39.80元**
(如有印装质量问题，我社负责调换)

# 前　言

工程识图是高等工科院校非机类少学时专业的一门技术基础课。本书作为工程图学教学改革的配套教材，是根据高等院校“画法几何及工程制图课程教学基本要求”以及多年的教学改革经验编写而成的。

本书主要有以下特点：

(1)注重工程识图的基础理论和方法，精选内容，合理安排，优化机构。

(2)文字精练，以图为主，针对性强，提高了教材的实用性。

(3)全书采用最新的机械制图国家标准。

本书第一版于2003年9月出版，根据使用后反馈的信息，本次再版时对部分内容作了修改和调整，并采用了最新的国家标准。

本书由南京航空航天大学卜林森、贾皓丽编写，其中第1～6章由贾皓丽编写，第7～10章及绪论、附录由卜林森编写。刘苏教授担任本书主审。

在本书的编写过程中，参阅了部分图学书籍，在此对相关作者表示感谢。

由于编者水平有限，书中难免存在疏漏之处，敬请读者批评指正。

编　者

2014年9月

# 目　　录

# 绪　　论

## 一、本课程的内容

本课程主要介绍用正投影的方法绘制和阅读工程图样。

当进行机械设计时，设计人员按照一定的绘图方法，将机器及其全部零件用图形表达在图纸上，并标出它们的大小和技术要求，这样的图纸称为工程图样。在生产和科学实验中，设计者用图样表达设计的对象，制造者从图样中了解设计要求并制造产品，人们还运用图样进行科学技术交流。图样与文字、数字一样，是人们用以表达设计思想、指导生产加工、交流设计意图的重要工具，它是“工程技术界的共同语言”，每个工程技术人员都必须熟练地掌握这种语言，具备绘制和阅读图样的能力。

本课程是研究绘制、阅读各种工程图样的原理和方法的一门技术基础课。

## 二、本课程的主要任务

(1) 学习正投影法的基本原理和方法。

(2) 培养绘制和阅读工程图样的能力。

(3) 培养空间想象和空间分析的能力。

(4) 培养耐心细致的工作作风和认真负责的工作态度，提高审美能力和创造能力。

## 三、学习方法

根据本课程的特点，提出以下学习方法供参考。

(1) 本课程是实践性很强的技术基础课，在学习中必须注重理论联系实际，细观察，多思考，勤动手，掌握正确的读图、绘图的方法和步骤，提高绘图技能。

(2) 在学习中，必须经常注意空间几何关系的分析以及空间几何元素与其投影之间的相互关系。只有“从空间到平面，再从平面到空间”进行反复研究和思考，才是学好本课程的有效方法。也只有这样，才能不断提高和发展空间想象能力以及分析问题和解决问题的能力。

(3) 认真听课，独立完成作业，及时复习；同时注意正确使用绘图仪器，不断提高绘图技能和绘图速度。

(4) 在完成习题和作业的同时，应该养成认真细致、一丝不苟的作风。严格遵守技术制图国家标准中的有关规定，努力培养认真负责的工作态度和严谨细致的工作作风。

# 第1章 设计中的图形语言

## 1.1 图样发展史

劳动实践中，图样作为设计者表达和交流思想的通用语言出现在各个工程领域。

早在远古时期，人类的祖先就已经利用岩石、地面和其他表面开始画一些简单的图形，用以满足他们表达上的基本需要，如壁画、象形文字等。图1.1(a)为旧石器时代壁画，图1.1(b)为古埃及象形文字。

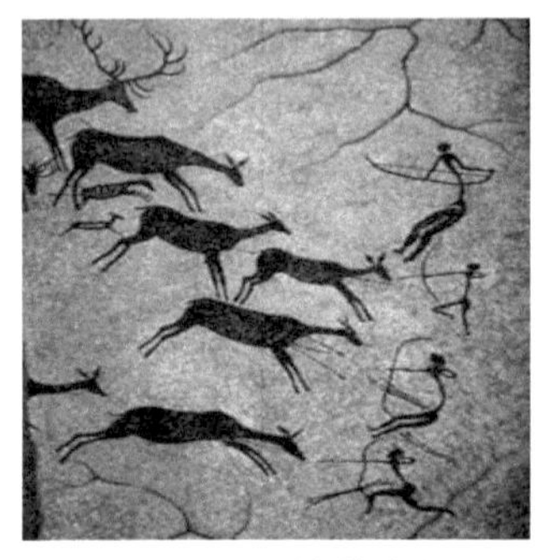

(a) 旧石器时代的壁画

(b) 古埃及象形文字

图1.1 远古图样

我国是世界文明古国之一，工程的图学应用伴随着生产的发展和劳动人民生活水平的提高而产生和日趋完善。

远在战国时期我国人民就已运用设计图(如建筑规划平面图)来指导工程建设，距今已有2400多年的历史。"图"在人类社会的文明进步中和推动现代科学技术的发展中起了重要作用。图1.2(a)为元代薛景石《梓人遗制》中华机子图，图1.2(b)为明代宋应星《天工开物》水车图。

随着时代的进步，图样的表达向着两个截然不同的方向发展：艺术的和技术的。艺术家用绘画来表现艺术、哲学以及其他抽象的情感。工程设计师在建造战车、建筑物等工程项目以及简单实用的器械时，开始把图样作为表达设计思想的工具，如图1.3所示。

随着工业革命的兴起，在设计和施工过程中，有一个精确的被普遍接受的表达方式。法国数学家Gaspard Monge(1746～1818)的著作《画法几何学》奠定了现代技术制图的理论基础，标志着图学技术由经验上升为科学。使得在工程和科技领域中，用于表达交流设计信息的工程图样规范化和唯一化。

画法几何采用图形和投影原理解决空间几何关系，是用平面图形表示立体的几何学思想。即把三维空间的几何元素投射在正交的二维投影平面上，并将它们展开成一个平

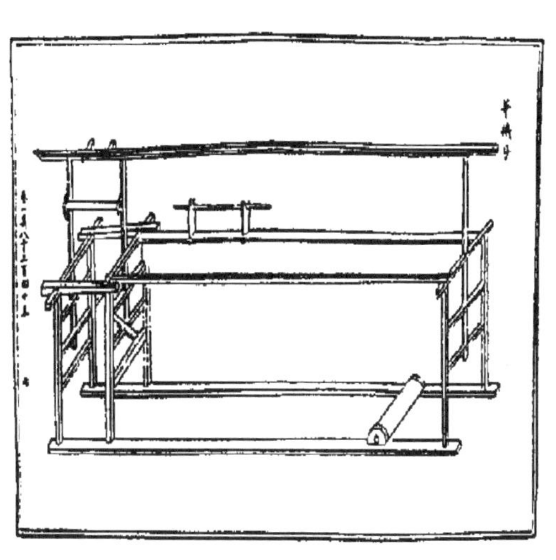

(a)《梓人遗制》中华机子图

(b)《天工开物》水车图

图 1.2　中国古代工程机械图样

(a) 艺术表达

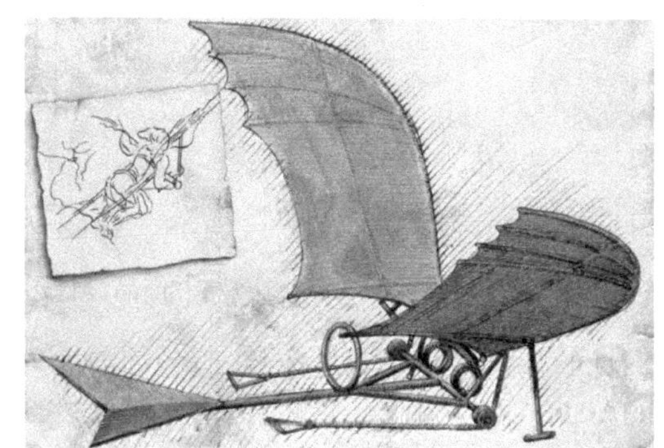

(b) 技术表达

图 1.3　Leonardo da Vinci(1452～1519)文艺复兴时期作品

面，得到由二维投影组成的正投影图，该正投影图可准确唯一地表达这些空间几何元素，详见第 3 章正投影法基础。

现代工程制图正是基于画法几何的理论基础，采用严格的制图标准，成为工程领域信息交流的有效工具，准确传递设计师的设计意图。

## 1.2　产品设计

产品设计是一个复杂的思维过程，它要求设计者对最终产品的功能和性能有一个清晰的了解，想象和创造出新的设计想法，并通过二维图样、三维模型等将设计思想准确无误地表达出来。图 1.4(a)为产品的概念图，图 1.4(b)为产品手绘渲染图，图 1.4(c)为产品三维数字化模型，图 1.4(d)为产品二维工程图样。

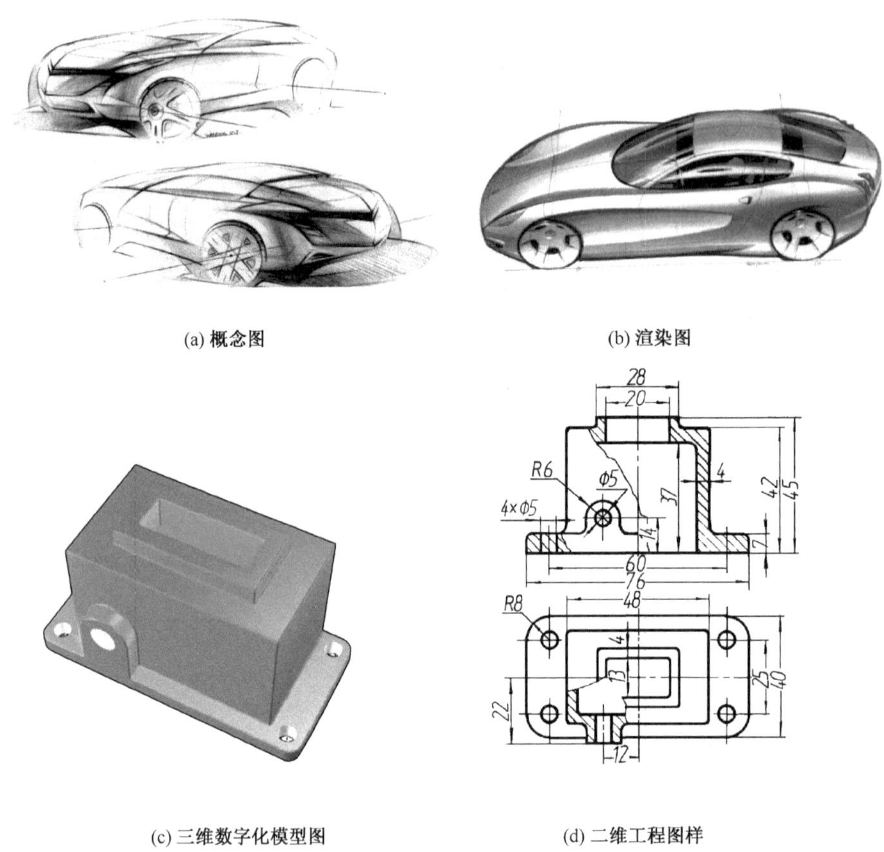


(a) 概念图　(b) 渲染图

(c) 三维数字化模型图　(d) 二维工程图样

图 1.4　产品设计图样

产品设计的基本功能是满足产品、服务等需求，提出问题的解决方案。一个成功产品的设计过程包含了设计、制造、装配、销售、服务等多种因素。一般可将产品设计过程分为以下几个步骤。如其中某一个阶段进行得不理想，可返回上一个步骤并重复进行。

步骤 1：明确用户需求，提出设计问题。

步骤 2：收集解决方案的概念和想法。

步骤 3：整合提炼设计方案。

步骤 4：制作数字化模型和实物模型，完成产品的零部件图样。

在工业生产中，产品在 CAD 系统下的数字化模型可直接进行机械数控加工。但对于大多数工业产品，已确定的产品最终设计方案还需要进行工程图样（零件图和装配图等）的设计。

机械工程领域使用的工程图样主要是机械图样，它是用于技术交流和指导生产的重要技术文件之一。机械图样有严格的制图标准，必须采用一定的制图技术。

## 1.3　计算机辅助设计

随着计算机技术的发展，计算机绘图不仅能取代手工仪器绘图，而且通过三维建模，对原物体进行精确的数学描述，模拟出真实世界中物体的形状、颜色及其纹理等属性，使得计算机辅助制造成为可能。

在设计过程中，使用计算机帮助工程师进行设计的一切实用技术的总和称为计算机辅助设计(Computer Aided Design，CAD)。CAD技术通过利用计算机进行设计、工程分析、优化、绘图和文档制作等设计活动，把设计人员的思维、综合分析能力与计算机的快速、准确、易于修改等特性综合起来，从而加速了产品的设计速度，提高了设计质量。

目前常见的计算机辅助设计系统有AutoCAD、CAXA、UG、CATIA、Creo、Solid Works等。

虽然在大多数工程设计中，计算机辅助设计已经取代了传统的手工制图工具，但用于工程设计人员间交流沟通的工程图样的基本概念并没有变化。因此每位工程设计人员都必须了解最新的工程制图标准，学习如何绘制和理解工程图样的基本概念和基本原理，学习手工绘图和使用计算机进行绘图的方法。能正确阅读和绘制工程图样，这样工程设计团队中的每个成员才能进行迅速准确的交流。

# 第 2 章　制图的基本知识

## 2.1　制图的基本规定

图样是工程上用来表达设计意图、进行技术交流和指导生产的重要工具。因此，国家制订了绘制图样的统一国家标准，简称国标，其代号为“GB”。例如 GB/T 14689—2008 为技术制图“图纸幅面和格式”的国家标准，其中 14689 为标准的编号，2008 表示该标准于 2008 年颁布。国标对图样的画法作了严格规定，在绘制时必须严格遵守。

### 一、图纸幅面和格式（GB/T 14689—2008）

（一）图纸幅面尺寸

绘制图样时，应优先采用基本幅面。必要时，还可选用加长幅面。基本幅面共有五种，幅面代号和幅面尺寸见表 2.1。

**表 2.1　图纸基本幅面代号和尺寸**　　（单位：mm）

| 幅面代号 | A0 | A1 | A2 | A3 | A4 |
|---|---|---|---|---|---|
| $B\times L$ | 841×1189 | 594×841 | 420×594 | 297×420 | 210×297 |
| $a$ | 25 | | | | |
| $c$ | 10 | | | 5 | |
| $e$ | 20 | | 10 | | |

（二）图框格式

在图纸上必须用粗实线画出图框，其格式分为不留装订边和留有装订边两种，但同一产品的图样只能采用一种格式。不留装订边和留有装订边的图框格式见图 2.1，其中(a)、(b)为不留装订边，(c)、(d)为留有装订边。图中 $a$、$c$、$e$ 为图框距离纸边的长度，其数值见表 2.1。

（三）标题栏的方位及格式

每张图纸上都必须画出标题栏。标题栏的位置应位于图纸的右下角，如图2.1所示。看图方向与看标题栏中文字的书写方向一致。国家标准（GB/T 10609.1—2008）推荐的标题栏格式比较复杂，学生在做作业时建议采用教学用简化标题栏，见图 2.2，其外框是粗实线，其右边与底边与图框重合，框内为细实线。

### 二、比例（GB/T 14690—2008）

图样中图形与其实物相应要素的线性尺寸之比称为比例。国家标准规定了绘制图样

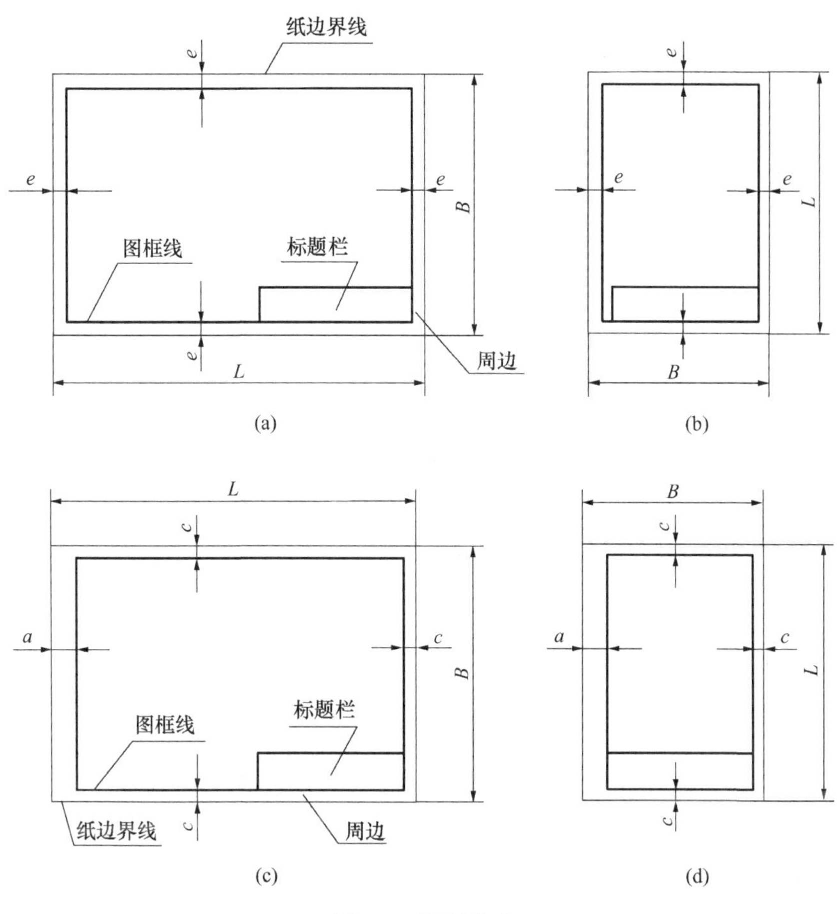


图 2.1　图框格式

| 绘图 | (签名 年 月 日) | (图样名称) | 材料 | |
|---|---|---|---|---|
| 班级 | | | 数量 | |
| 学号 | | (学校名称) | 比例 | |
| 审核 | (签名 年 月 日) | | 图号 | |

图 2.2　教学用简化标题栏

时一般应采用的比例,见表 2.2,分为原值比例、放大比例、缩小比例三种,并且优先选用第一系列中的比例值。

绘制图样时,应根据机件的大小及其结构的复杂程度来选取相应的比例,一般应尽可能按机件的实际大小（1∶1）画出,以便直接从图样上看出机件的真实大小。对于大的机件，可采用缩小比例；对于小而复杂的机件，可采用放大比例。但是无论采用哪种比例，图形上所标注的尺寸数值必须是机件的实际尺寸。

**表 2.2　比例**

| 种类 | 第一系列 | 第二系列 |
|---|---|---|
| 原值比例 | 1∶1 | |
| 放大比例 | 5∶1　2∶1<br>$5\times10^n$∶1　$2\times10^n$∶1　$1\times10^n$∶1 | 4∶1　2.5∶1<br>$4\times10^n$∶1　$2.5\times10^n$∶1 |
| 缩小比例 | 1∶2　1∶5　1∶10<br>1∶$2\times10^n$　1∶$5\times10^n$　1∶$1\times10^n$ | 1∶1.5　1∶2.5　1∶3　1∶4　1∶6<br>1∶$1.5\times10^n$　1∶$2.5\times10^n$　1∶$3\times10^n$<br>1∶$4\times10^n$　1∶$6\times10^n$ |

绘制同一机件的各个视图一般应采用相同的比例，并在标题栏的比例栏中填写相应的比例。如图样中的某个视图采用的比例与标题栏中的比例不同时，必须在视图的下方或右侧标注其比例。

## 三、字体（GB/T 14691—2008）

图样中的字体包括数字和文字，在书写时必须做到：字体端正、笔画清楚、间隔均匀、排列整齐。

字体高度称为字体号数。国标规定字体高度（用 $h$ 表示）的公称尺寸(mm)系列为：1.8，2.5，3.5，5，7，10，14，20。

字母和数字的字体分斜体和直体两种。斜体字字头向右倾斜与水平方向成 75°。汉字应写成长仿宋体，并应采用中华人民共和国国务院正式公布推行的《汉字简化方案》中规定的简化字。汉字的高度 $h$ 不应小于 3.5mm，字宽一般为 $h/\sqrt{2}$。

长仿宋体的书写要领是：横平竖直，注意起落，结构匀称，填满方格。

下面是一些常用字体的示例。

1. 长仿宋体示例

字体工整　笔画清楚　间隔均匀　排列整齐

横平竖直　注意起落　结构均匀　填满方格

2. 拉丁字母示例

*A B C D E F G H I J K L M N O P Q R S T U V W X Y Z*

*a b c d e f g h i j k l m n o p q r s t u v w x y z*

3. 阿拉伯数字示例

*0 1 2 3 4 5 6 7 8 9*

4. 罗马数字示例

Ⅰ Ⅱ Ⅲ Ⅳ Ⅴ Ⅵ Ⅶ Ⅷ Ⅸ Ⅹ

## 四、图线（GB/T 17450—1998，GB/T 4457.4—2002）

图样中为了图形清晰，使用不同线型，表达不同内容。

（一）图线型式及应用

国标规定了图线的名称、形式、结构、标记和画法规则，如表 2.3 所示。

图线的宽度分为粗细两种。粗线的宽度 $b$ 应按图的大小和复杂程度，在0.5～2mm 之间选择，细线的宽度约为 $b/2$。

图线宽度的推荐系列为：0.18，0.25，0.35，0.5，0.7，1，1.4，2mm。图 2.3 说明了图线形式及一般用法。

**表 2.3　图线形式及一般应用**

| 图线名称 | 图线形式及代号 | 图线宽度 | 一般应用 |
|---|---|---|---|
| 粗实线 | A | $b$ | A1 可见轮廓线 |
| 细实线 | B | 约 $b/2$ | B1 尺寸界线及尺寸线<br>B2 剖面线<br>B3 重合剖面轮廓线 |
| 波浪线 | C | 约 $b/2$ | C1 断裂处的边界线<br>C2 视图和剖视的分界线 |
| 双折线 | D | 约 $b/2$ | D1 断裂处的边界线 |
| 虚线 | ≈1　≈4　F | 约 $b/2$ | F1 不可见轮廓线 |
| 细点画线 | ≈3　≈15　≈1　G | 约 $b/2$ | G1 轴线<br>G2 对称中心线<br>G3 轨迹线 |
| 粗点画线 |  | $b$ | 有特殊要求的线或面的表示线 |
| 双点画线 | ≈5　≈15　≈1　K | 约 $b/2$ | K1 相邻辅助零件的轮廓线<br>K2 极限位置的轮廓线 |

（二）图线画法

（1）同一图样中，同类图线的宽度应基本一致。虚线、点画线及双点画线的线段长度和间隔应大致相等。

（2）除非另有规定，两条平行线间的最小距离不得小于 0.7mm。

（3）绘制圆的对称中心线时，圆心应为线段的交点。点画线和双点画线的首末两端应是线段而不是短画，点画线应超出相应图形外 2～5mm。

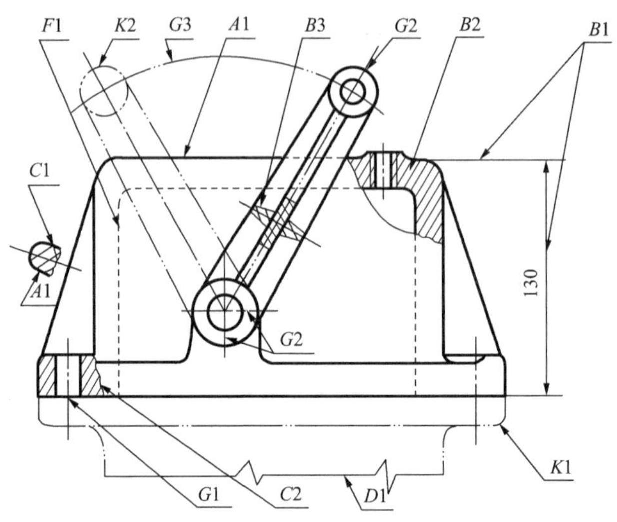


图 2.3　图线形式及一般应用

(4) 较小的图形上绘制点画线或双点画线有困难时，可用细实线代替。

(5) 当两种或多种图线重合时，应按粗线、虚线、细点画线的顺序，只画前面的一种图线。

图 2.4 所示为图线画法应用实例。

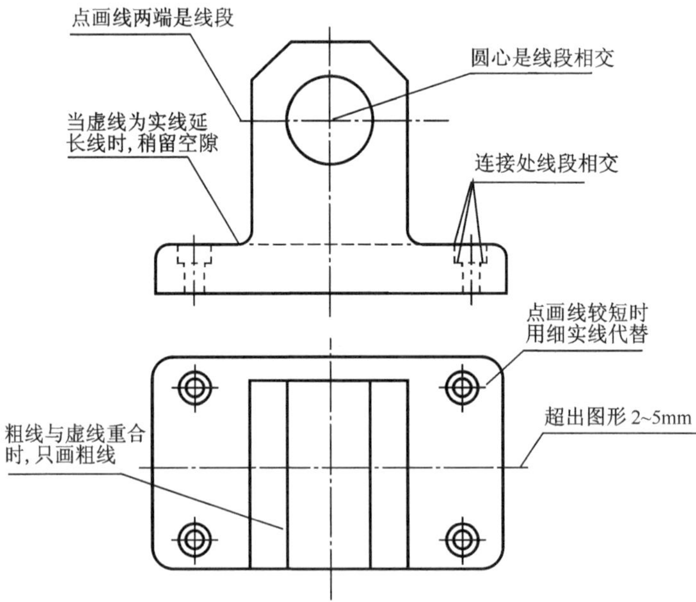


图 2.4　图线的画法

## 五、尺寸注法（GB/T 4458.4—2003，GB/T 16675.2—1996）

标注平面图形尺寸的要求是：正确、完整和清晰。

（一）基本规则

(1) 机件的真实大小应以图样上所注的尺寸数值为依据，与图形的大小及绘图精确度无关。

(2) 图样中（包括技术要求和其他说明）的尺寸，以毫米（mm）为单位时，不需标注计量单位的代号或名称。如采用其他单位，则必须注明相应计量单位的代号或名称。

(3) 图样中所标注的尺寸，为该图样所示机件的最后完工尺寸，否则应另加说明。

(4) 机件的每一尺寸一般只标注一次，并应标注在反映该结构最清晰的图形上。

（二）尺寸的组成

一个完整的尺寸由尺寸数字（或加有关符号）、尺寸线和尺寸界线组成。

1. 尺寸数字

尺寸数字要严格按照标准字体书写清楚，同一张图样上保持字高一致，且不能被任何图线通过。

2. 尺寸线

尺寸线用细实线绘制，其终端形式常采用箭头，见图 2.5(a)。箭头应与尺寸界线接触。尺寸线不能用其他图线代替，也不得与其他图线重合或画在其延长线上。

3. 尺寸界线

尺寸界线用细实线绘制，其长度超出尺寸线约 2mm，一般由图形的轮廓线、轴线或对称中心线处引出。也可利用轮廓线、轴线或对称中心线作为尺寸界线。尺寸的组成及标注示例如图2.5(b)所示。

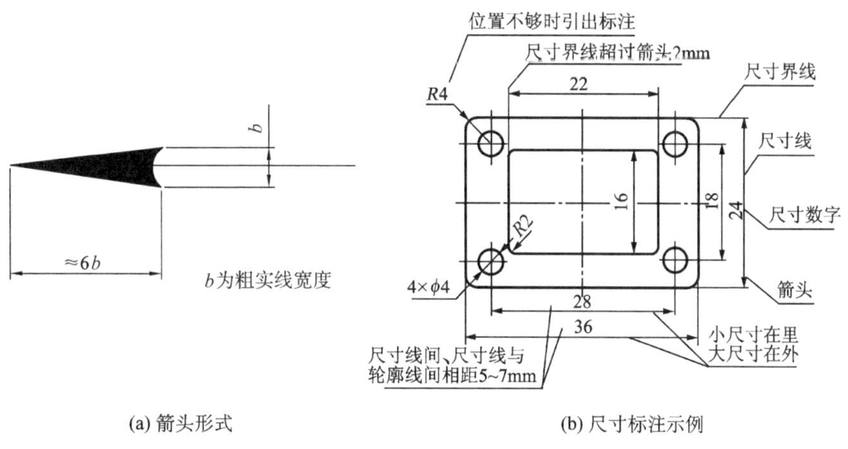


(a) 箭头形式　　(b) 尺寸标注示例

图 2.5　尺寸的组成及标注示例

（三）尺寸的注法

尺寸的标注形式多样，这里列出一些常见尺寸的标注形式，见表 2.4。

**表 2.4　常见尺寸的标注形式**

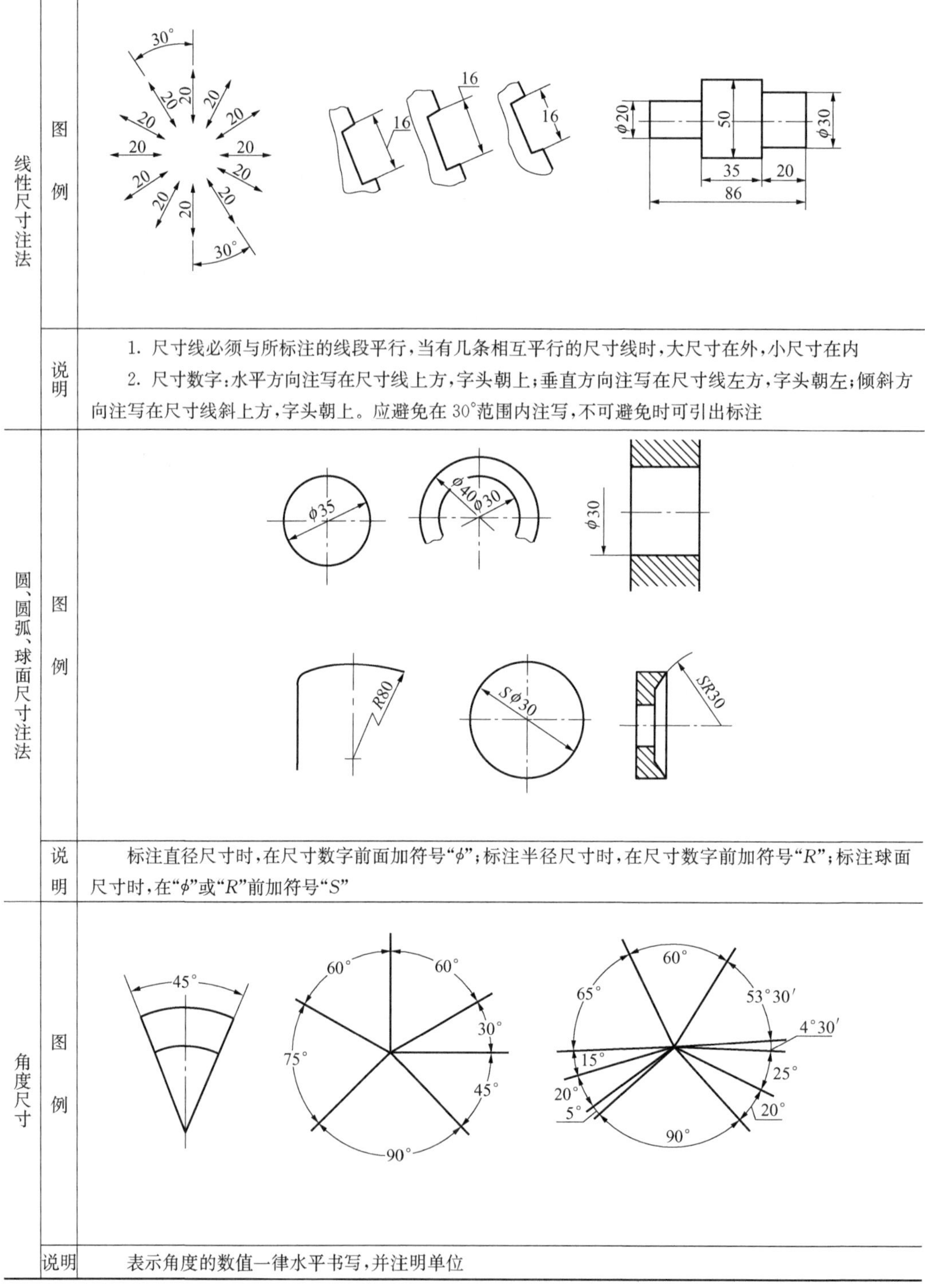


| 类别 | 项目 | 内容 |
| --- | --- | --- |
| 线性尺寸注法 | 图例 | |
| | 说明 | 1. 尺寸线必须与所标注的线段平行，当有几条相互平行的尺寸线时，大尺寸在外，小尺寸在内<br>2. 尺寸数字：水平方向注写在尺寸线上方，字头朝上；垂直方向注写在尺寸线左方，字头朝左；倾斜方向注写在尺寸线斜上方，字头朝上。应避免在30°范围内注写，不可避免时可引出标注 |
| 圆、圆弧、球面尺寸注法 | 图例 | |
| | 说明 | 标注直径尺寸时，在尺寸数字前面加符号“$\phi$”；标注半径尺寸时，在尺寸数字前加符号“$R$”；标注球面尺寸时，在“$\phi$”或“$R$”前加符号“$S$” |
| 角度尺寸 | 图例 | |
| | 说明 | 表示角度的数值一律水平书写，并注明单位 |

续表

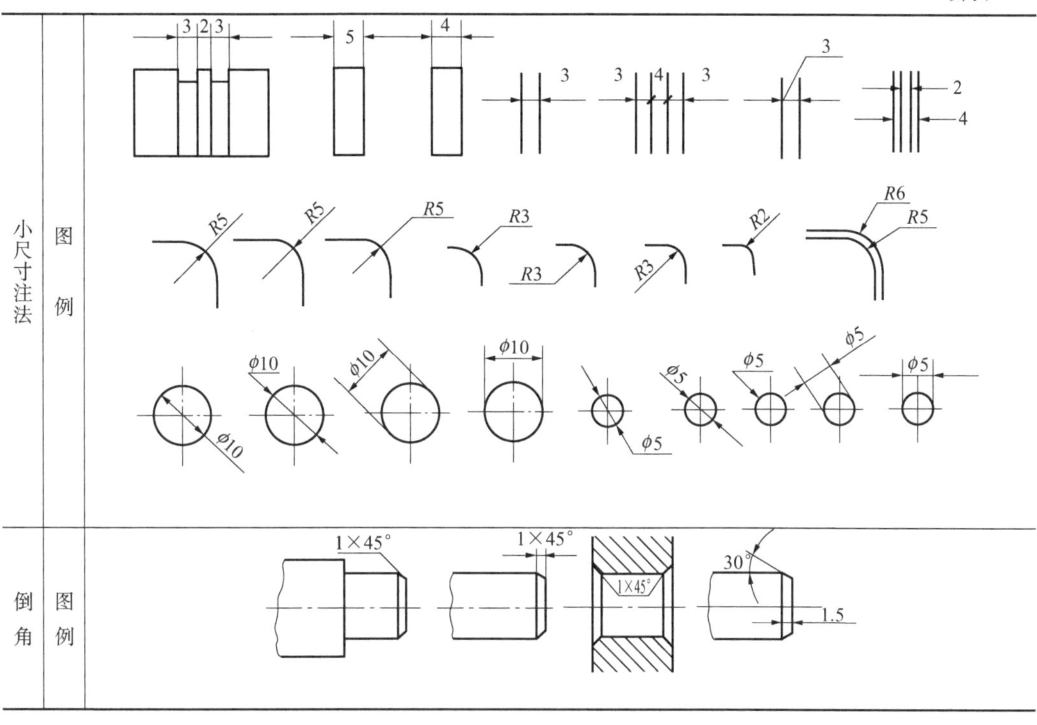


## 2.2　绘图工具及其使用方法

正确使用绘图工具是保证绘图质量和提高绘图速度的一个重要方面。常用的手工绘图工具有：图板、丁字尺、三角板、圆规、分规、铅笔等。

### 一、图板、丁字尺和三角板

图板、丁字尺和三角板一般应联合使用。画图时，先将图纸固定在图板上。使丁字尺的尺头紧靠着图板左侧的导边，利用尺身自左至右画水平线，如图 2.6(a)所示。上下移动丁字尺可画一系列互相平行的水平线。三角板除了直接用来画直线外，配合丁字尺可画铅垂线和其他角度的倾斜线，如图 2.6(b)、(c)所示。

### 二、圆规和分规

圆规是画圆和圆弧的工具。使用前应先调整针脚，使针尖略长于铅芯，见图 2.7。需说明一点，为了保证图面质量，圆规上的铅芯应比画直线用的铅芯软些。

分规是量取线段或等分线段用的工具。分规两脚的针尖并拢后应能对齐，见图 2.8 (a)。分规在等分线段时采用试测法，见图 2.8 (b)。

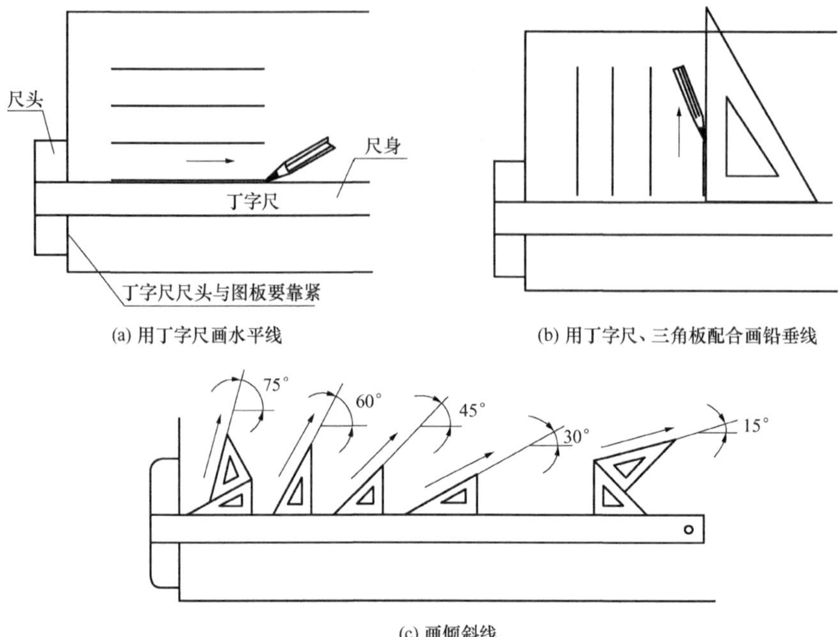


(a) 用丁字尺画水平线　(b) 用丁字尺、三角板配合画铅垂线

(c) 画倾斜线

图 2.6　图板、丁字尺和三角板的使用

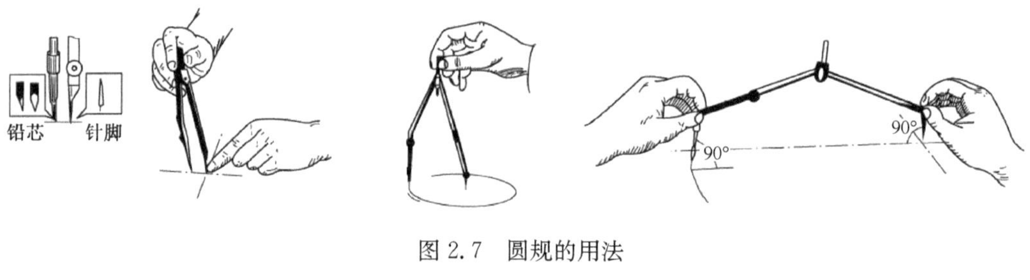


图 2.7　圆规的用法

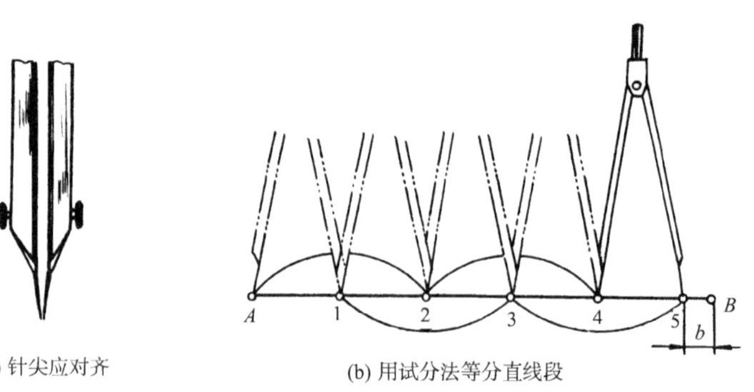


(a) 针尖应对齐　(b) 用试分法等分直线段

图 2.8　分规的用法

### 三、铅笔

绘图铅笔一般分为 H～6H、HB 和 B～6B 共 13 种规格。H 前数字越大，铅芯越硬，B 前数字越大，铅芯越软。绘图时推荐采用：打底稿用 H（或 HB），加深图线或写字用 HB（或 B），圆规用 B（或 2B）。在削铅笔时，从无字标的一头开始，以保留铅芯的软硬标记。铅芯伸长 6～8mm 为宜，一般磨成圆锥形，也可磨成扁平形，见图 2.9。

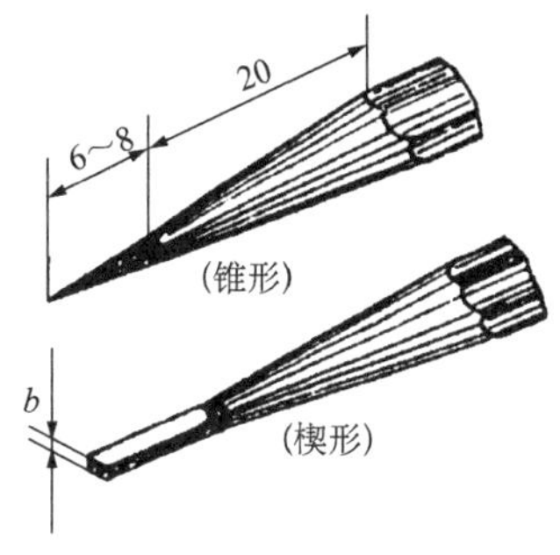


图 2.9　铅笔的削法

## 2.3　平面图形的绘制

### 一、手工绘图的一般方法和步骤

（一）准备工作

在绘图前首先应准备好图纸及各种绘图工具，包括图板、丁字尺、三角板、圆规、铅笔等工具及用品，并将铅笔按用途削好；图板、丁字尺、三角板擦干净；图纸用胶带纸固定在图板左上角。

（二）绘制底稿

根据图形的大小和个数，确定图纸幅面，选取适当比例在图框中的有效绘图区域合理布图，要求做到布图匀称。然后用 H 或 HB 铅笔先画出图形的主要轮廓，再画其细节部分。将图中所有图线（剖面线除外）轻轻用细线画出底稿。

（三）加深

认真检查后，擦去不需要的图线，并加深底稿。为了保证成图的整洁与美观，一般采用从上往下，从左往右的加深顺序，按下列步骤绘制：

第一步：用 B 铅加深细实线和点画线的圆及圆弧。用丁字尺加深所有水平线，并配合三角板加深所有垂直线。

第二步：用 HB 铅加深细实线和点画线的直线，其中剖面线一次画成。

第三步：用 2B 铅加深粗实线的圆及圆弧。

第四步：用 HB 铅画尺寸箭头，注写尺寸数字，填写标题栏等。

第五步：检查有无错误和遗漏，完成图样。

在加深过程中，应经常擦干净丁字尺和三角板，用干净白纸盖住已画好的图线，以避免摩擦而使线条变模糊。

### 二、几何作图

机件形状是多种多样，但都是由若干几何形体组成，它们的图样也不外是一些几何图形的组合。下面介绍几种几何图形的作图方法。

（一）正多边形的画法

正三边形、正四边形、正六边形可直接利用圆规或三角板画出，中学已学过，这里不再叙述。其他正多边形可参照图 2.10 的近似画法作图。

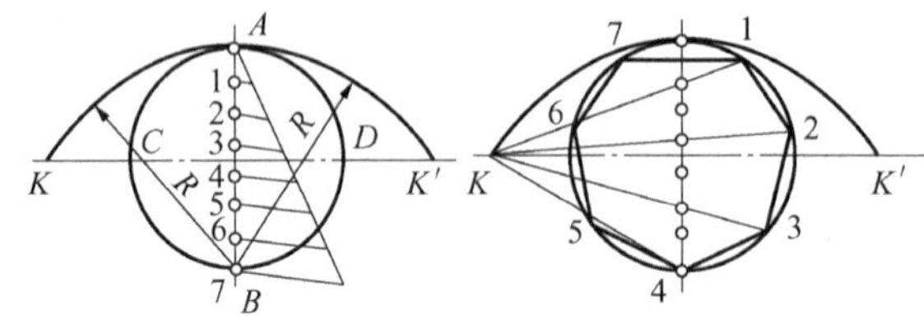


图 2.10　正多边形作法

(1) $n$ 等分直径 $AB$（图中 $n=7$）；(2) 以 $A$ 或 $B$ 作圆心，直径 $AB$ 为半径作弧，交 $CD$ 延长线于 $K$ 或 $K'$；(3)自 $K$ 或 $K'$ 与 $AB$ 上的奇数点（或偶数点）相连，并延长至圆周，得各分点，即可作多边形

（二）斜度和锥度的画法

1. 斜度

斜度是一直线对另一直线或一平面对另一平面的倾斜程度，其大小以它们之间夹角的正切值表示。

如图 2.11(a)所示，直线 $AC$ 对 $AB$ 的斜度等于直线 $FC$ 对 $EB$ 的斜度，即 $\tan\alpha=\dfrac{H}{L}=\dfrac{H-h}{l}$。在图样上则以$\angle 1:n$ 的形式标注，斜度符号“$\angle$”的方向应与斜度方向一致，如图 2.11(b)所示。图 2.11(c)表示 $DC$ 对 $AB$ 的斜度为$1:5$，该斜度作图过程见图 2.11(d)、(e)。

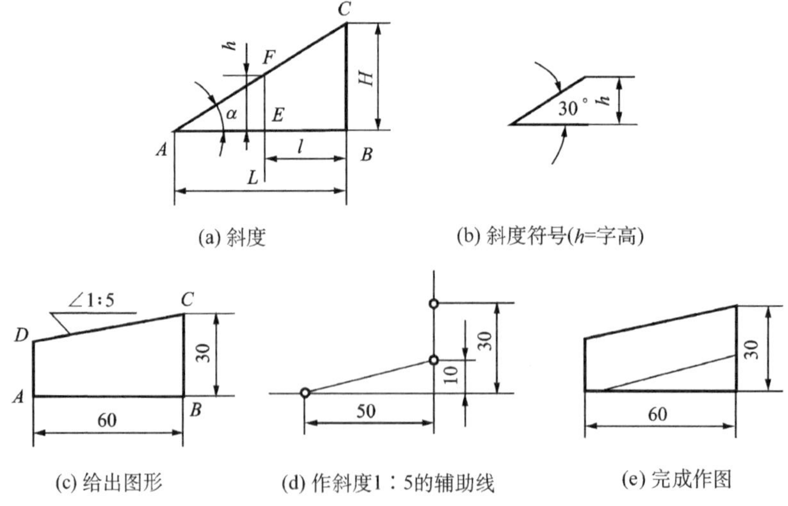


图 2.11　斜度及其作图

2. 锥度

锥度是正圆锥体底圆直径与该正圆锥体高度之比。

如图 2.12(a)所示，正圆锥和正圆台的锥度为$\frac{D}{L}=\frac{D-d}{l}=2\tan\alpha$。在图样上同样以∠1∶n 的形式标注，锥度符号的方向应与锥度方向一致，见图 2.12(b)。如图 2.12(c)表示圆台的锥度为 1∶5，该锥度作图过程见图 2.12(d)、(e)。

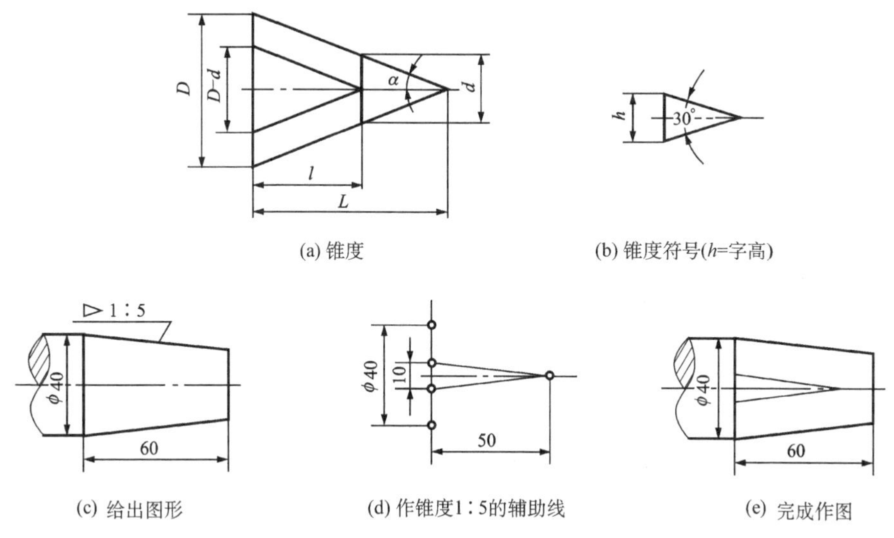


图 2.12　锥度及其作图

（三）圆弧连接

用已知半径的圆弧光滑连接(即相切)两已知线段(直线或圆弧)，称为圆弧连接。这段已知半径的圆弧称为连接弧。圆弧连接的作图要点是根据已知条件找到连接弧的圆心和切点。常见圆弧连接有圆弧与直线连接、圆弧与圆弧连接两类。

1. 圆弧与直线连接

连接弧与已知直线相切时，半径为 $R$ 的连接弧的圆心轨迹是一条与已知直线相距为 $R$ 的平行线。在这条平行线上选定圆心后向已知直线作垂线，垂足就是切点。有圆心、半径、切点即可作连接弧，见图 2.13(a)。

2. 圆弧与圆弧连接

考虑连接弧与已知弧外切以及连接弧与已知弧内切两种情况。当外切时，连接弧的圆心轨迹是一个以已知弧的圆心为圆心，已知弧的半径和连接弧的半径之和为半径的同心圆；当内切时，连接弧的圆心轨迹是一个以已知弧的圆心为圆心，已知弧的半径和连接弧的半径之差的绝对值为半径的同心圆。无论外切还是内切，连接弧与已知弧相切的切点都是在连接弧的圆心和已知弧的圆心的连线或其延长线与已知弧的交点上，如图 2.13(b)、(c)所示。

3. 圆弧连接实例

**例 1.1**　用半径为 $R$ 的圆弧连接两直线，见图 2.14。

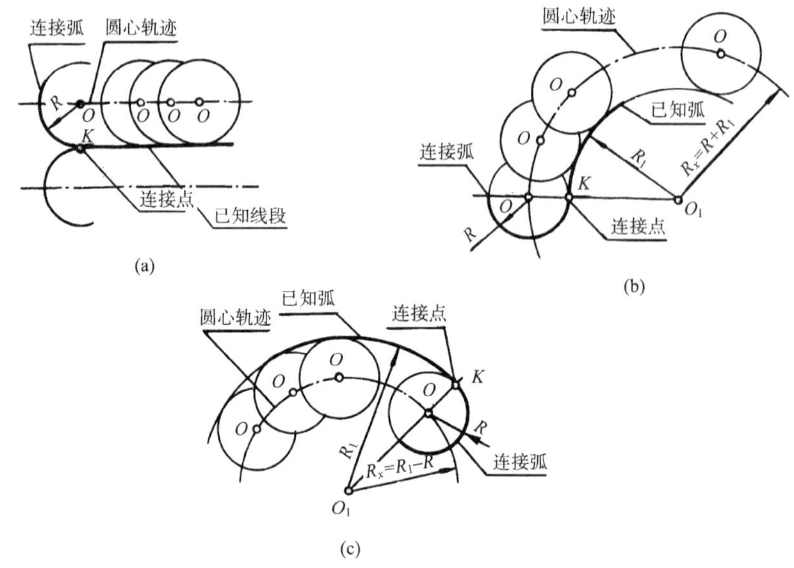


图 2.13　圆弧连接的基本作图

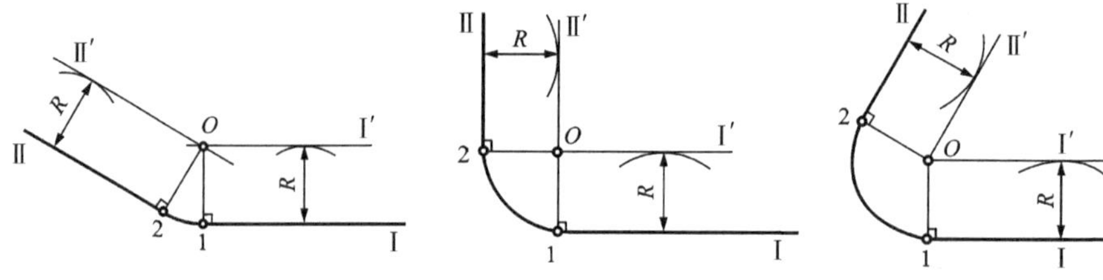


图 2.14　用圆弧连接两条直线

**解**　如图 2.14(a)所示，已知直线Ⅰ、Ⅱ，连接弧的半径为 $R$，作连接弧的过程即确定连接弧的圆心和切点的过程，其作图步骤如下：

(1) 作直线Ⅰ′、Ⅱ′分别平行于已知直线Ⅰ、Ⅱ，且距离为 $R$，两直线Ⅰ′、Ⅱ′的交点 $O$ 即为连接弧的圆心。

(2) 过点 $O$ 分别向直线Ⅰ、Ⅱ作垂线，其垂足 1、2 即为两个切点。

(3) 以 $O$ 为圆心，以 $R$ 为半径作圆弧 12 把两直线连接起来。以上步骤同样适用于图 2.14(b)、(c)的情况。

**例 1.2**　用半径为 $R$ 的圆弧连接两圆弧，见图 2.15。

**解**　如图 2.15(a)所示，半径为 $R$ 的圆弧同时外切两个圆弧，作图步骤如下：

(1) 分别以 $R_1+R$ 及 $R_2+R$ 为半径，$O_1$ 及 $O_2$ 为圆心，作两圆弧交于 $O$，即所求连接弧的圆心。

(2) 连接 $O_1O$ 和 $O_2O$ 分别交两圆于点 1 和 2，1、2 两点即为切点。

(3) 以点 $O$ 为圆心，以 $R$ 为半径，自点 1 到点 2 作圆弧 12，即完成连接。

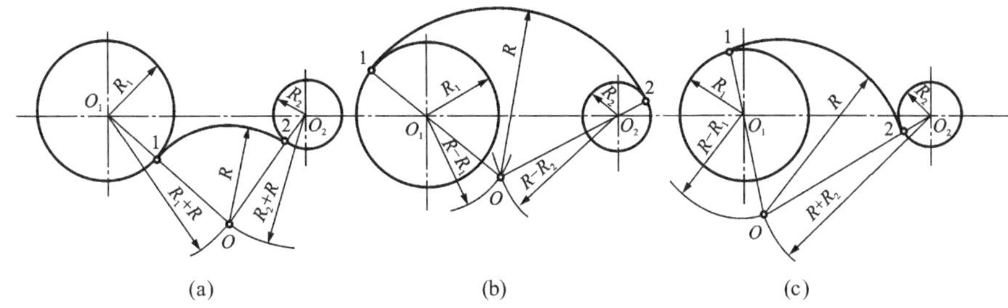


图 2.15　用圆弧连接两已知圆弧

图 2.15(b)、(c)按照上述分析步骤，先确定连接弧的圆心和切点，再进行圆弧连接。

(四) 椭圆的四心圆画法

图 2.16 示出了已知长轴 $AB$、短轴 $CD$ 用四心圆法作椭圆的一种近似画法。图中先取 $OE=OA$，连 $AC$，再取 $CE_1=CE$，见图 2.16(a)。作 $AE_1$ 的垂直平分线，交 $OA$ 于点 1，交 $OD$ 于点 2。对称量取点 3、点 4，见图 2.16(b)。分别以 1、2、3、4 为圆心，$1A$、$2C$、$3B$、$4D$ 为半径作弧，即可连成椭圆。$M$、$M_1$、$N$、$N_1$ 为切点，见图 2.16(c)。

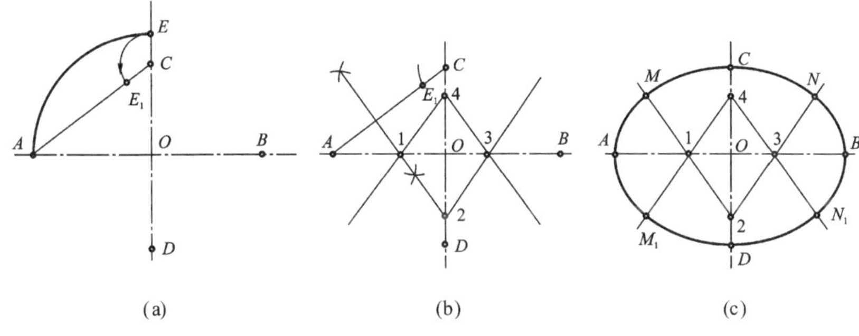


图 2.16　四心圆法画椭圆

## 三、平面图形分析和画法

平面图形通常由一些直线或曲线组成。其中定形和定位尺寸都齐备的线段，称为已知线段。只有定形尺寸而缺少一个或两个定位尺寸的线段，称为连接线段。平面图形的线段中如缺少一个定位尺寸，必须同时补充一个连接条件；如缺少两个定位尺寸，则应同时补充两个连接条件，这样才能作图。

平面图形的作图步骤如下：

(1) 先画出中心线和已知线段；

(2) 画出缺一定位尺寸、知一连接条件的连接线段；

(3) 画出缺两定位尺寸、知两连接条件的连接线段。

以图 2.17 所示的手柄为例，在表 2.5 中说明其作图步骤。

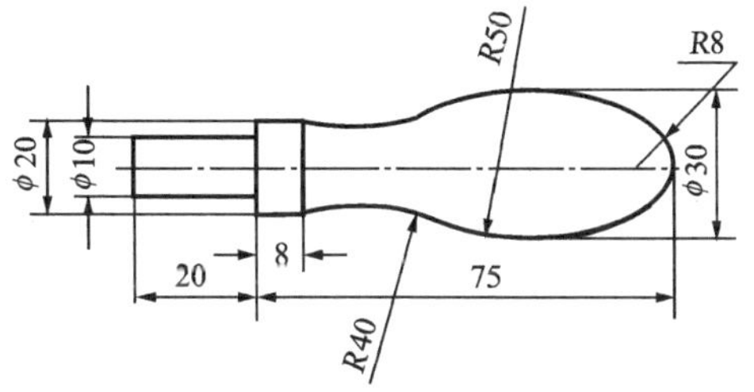


图 2.17　手柄的图形分析

**表 2.5　手柄的作图步骤**

| | |
|---|---|
| 1. 画中心线和已知线段<br>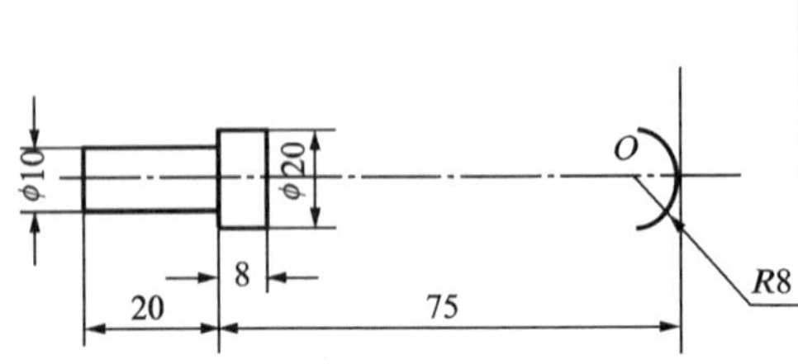 | 2. 确定连接圆弧 $R50$ 的圆心 $O_1$ 及 $O_2$<br>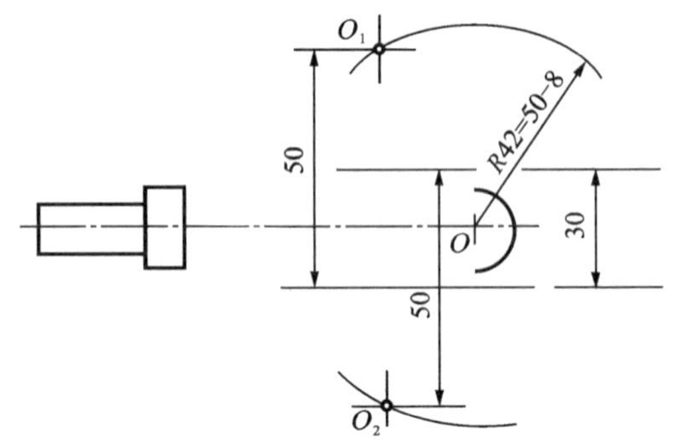 |
| 3. 确定连接圆弧 $R50$ 和已知圆弧 $R8$ 的切点 $A$、$B$，并以 $R50$ 为半径画圆弧<br>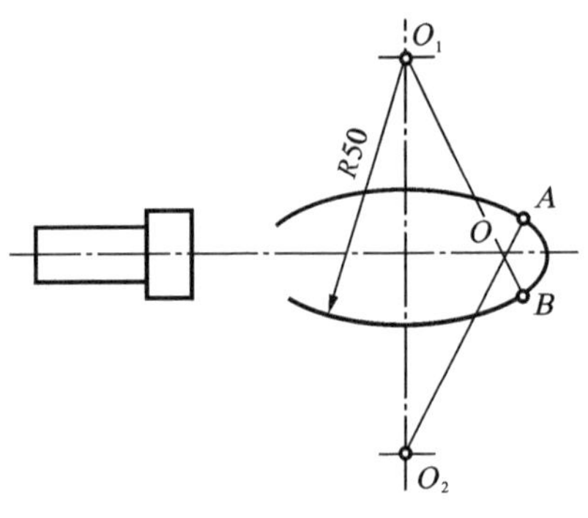 | 4. 确定连接圆弧 $R40$ 的圆心 $O'$ 和 $O''$<br>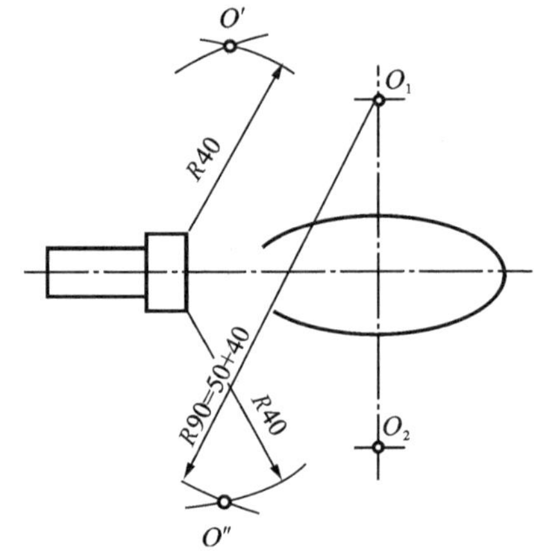 |
| 5. 确定 $R40$ 和 $R50$ 的切点 $C$、$D$<br>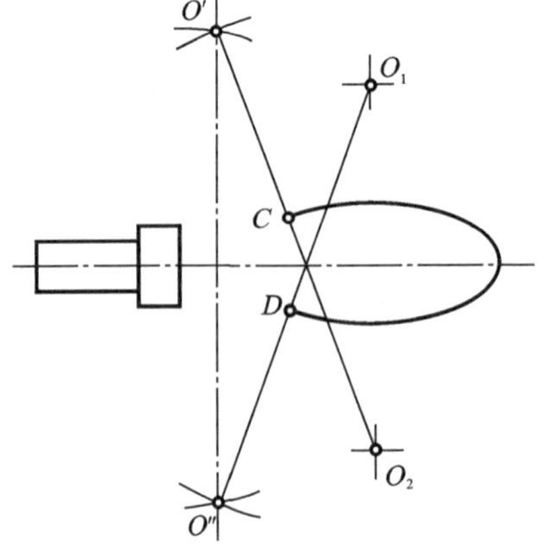 | 6. 以 $O'$ 和 $O''$ 为圆心，以 $R40$ 为半径画圆弧，即完成手柄图形底稿<br>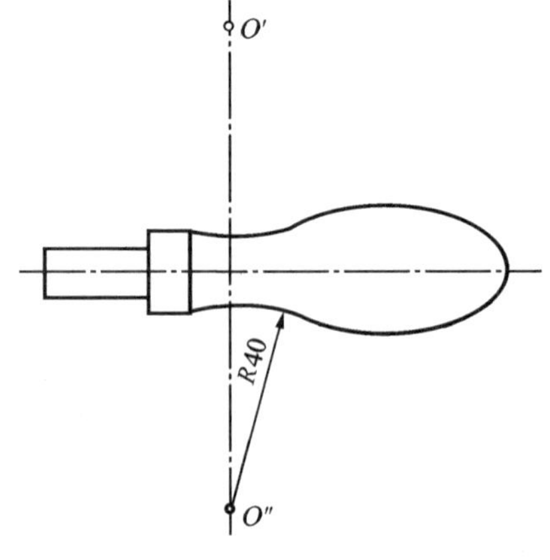 |

## 四、徒手画草图的方法

工程图样根据其使用目的的不同也可用徒手进行绘制。徒手绘制的图称为草图，在进行机器设计测绘、修配等方面都有应用。待定稿后再根据草图整理成仪器图或进行计算机绘图。其最大的优点是作图快速简便。

徒手画草图时，握笔应稳而有力。画直线时，应眼看线的终点，手腕靠纸面，沿画线方向移动。无论在哪个方向上的直线，我们都可转动图纸，使它处于最顺手的方向。画短线时，常以手腕运笔；画长线时，则以手臂动作，较长直线可以画成有小间隙或重叠的多段短线，如图 2.18(a)所示。

徒手画圆时，应先用十字线定圆心，然后根据圆的大小，将圆分成若干等分，增加辅助线在每个等分上截取半径，最后画成圆，如图 2.18(b)、(c)所示。

草图尽管是徒手绘制，但绝不是潦草的图。应该做到线型分明、比例均匀、投影正确、字体端正，能起到较精确传递形体信息的作用。

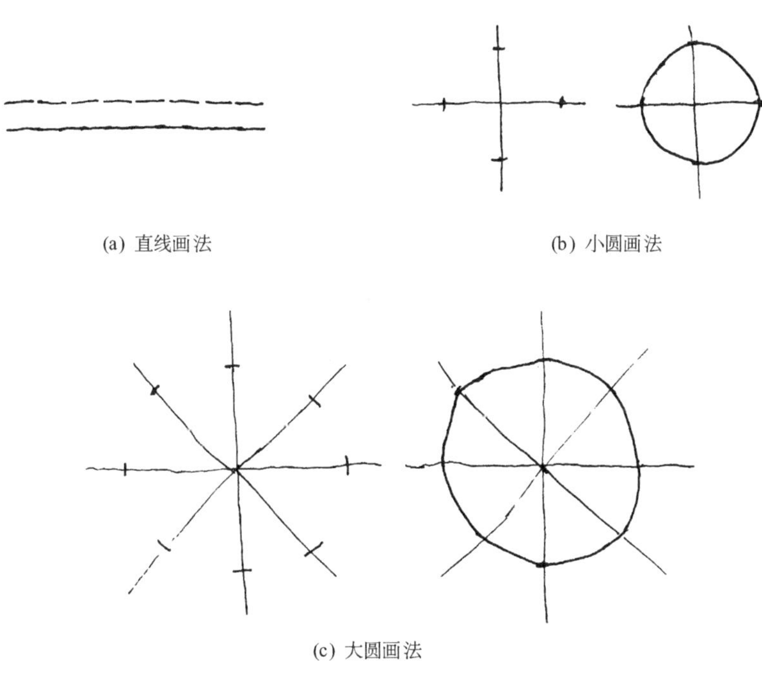

(a) 直线画法　(b) 小圆画法

(c) 大圆画法

图 2.18　徒手画草图

# 第 3 章　正投影法基础

## 3.1　投影法概述

物体在光线的照射下，会在物体背光一面的地上或墙上产生该物体的影子，这就是投影。这样的影子只能反映该物体的轮廓形状，不能反映物体内外具体形状，在工程上没有实用价值。将这一现象加以抽象和提高，即对物体内外各部分的所有空间几何元素（点、线、面）用不同的线型加以具体化，从而形成工程上实用的、完整的投影法。

投影法一般分为两类：中心投影法和平行投影法。

### 一、中心投影法

如图 3.1 所示，假设投影线都自投影中心 $S$ 出发，将空间$\triangle ABC$ 投射到投影面 $P$ 上，所得$\triangle abc$ 就是$\triangle ABC$ 的投影。这种投影线都从投影中心出发的投影法，称为中心投影法，所得的投影称为中心投影。

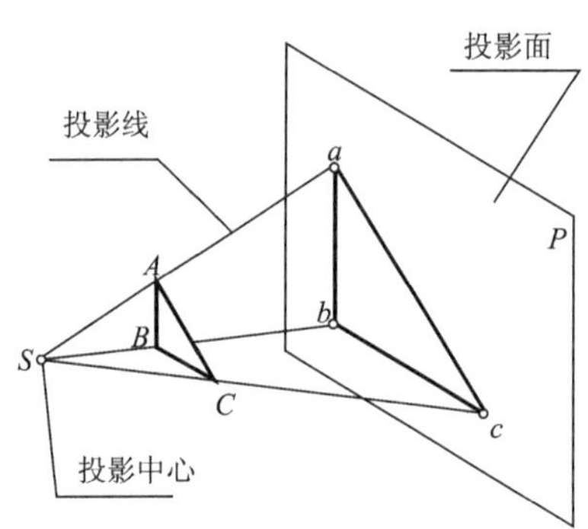


图 3.1　中心投影法

中心投影法主要用于绘制建筑物或产品的富有真实感的立体图，也称透视图。

### 二、平行投影法

若将投影中心 $S$ 移到无穷远处，则所有的投影线就互相平行，这种投影线互相平行的投影法称为平行投影法，见图 3.2，所得投影称为平行投影。

平行投影法中，若投影线垂直于投影面，称为正投影法，所得投影称为正投影。投影线也可以倾斜于投影面，称为斜投影法，所得投影称为斜投影。

工程图样主要使用正投影法，而斜投影法主要用于绘制有立体感的图形。

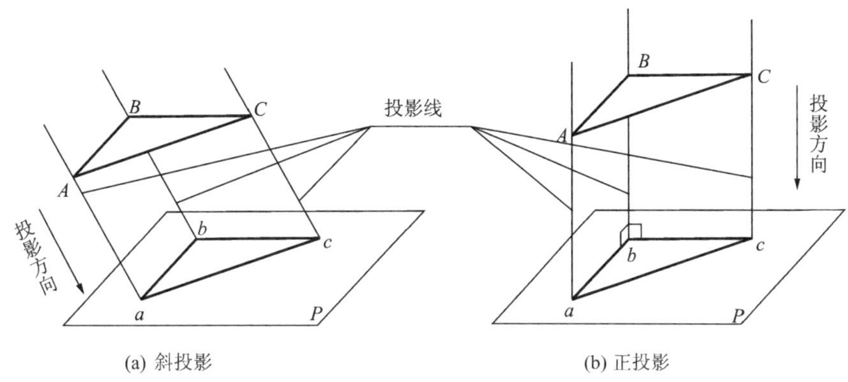


(a) 斜投影　　(b) 正投影

图 3.2　平行投影法

## 三、正投影的基本投影特性

点在任何情况下的投影都是点，直线和平面与投影面之间的位置关系有：平行、垂直、倾斜。直线和平面的正投影特性见表 3.1。

**表 3.1　在直线和平面正投影法下的投影特性**

| 位置关系 / 类别 | 与投影面平行 | | 与投影面垂直 | | 与投影面倾斜 | |
|---|---|---|---|---|---|---|
| | 立体图 | 投影图 | 立体图 | 投影图 | 立体图 | 投影图 |
| 直线 | | | | | | |
| 平面 | | | | | | |
| 投影特性 | 实形性 | | 积聚性 | | 缩小类似性 | |

由表 3.1 可知，当直线（平面）与投影面平行时，投影反映为实长（形）；当直线（平面）与投影面垂直时，投影反映为积聚点（线）；当直线（平面）与投影面倾斜时，投影反映为缩小的类似形。

国家标准规定所有机械图样一律采用正投影法绘制。

## 3.2　三视图的形成及其投影规律

按照机械制图国家标准，把物体放在观察者和投影面之间，将物体向投影面投影所得的图形称为视图。用正投影法绘制机械图样时，仅用一个投影不能完整和确切地表达物体的形状大小，如图 3.3 所示。一般采用多面投影表示物体，将物体朝几个方向进行投影，完整表达物体上下、左右、前后各部分的形状和大小。常用的方法是将物体向 3 个方向投影，得到 3 个投影视图，简称**三视图**。

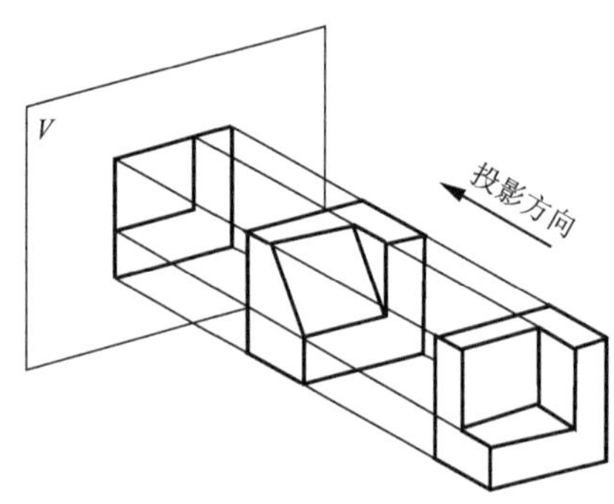


图 3.3　一个投影不能确定物体在空间的形状和位置

### 一、三视图的形成

根据国家标准规定，3 个互相垂直的投影面，形成三投影面体系，见图 3.4(a)。在三投影面体系中，正对观察者的投影面称为正平面，用 $V$ 表示。水平放的投影面称为水平面，用 $H$ 表示。侧立的投影面称为侧平面，用 $W$ 表示。

将机件由前向后投影所得在 $V$ 面上的视图，称为**主视图**。将机件由上向下投影所得在 $H$ 面上的视图，称为**俯视图**。将机件由左向右投影所得在 $W$ 面上的视图，称为**左视图**。将这 3 个视图按国家标准规定展开，如图 3.4(b)所示，以 $V$ 面为基准（$V$ 面不动），$H$ 面绕 $V$ 与 $H$ 面的交线 $X$ 轴向下转 90°，$W$ 面绕 $V$ 与 $W$ 面的交线 $Z$ 轴向右转 90°，使 $V$、$H$、$W$ 面处于同一平面上，见图 3.4(c)。如图 3.4(d)所示，展开后的三视图按规定不画投影面边框，也不画投影轴，无需标明视图名称。

### 二、三视图的投影规律

如图 3.4(d)所示，主视图可反映机件的左右和上下的相对位置关系，即反映了机件的长和高；俯视图反映了机件的左右和前后的相对位置关系，即反映了机件的长和宽；左视图反映了机件的上下和前后的相对位置关系，即反映了机件的高与宽。由此得出物体三视图的投影规律：

（正面投影、水平投影）主、俯视图——长对正；

（正面投影、侧面投影）主、左视图——高平齐；

（水平投影、侧面投影）俯、左视图——宽相等。

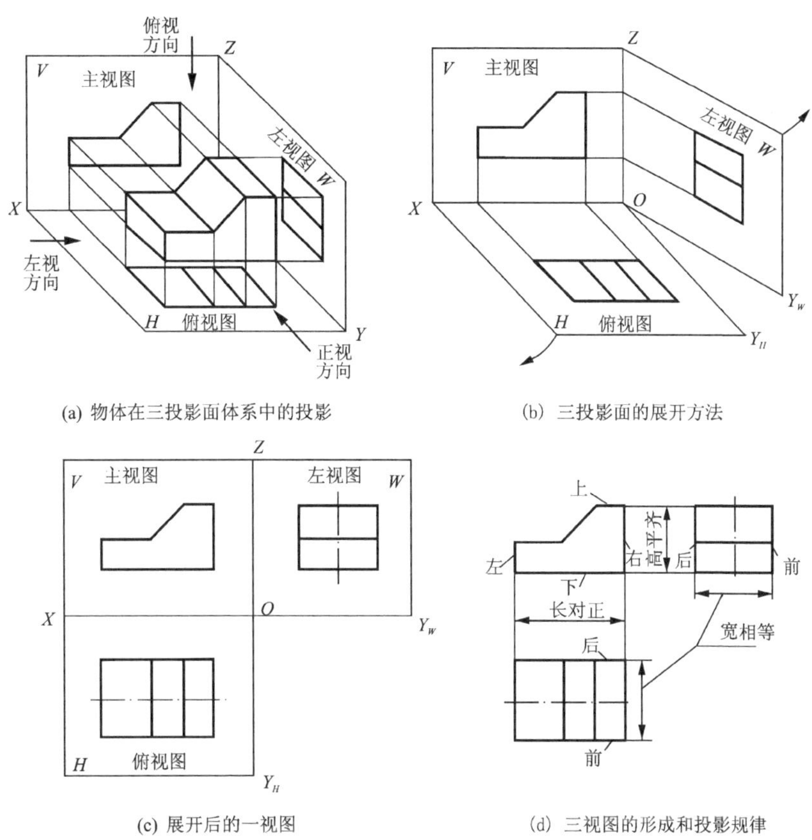

(a) 物体在三投影面体系中的投影　　(b) 三投影面的展开方法

(c) 展开后的一视图　　(d) 三视图的形成和投影规律

图 3.4　三视图的形成及投影规律

这个投影规律不仅适用于机件整体之间的投影，也适用于空间几何元素点、线、面之间的投影。它是画图和读图的基本法则。

**例 3.1**　画出图 3.5(a)所示立体的三面投影图。

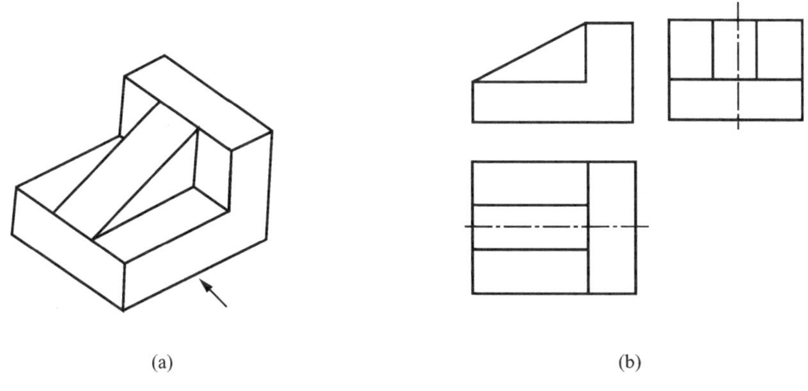
(a)　　(b)

图 3.5　根据立体图画三面投影图

**解**

(1) 首先选择正面投影的投影方向,以最能表达物体形状特征的视图为主视图,选择箭头所指方向为正面投影方向,接着确定画图比例和图纸幅面。

(2) 画底稿时,三个投影可同时进行。通常是先画正面投影,再画水平投影和侧面投影。要保持“长对正、高平齐、宽相等”的投影关系。

(3) 底稿完成后,擦去多余图线,认真检查后加深,可见线加深成粗实线,不可见的线画成虚线,如图 3.5(b)所示。

## 3.3　点 的 投 影

点是最基本的几何元素,在立体上通常以交点的形式出现。点的投影是研究几何体投影的基础。

### 一、点在三投影面体系中的投影

规定空间点用大写字母,投影点用小写字母。如图 3.6(a)所示,空间点 $A$ 在 $H$ 面上的投影为 $a$,在 $V$ 面上的投影记为 $a'$,在 $W$ 面上的投影记为 $a''$。

根据投影法,$Aa\perp H$ 面,$Aa'\perp V$ 面,则 $Aa$ 与 $Aa'$组成的平面 $Q\perp X$ 轴。由于 $a'a_X /\!/ Aa$,$aa_X /\!/ Aa'$,所以 $a'a_X\perp X$ 轴,$aa_X\perp X$ 轴。投影面展开后,$a'$与 $a$ 的连线 $a'a\perp X$ 轴。同理可以得出 $a'a''\perp Z$ 轴;$aa_{YH}\perp Y_H$,$a''a_{YW}\perp Y_W$,即 $aa_X=a''a_Z$。如图 3.6(b)所示,点的两个投影的连线垂直于相应的投影轴。在画图 3.6(c)的投影图时,常画 45°辅助线或四分之一辅助圆弧方便作图。

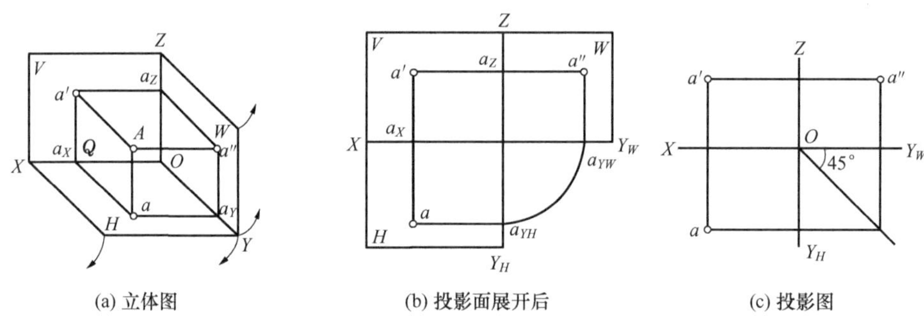


(a) 立体图　　(b) 投影面展开后　　(c) 投影图

图 3.6　点的三面投影

已知点的坐标($x$, $y$, $z$)就可以确定点在空间的位置。且由图 3.6 可知,点的任意两个投影包含了三个坐标值,所以已知点的两个投影也可以确定空间点的位置。

**例 3.2**　已知空间点 $A$ (10,6,14),求 $A$ 的三面投影。

**解**　作图步骤见图 3.7。

(1) 由原点 $O$ 向左沿 $X$ 轴方向量取 $Oa_X=10$。

(2) 过 $a_X$ 作 $X$ 轴的垂线,由 $a_X$ 起向下量取 6mm 得 $a$,向上量取 14mm 得 $a'$。

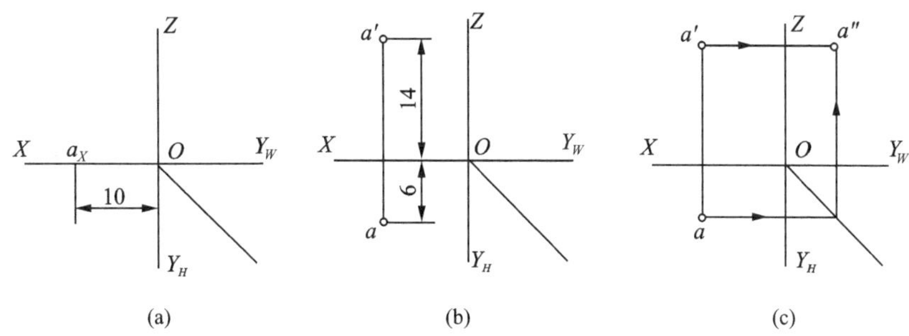


图3.7　根据点的坐标作投影图

(3) 由 $a$ 和 $a'$ 按箭头方向画线求得 $a''$。

**例3.3**　已知空间点 $B$ (16,0,10)、$C$ (10,15,0)、$D$(5, 0, 0)，求它们的三面投影图，见图3.8(a)。

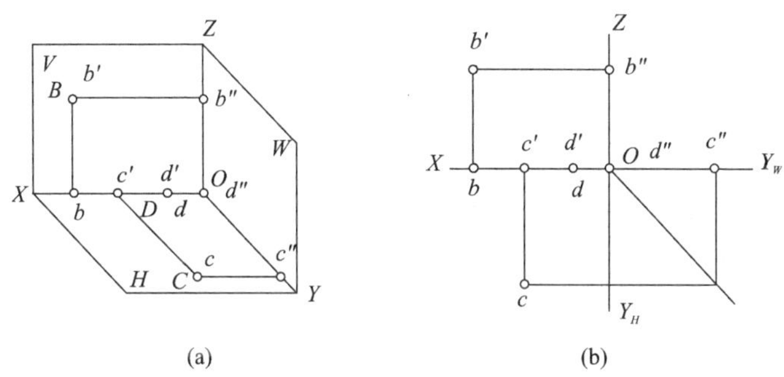


图3.8　特殊位置点的投影

**解**　由于 $B$ 点的 $y=0$，所以 $B$ 点在 $V$ 面内；$C$ 点的 $z=0$，所以 $C$ 点在 $H$ 面同内；$D$ 点的 $y=z=0$，所以 $D$ 点的 $X$ 轴上，它们的投影图见图3.8(b)。

由上述两个例题可以看出：

(1) 点的3个坐标值都不为零时，该点是一般空间点，其3个投影都在投影面内。

(2) 点的一个坐标值等于零时，该点属于某个投影面。它的3个投影总有两个位于不同的投影轴上，另一个投影与自身重合。

(3) 点的两个坐标值等于零时，该点属于某根投影轴。它的3个投影总有两个投影在某根轴上与自身重合，另一个投影与坐标原点重合。

## 二、两点的相对位置

如图3.9(a)所示，由 $A$、$B$ 两个点的投影沿左右、前后、上下3个方向所反映的坐标差，即这两点对投影面 $W$、$V$、$H$ 的距离差，由此就确定了这两点之间的位置关系，即 $B$ 点在 $A$ 点上方 $Z_B-Z_A$ 处，在右方 $X_A-X_B$ 处，在后方 $Y_A-Y_B$ 处，其投影如图3.9(b)所示。

如图3.10(a)所示，$B$ 点在 $A$ 点的正后方，这两点的正面投影相互重合，$A$ 点和 $B$ 点

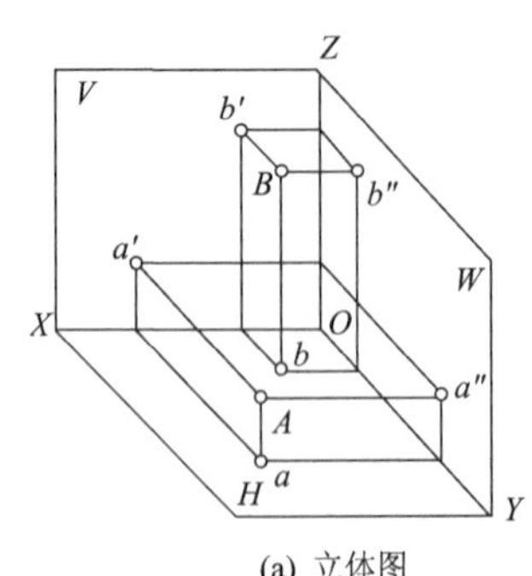

(a) 立体图

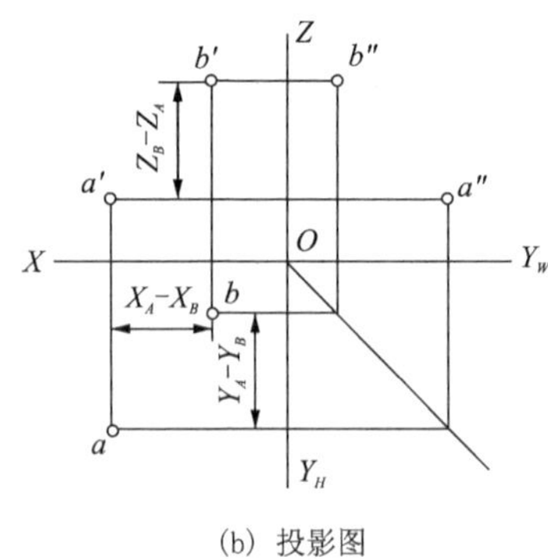

(b) 投影图

图 3.9　两点的相对位置

称为对 $V$ 面投影的重影点。同理，若一点在另一点的正上（下）方，则这两点是对 $H$ 面投影的重影点。若一点在另一点的正左（右）方，则这两点是对 $W$ 面投影的重影点。

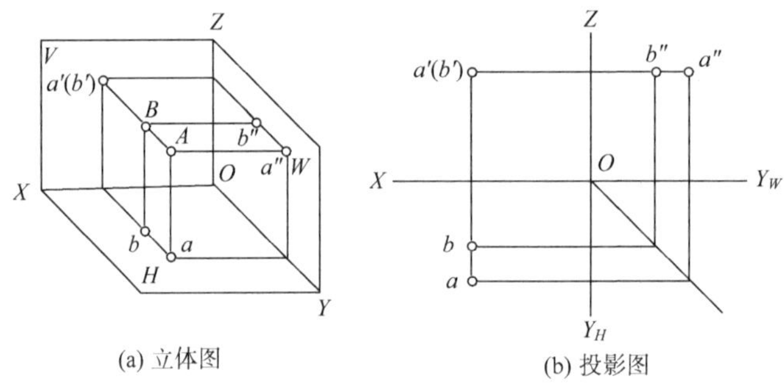

(a) 立体图　　(b) 投影图

图 3.10　重影点

对于重影点需判别可见性，并规定将不可见的点加括号。根据正投影的特性，可见性的区分应是前遮后、上遮下、左遮右。图 3.10 中的重影点是正面投影方向上 $A$ 点遮挡 $B$ 点，$B$ 点的 $V$ 面投影为不可见，所以 $b'$ 应加括号为 $(b')$。

# 3.4　直线的投影

## 一、直线的投影

直线的投影一般仍为直线。如图 3.11 所示，直线 $AB$ 根据正投影特性，$Aa /\!/ Bb$，且同时垂直 $H$ 面，则 $Aa$ 和 $Bb$ 确定的平面与 $H$ 面相交，得交线 $ab$ 为直线。而当直线垂直于投影面时，即 $CD \perp H$ 面，直线的投影就积聚成点。

根据两点确定一条直线的几何原理，求解直线的投影问题可以转化成为求解线上两点（如两个端点）的投影，在相应投影面内将两者连线即可。

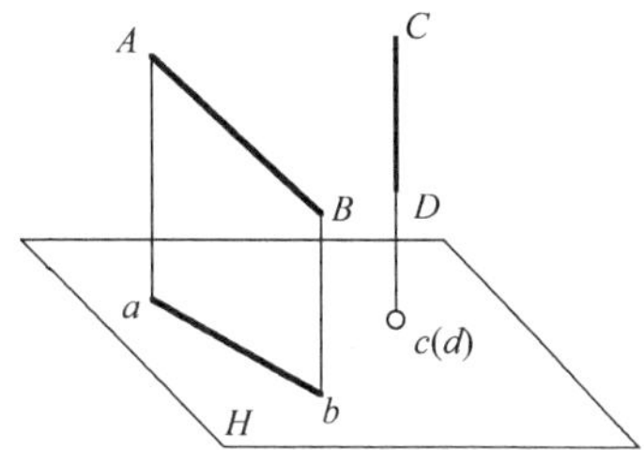


图 3.11　直线的投影

## 二、各种位置直线的投影特性

在三投影面体系中，直线与投影面之间的相对位置关系可分为 3 种：投影面平行线、投影面垂直线和一般位置直线。

投影面平行线：平行于一个投影面，与另外两个投影面倾斜的直线。

投影面垂直线：垂直于一个投影面，与另外两个投影面平行的直线。

投影面的一般位置直线：与 3 个投影面都倾斜的直线。

（一）投影面平行线

平行于 $H$ 面的直线称为水平线，平行于 $V$ 面的直线称为正平线，平行于 $W$ 面的直线称为侧平线。它们的投影图及投影特性见表 3.2。规定直线（或平面）对 $H$、$V$、$W$ 面的夹角分别用 $\alpha$、$\beta$、$\gamma$ 表示。

**表 3.2　投影面平行线的投影特性**

| 名　　称 | 水平线 $AB//H$ 面 | 正平线 $CD//V$ 面 | 侧平线 $EF//W$ 面 |
| --- | --- | --- | --- |
| 立体图 | 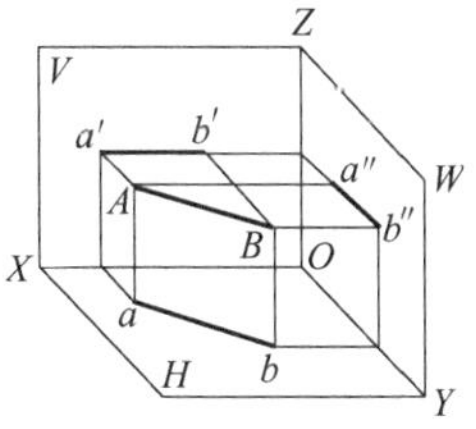  | 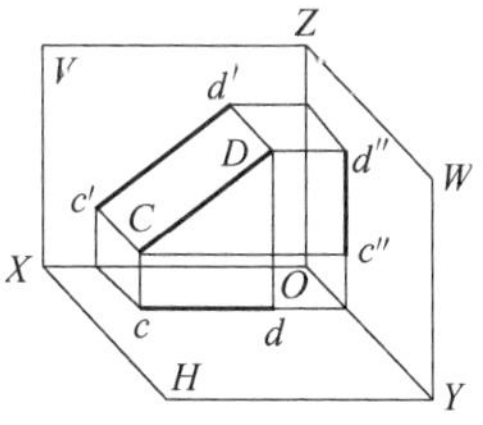  | 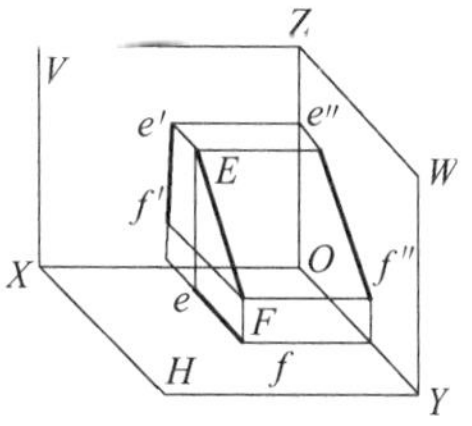  |
| 投影图 | 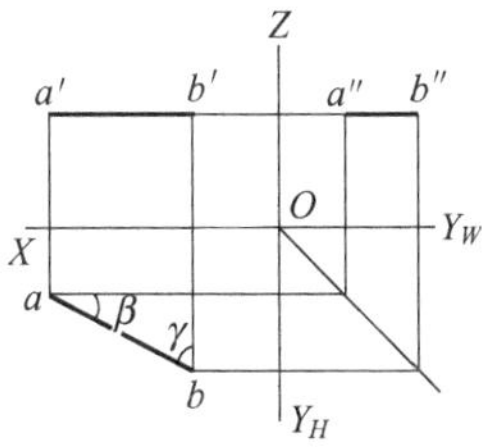  | 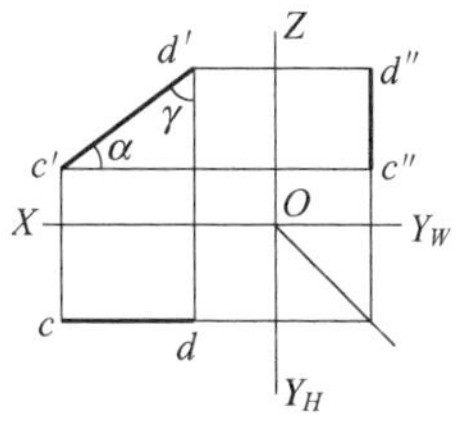  | 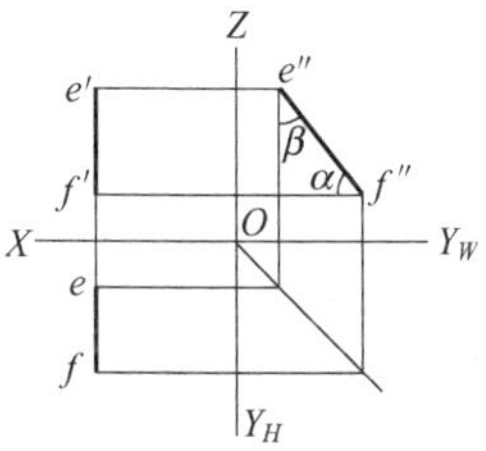  |

续表

| 名　称 | 水平线 $AB /\!/ H$ 面 | 正平线 $CD /\!/ V$ 面 | 侧平线 $EF /\!/ W$ 面 |
|---|---|---|---|
| 投影特性 | 1. 水平投影 $ab$ 反映实长，与 $X$ 轴夹角为 $\beta$，与 $Y$ 轴夹角为 $\gamma$<br>2. 正面投影 $a'b' /\!/ OX$ 轴<br>3. 侧面投影 $a''b'' /\!/ OY_W$ 轴 | 1. 正面投影 $c'd'$ 反映实长，与 $X$ 轴夹角为 $\alpha$，与 $Z$ 轴夹角为 $\gamma$<br>2. 水平投影 $cd /\!/ OX$ 轴<br>3. 侧面投影 $c''d'' /\!/ OZ$ 轴 | 1. 侧面投影 $e''f''$ 反映实长，与 $Y$ 轴夹角为 $\alpha$，与 $Z$ 轴夹角为 $\beta$<br>2. 正面投影 $e'f' /\!/ OZ$ 轴<br>3. 水平投影 $ef /\!/ OY_H$ 轴 |

（二）投影面垂直线

垂直于 $H$ 面的直线称为铅垂线，垂直于 $V$ 面的直线称为正垂线，垂直于 $W$ 面的直线称为侧垂线。它们的投影图及投影特性见表 3.3。

**表 3.3　投影面垂直线的投影特姓**

| 名　称 | 铅 垂 线 $AB \perp H$ 面 | 正 垂 线 $CD \perp V$ 面 | 侧 垂 线 $EF \perp W$ 面 |
|---|---|---|---|
| 立体图 | 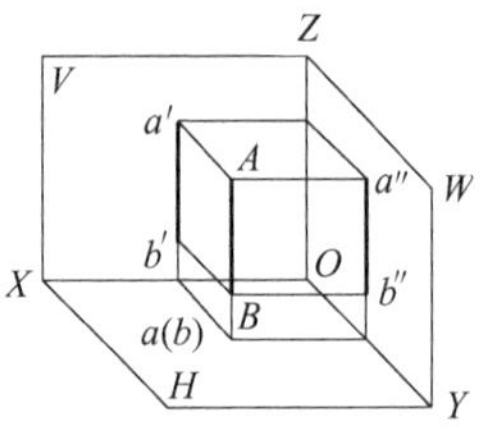 | 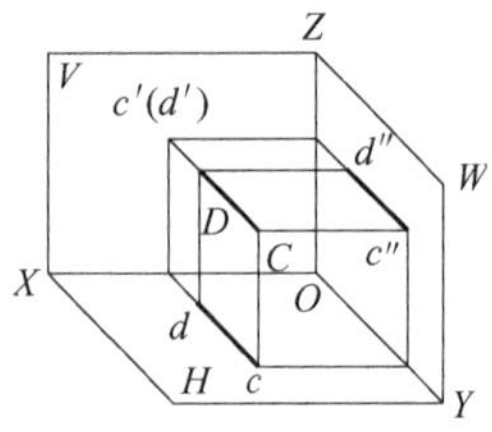 | 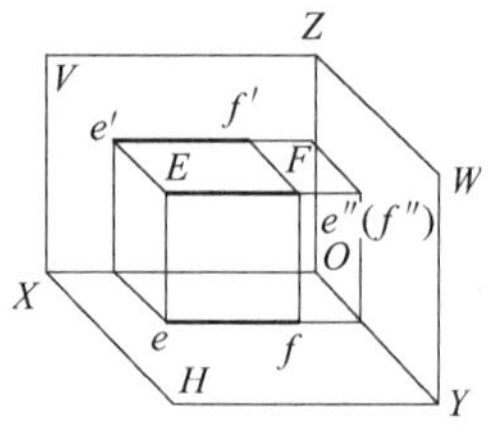 |
| 投影图 | 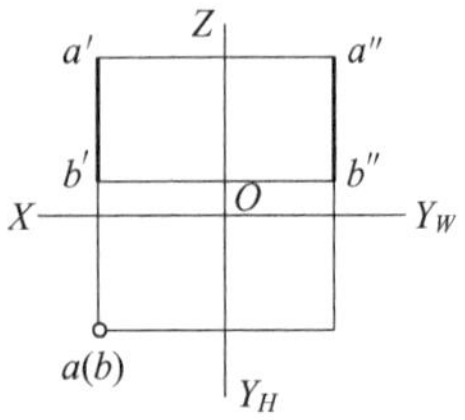 | 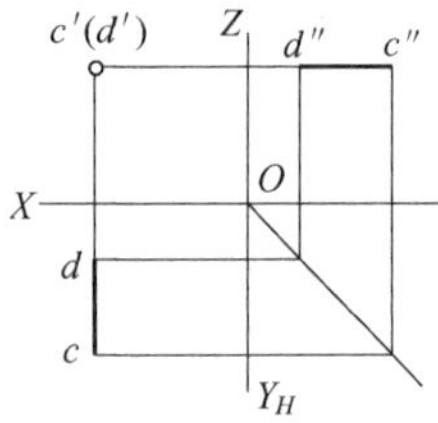 | 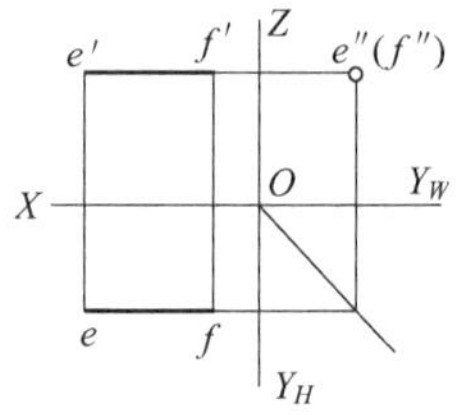 |
| 投影特性 | 1. 水平投影积聚为一点 $a(b)$<br>2. 正面投影和侧面投影都平行于 $Z$ 轴，并反映实长 | 1. 正面投影积聚为一点 $c'(d')$<br>2. 水平投影和侧面投影都平行于 $Y$ 轴，并反映实长 | 1. 侧面投影积聚为一点 $e''(f'')$<br>2. 正面投影和水平投影都平行于 $X$ 轴，并反映实长 |

（三）一般位置直线

一般位置直线与三个投影面都倾斜，因此在三个投影面上的投影都小于实长，投影与投影轴之间的夹角也不反映直线与投影面之间的夹角，见图 3.12。

**例 3.4**　如图 3.13 所示，分析三棱锥的三面投影，说明各棱线是什么直线。

**解**　由前述各类直线的定义以及投影特性可知：

$SA$ 为一般位置直线；

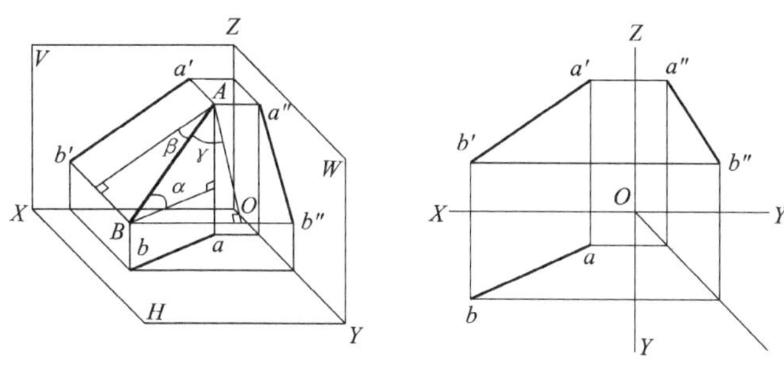


图 3.12　一般位置直线的投影

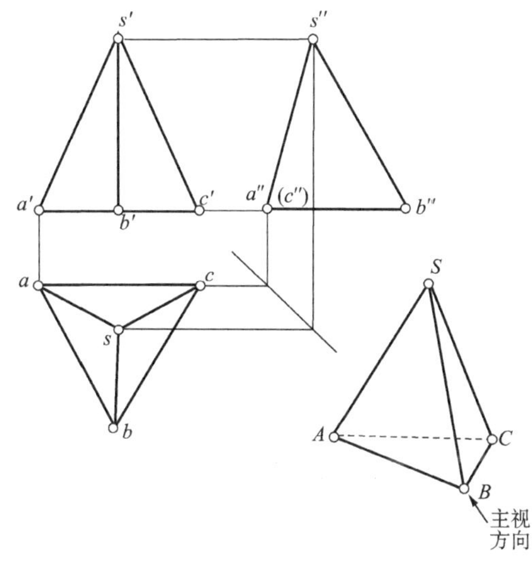


图 3.13　立体上直线的投影

SB 为侧平线；

SC 为一般位置直线；

AB 为水平线；

BC 为水平线；

AC 为侧垂线。

## 三、两直线的相对位置及其投影特性

空间两直线的相对位置有平行、相交、交叉 3 种情况。

（一）两直线平行

根据投影特性，平行两直线的同面投影一般仍然平行。反之，如果两直线的各同面投影都互相平行，则这两直线在空间一定互相平行。

如图 3.14 所示，当 $AB /\!/ CD$ 时，则 $ab /\!/ cd$，$a'b' /\!/ c'd'$，$a''b'' /\!/ c''d''$。根据这一投影特性，我们既可画出平行两直线的投影，也可判断空间两直线是否平行。

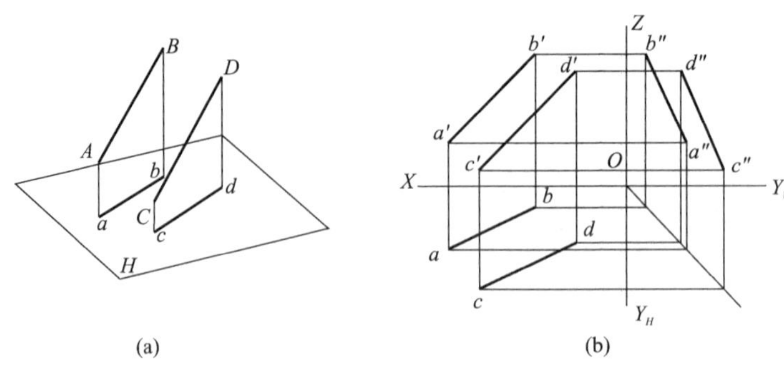

(a)　　(b)

图 3.14　平行两直线的投影

**例 3.5**　如图 3.15 所示，已知 $ab // cd$，$a'b' // c'd'$，试判断 $AB$ 和 $CD$ 是否平行。

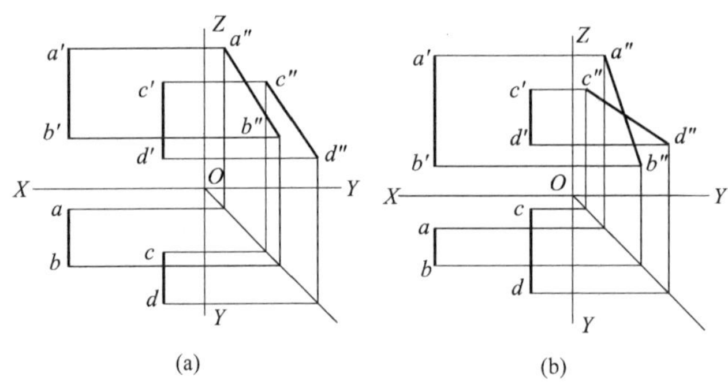

(a)　　(b)

图 3.15　判别两侧平线是否平行

**解**

**分析**：判别两直线是否平行，须判断两直线的各同面投影是否平行。图中两直线给出正面、水平面两同面投影互相平行，只需看第三面投影是否平行。

**作图**：根据投影关系，作出 $AB$、$CD$ 的第三面投影。

**判别**：图 3.15(a)，$a''b'' // c''d''$，所以 $AB // CD$。

图 3.15(b)，$a''b''$不平行 $c''d''$，所以 $AB$ 不平行 $CD$。

(二) 两直线相交

如果空间两直线相交，则它们的各同面投影一般仍然相交，且交点的投影一定符合点的投影规律。反之，如果两直线的各组同面投影相交，且交点的投影符合点的投影规律，则该两直线在空间一定相交。见图 3.16(a)，直线 $AB$ 与 $CD$ 相交于 $K$ 点，$K$ 点的投影符合点的投影规律，如图 3.16(b)所示。

如图 3.17(a)所示，若两直线中有一直线为侧平线时，投影图上的“交点”有可能不是真正的交点，而是重影点，必须进行判别后才能确定两直线是否相交。判别的方法是作侧面投影，见图 3.17(b)，或用点分线段成定比的方法，见图 3.17(c)。这里判别的结果是两直线不相交。

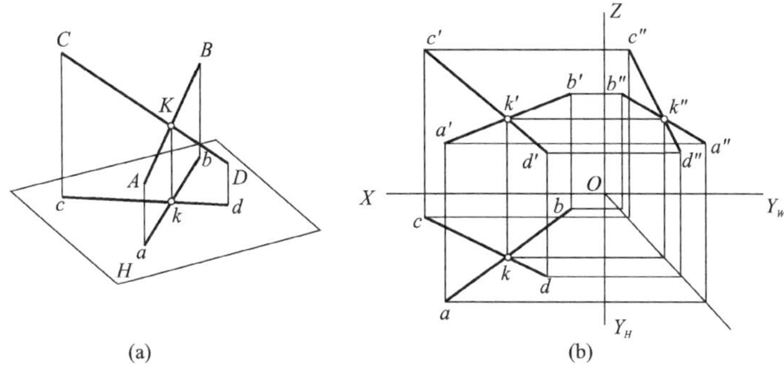


图 3.16　相交两直线的投影

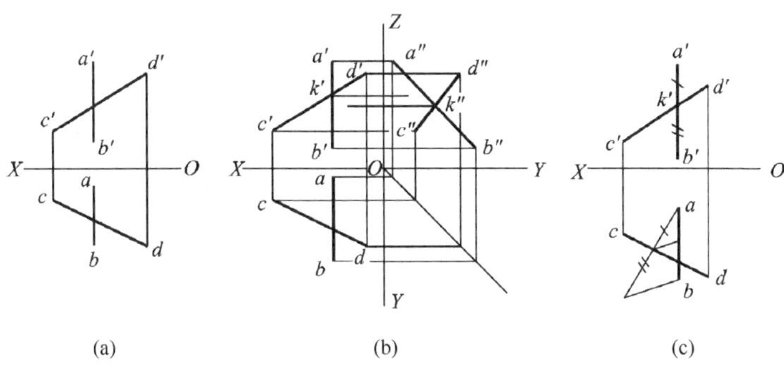


图 3.17　判断两直线相交

（三）两直线交叉

在空间既不相交，也不平行的两直线称为交叉两直线，或称为异面线。

交叉两直线的投影不符合平行和相交两直线的投影规律。如它在 3 个投影面上的投影虽然都可以相交，但其交点不符合点的投影规律；它在 3 个投影面上的投影绝不会同时相互平行，但可以在一个或两个投影面上相互平行。所以我们可以通过排除法来判断空间两直线的交叉与否。

从图 3.18 投影视图中可以看出，首先排除平行关系，再看交叉两直线在主视和俯视图中的两个交点，此点不符合投影规律，是重影点，所以排除相交关系，得出两直线是交叉关系。

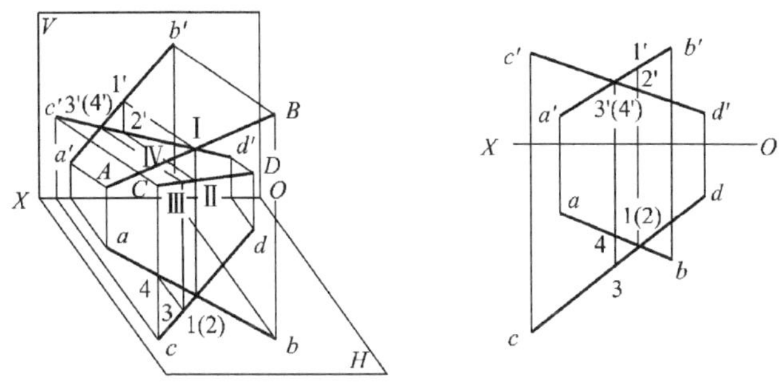

图 3.18　交叉两直线的投影

# 3.5　平面的投影

平面的投影是点、线投影的综合，也应符合“长对正，高平齐，宽相等”的投影规律。

## 一、平面的表示法

由初等几何可知，平面可由如下的几何元素来表示：

(1) 不在同一直线上的三点，见图 3.19(a)。

(2) 一直线和该直线外的一点，见图 3.19(b)。

(3) 相交两直线，见图 3.19(c)。

(4) 平行两直线，见图 3.19(d)。

(5) 任意平面图形，见图 3.19(e)。

分别作出这些几何元素的投影，即可表示一个平面的投影。

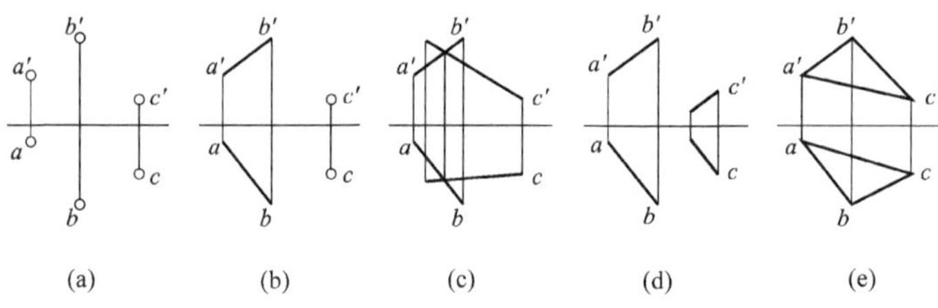


图 3.19　几何元素表示的平面

## 二、各种位置平面的投影特性

在三投影面体系中，平面与投影面之间的相对位置关系分为以下 3 类。

投影面平行面：平行于一个投影面，且垂直于另外两个投影面的平面。

投影面垂直面：垂直于一个投影面，与另外两个投影面都倾斜的平面。

一般位置平面：与三个投影面都倾斜的平面。

(一) 投影面平行面

平行于 $H$ 面的平面称为水平面，平行于 $V$ 面的平面称为正平面，平行于 $W$ 面的平面称为侧平面。它们的投影图及投影特性见表 3.4。

**表 3.4　投影面平行面的投影特性**

| 名　称 | 水平面 $P/\!/H$ 面 | 正平面 $Q/\!/V$ 面 | 侧平面 $R/\!/V$ 面 |
|---|---|---|---|
| 立体图 | V, Z, X, Y, H, O, p′, p″, P, p, W | V, Z, X, Y, H, q′, q″, Q, q, W | V, Z, X, Y, H, O, r′, r″, R, r, W |

续表

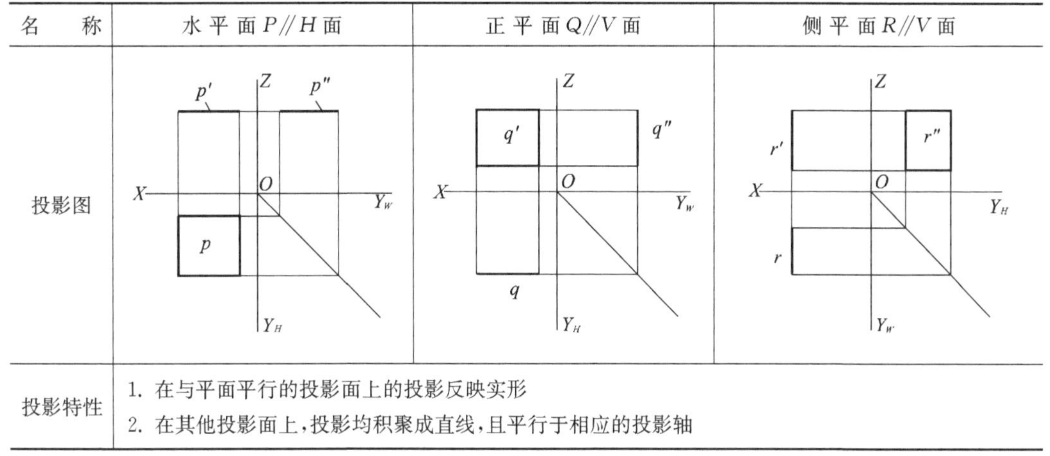

| 名　　称 | 水平面 $P/\!/H$ 面 | 正平面 $Q/\!/V$ 面 | 侧平面 $R/\!/V$ 面 |
| --- | --- | --- | --- |
| 投影图 | | | |
| 投影特性 | 1. 在与平面平行的投影面上的投影反映实形<br>2. 在其他投影面上，投影均积聚成直线，且平行于相应的投影轴 | | |

（二）投影面垂直面

垂直于 $H$ 面的平面称为铅垂面，垂直于 $V$ 面的平面称为正垂面，垂直于 $W$ 面的平面称为侧垂面。它们的投影图及投影特性见表 3.5。

**表 3.5　投影面垂直面的投影特性**

| 名　　称 | 铅垂面 $P\perp H$ 面 | 正垂面 $Q\perp V$ 面 | 侧垂面 $R\perp W$ 面 |
| --- | --- | --- | --- |
| 立体图 | | | |
| 投影图 | | | |
| 投影特性 | 1. 在与平面垂直的投影面上的投影积聚为一倾斜线段<br>2. 在其他投影面上的投影为缩小的类似形 | | |

（三）一般位置平面

一般位置平面与三个投影面都倾斜。因此，它在三个投影面上的投影都是缩小了的类似形，如图 3.20 所示。

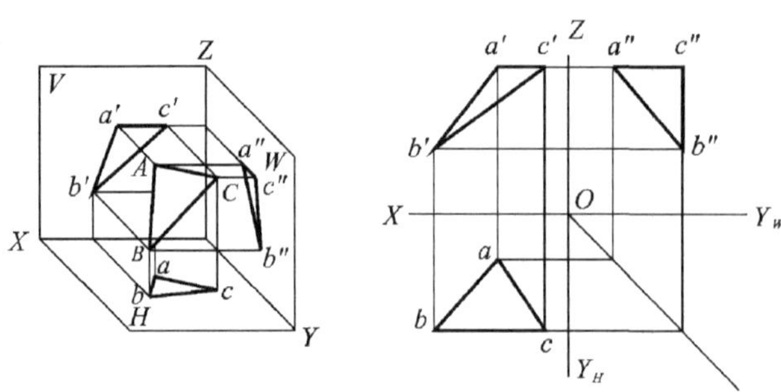


图 3.20　一般位置平面的投影

**例 3.6**　分析图 3.13 中三棱锥各棱面是什么位置平面。

**解**　由各类平面定义以及其投影特性可知，棱锥面△*SAB*、△*SBC* 为一般位置平面；△*SAC* 为侧垂面；底面△*ABC* 为水平面。

## 三、平面上的点和直线

点和直线在平面上的几何条件是：

(1) 点在平面上，则该点必在平面上的直线上。

(2) 直线在平面上，则该直线必通过平面上的两个点（两点法）；或通过平面上的一个点，且平行于平面上的一条已知直线（一点一方向法）。

根据上述几何条件，就可在平面上作点或直线，亦可判定点或直线是否在平面上。

**例 3.7**　如图 3.21(a)所示，已知△*ABC* 及点 *K* 的两面投影，试判别点 *K* 是否在△*ABC* 平面上。

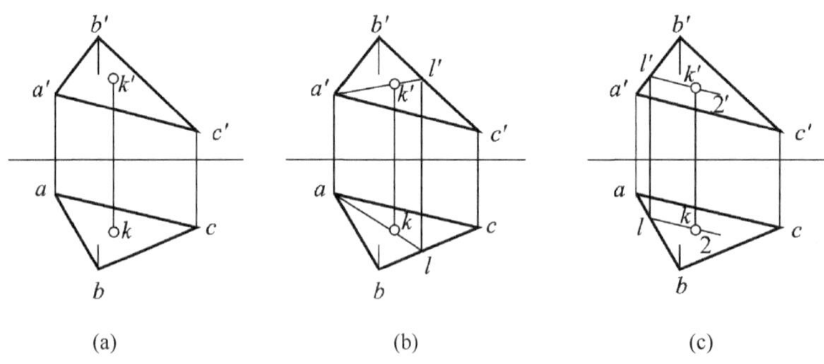


图 3.21　判断点 *K* 是否在△*ABC* 平面上

**解**

**分析**：根据点在平面上的几何条件，可用两种方法进行判别。

**方法一**（两点法），见图 3.21(b)。

(1) 连 *ak*，并延长交 *bc* 于 *l*。

(2) 根据投影关系，求得 $a'l'$ 。

(3) 判别：因 $k'$ 在 $a'l'$ 上，所以点 $K$ 在△$ABC$ 平面上。

**方法二**(一点一方向)，见图 3.21(c)。

(1) 过 $k$ 作 $ac$ 的平行线交 $ab$ 于 $l$。

(2) 根据投影关系求得 $l'$，并连 $l'k'$。

(3) 判别：检查结果为 $l'k'/\!/a'c'$，所以点 $A$ 在△$ABC$ 平面上。

**例 3.8**　如图 3.22(a)所示，已知直线 $DE$ 在△$ABC$ 平面上，求作直线 $DE$ 的水平投影 $de$。

**解**　根据直线在平面上的几何条件可直接作图，本题为简单起见，采用两点法。

**作图步骤：**

(1) 延长 $d'e'$ 与 $a'b'$、$b'c'$ 分别交于 $1'$ 和 $2'$。根据直线上点的投影特性，可求得水平投影 1 和 2，见图3.22(b)。

(2) 连 1、2。同样根据直线上点的投影特性，可求得 $DE$ 的水平投影 $de$，见图3.22(c)。

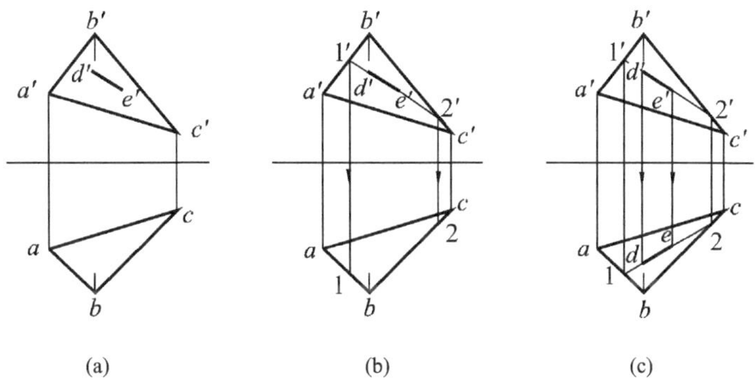


图 3.22　作平面上的直线

# 第4章　立体的投影

立体是由若干表面所围成的占有一定空间的几何体。表面由平面组成的立体为平面立体。表面含曲面的立体是曲面立体,若所含曲面是回转曲面,则称该立体为回转体。

## 4.1　平面立体的投影

平面立体的表面是平面多边形,常用的有棱柱和棱锥等。平面立体的投影可归结为其所有多边形表面的投影,也就是这些多边形的边和顶点的投影。

### 一、棱柱和棱锥的投影

棱柱和棱锥是由棱面和底面围成的。相邻棱面的交线称为棱线,棱柱的棱线相互平行,棱锥的所有棱线交汇于锥顶,底面和棱面的交线是底面的边。

(一) 棱柱

如图4.1(a)所示,棱线垂直于 $H$ 面的正六棱柱及其三面投影图。此正六棱柱的上、下底面为水平面,六个棱面均垂直于 $H$ 面。把正六棱柱看成是由上、下正六边形与六条侧棱线构成的,作投影图时,只要在完成上、下底面的三面投影后,直接画出六条侧棱线的投影:水平投影积聚在正六边形的六个顶点上,正面和侧面投影为反映棱柱高的直线段。

正六棱柱投影作图步骤如下:

(1) 画出基准线和中心轴线,画出反映上、下底面实形的俯视图——正六边形,且上下底面的正面和侧面投影分别积聚成水平的直线段,见图4.1(b);

(2) 画六个侧棱面的投影,水平投影积聚在正六边形的六条边上,正面和侧面投影为等高而不同宽度的矩形,见图4.1(c);

(3) 检查并加深,见图4.1(d)。

(二) 棱锥

如图4.2(a)所示,为三棱锥的三面投影图。三棱锥由一个底面和三个侧面组成。三棱锥的底面 $ABC$ 与 $H$ 面平行,其侧棱面或侧棱线处于一般位置。

三棱锥投影作图步骤如下:

(1) 画底面的投影:水平投影反映实形,其他投影积聚为水平线段;

(2) 画锥顶 $S$ 的投影:水平投影 $s$ 在 $\triangle abc$ 的内部,正面、侧面投影由三棱锥的高度和 $S$ 的位置确定;

(3) 连接锥顶 $S$ 和顶点 $A$、$B$、$C$ 的同面投影,即得该三棱锥的三面投影图,见图4.2(b)。

### 二、棱柱和棱锥表面取点

棱柱和棱锥的表面都是平面,所以其表面上取点的原理和方法与在平面上取点的原理

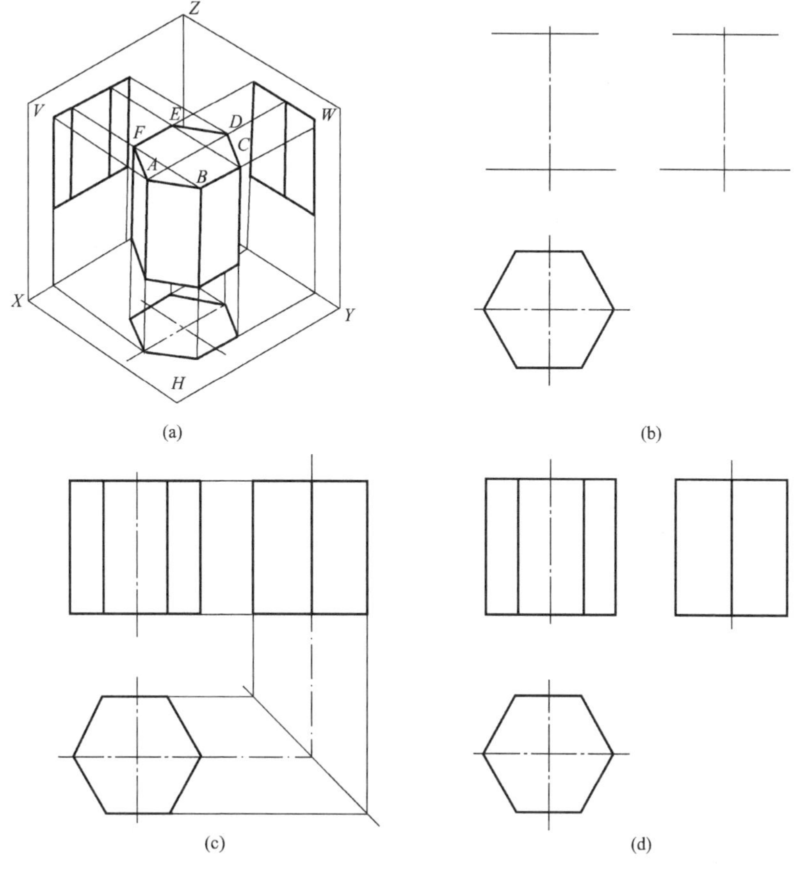


图 4.1　正六棱柱的投影

和方法相同。点投影的可见性决定于其所在表面投影的可见性，若表面投影积聚成线段时，则不需判别点在该表面投影中的可见性。

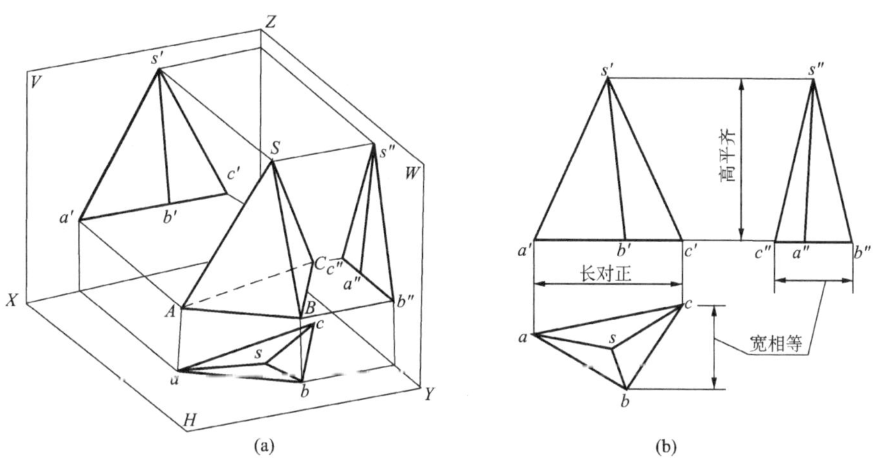


图 4.2　三棱锥的投影

**例 4.1**　如图 4.3 所示，已知五棱柱侧棱面上点 $M$ 的正面投影 $m'$，上表面点 $N$ 的水平投影 $n$，求点 $M$、$N$ 的另外两个投影。

**解**　由 $m'$ 及其可见性推出，$M$ 点所在的侧棱面为铅垂面，其水平投影积聚成直线段，所以 $M$ 的水平投影 $m$ 必在该线段上，由 $m'$ 和 $m$ 可求得 $M$ 点的侧面投影 $m''$。

点 $N$ 的水平投影 $n$ 已知，且在五棱柱水平投影的正五边形内，点 $N$ 在五棱柱的顶面上，顶面的正面、侧面投影均积聚成直线段，故 $n'$、$n''$ 分属其上，按点的投影求出。

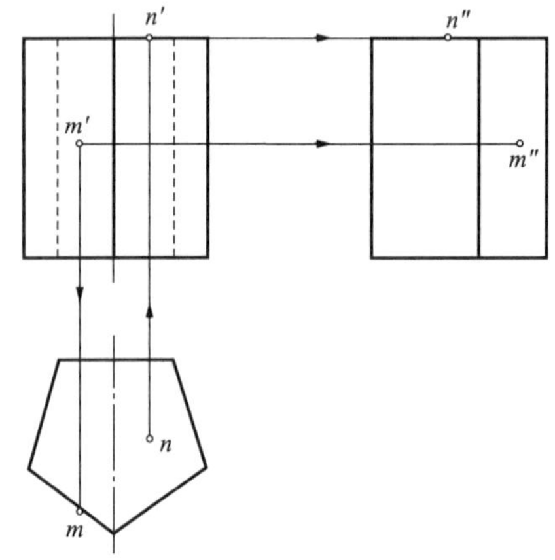


图 4.3　五棱柱表面取点

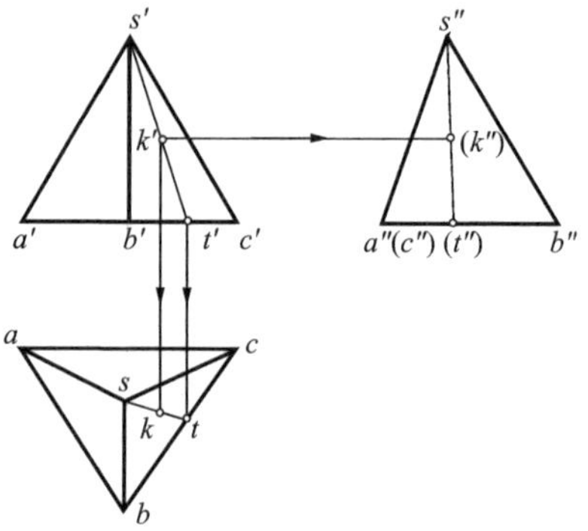

图 4.4　三棱锥表面取点

**例 4.2**　如图 4.4 所示，已知三棱锥表面上点 $K$ 的正面投影 $k'$，求 $K$ 的另两个投影。

**解**　由图 4.4 可知，点 $K$ 的正面投影 $k'$ 可见，则 $K$ 点在侧棱面 $SBC$ 上，可用一般位置平面上取点的方法求得 $k$ 和 $k''$。因侧棱面 $SBC$ 位于三棱锥的右前面，其正面、水平投影可见，侧面投影不可见，所以，该面上的点 $K$，仅侧面投影不可见，用 $(k'')$ 表示。

**作图步骤**：在 $SBC$ 面上作过点 $K$ 的辅助线 $ST$（$T$ 在 $BC$ 上），即作出 $s't'$、$st$、$s''(t'')$，根据点的投影规律，由 $k' \in s't'$ 求得 $k \in st$ 、$(k'') \in s''(t'')$。

## 三、平面立体的截交

平面截切立体称为截交，这个平面称为截平面，截平面与立体表面的交线称为截交线。

截平面与平面立体的截交线是一个多边形。多边形的边是截平面与平面立体表面的交线，多边形的顶点是截平面与平面立体棱线的交点。截交线有两种求法：一种是依次求出平面立体各棱面与截平面的交线；另一种是求出平面立体上各棱线与截平面的交点，然后依次连接。

例如图 4.5 中的三棱锥 $S\text{-}ABC$ 的三面投影已知，并被正垂面 $P$ 截切，试求截交线的三面投影。

因为 $P$ 是正垂面，故 $P_V$ 有积聚性，则截交线的正面投影重合在 $P_V$ 上，与三条侧棱线交点的正面投影为 $1'$、$2'$、$3'$，由此求得交点的水平投影分别为 1、2、3。由于三棱锥三个侧棱面的水平投影都可见，故截交线水平投影△123 为可见；正面投影△$1'2'3'$ 积聚在 $P_V$ 线上，不

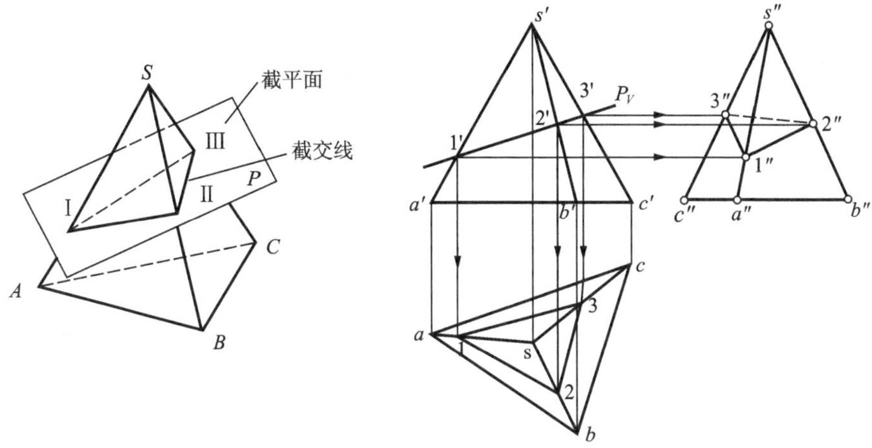


图 4.5　三棱锥的截交线

再判别。同理，求出侧面投影△1″2″3″。依次连接各交点同面投影，即得截交线为△ⅠⅡⅢ的投影。

当平面立体被两个或两个以上的截平面截切时，应先确定每个截平面与平面立体中的哪些平面相交，还要考虑截平面之间有无交线。

**例 4.3**　如图 4.6 所示是一个切口的三棱锥，被一个水平面和一个正垂面截切，求其截交线。

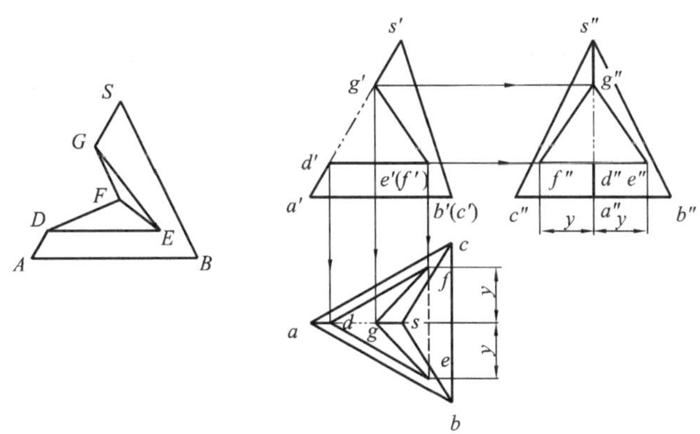


图 4.6　缺口三棱锥的投影

**解**　本例已知正面投影，截切水平面和正垂面积聚成直线。其中，水平截平面与锥底平行，与前、后棱面相交，可得到交线 *DE*、*DF* 分别平行于底边 *AB*、*AC*；正垂截平面也与前、后棱面相交，交线是 *GE*、*GF*。两个截平面的交线 *EF* 为正垂线。

**作图步骤：**

(1) 画出三棱锥完整的三视图，底面 *ABC* 为水平面，侧表面 *SBC* 为正垂面，其余两侧棱

面 $SAB$,$SAC$ 为一般位置平面。

(2) 作水平截平面与三棱锥的截交线的水平、侧面投影:因 $D\in SA$,由已知的$d'\in s'a'$得到 $d\in sa$。由 $DE/\!/AB$、$DF/\!/AC$,可得到 $de/\!/ab$、$df/\!/ac$,其中 $e\in de$、$f\in df$分别由 $e'$、$f'$确定。由 $d'e'$、$de$ 和 $d'f'$、$df$,可作出侧面投影 $d''e''$、$d''f''$重合在水平的直线段上。

(3) 作正垂截平面与三棱锥的截交线的水平、侧面投影:由 $g'\in s'a'$,得到 $g\in sa$,$g''\in s''a''$,连接 $ge$、$gf$ 和 $g''e''$、$g''f''$。

(4) 连接 $e$ 和 $f$,判别可见性,由于 $ef$ 被三个侧棱面的水平投影挡住而不可见,故画成虚线;$e''f''$则与积聚成直线段的水平截平面的侧面投影重合。

(5) 检查并擦去多余图线 $gd$、$g'd'$、$g''d''$,加深成图。

## 4.2 回转体的投影

回转面是由一条动线(直线、曲线)绕某一定线(直线)回转一周后所形成的曲面。其中动线称为**母线**,定线成为**轴线**,回转面上任意位置的一条母线被称为**素线**。

回转体就是由回转面或回转面与平面围成的立体。在工程中常用的回转体有圆柱、圆锥、圆球和圆环等。

### 一、常见回转体及其表面取点

(一) 圆柱

1. 形成

圆柱由圆柱面和上下底面所围成。如图 4.7(a)所示,圆柱面可以看做由直线 $AA_1$ 绕与它平行的轴线 $OO_1$ 回转而成。直线 $AA_1$ 为母线,圆柱面上的素线都是平行于轴线 $OO_1$ 的直线。

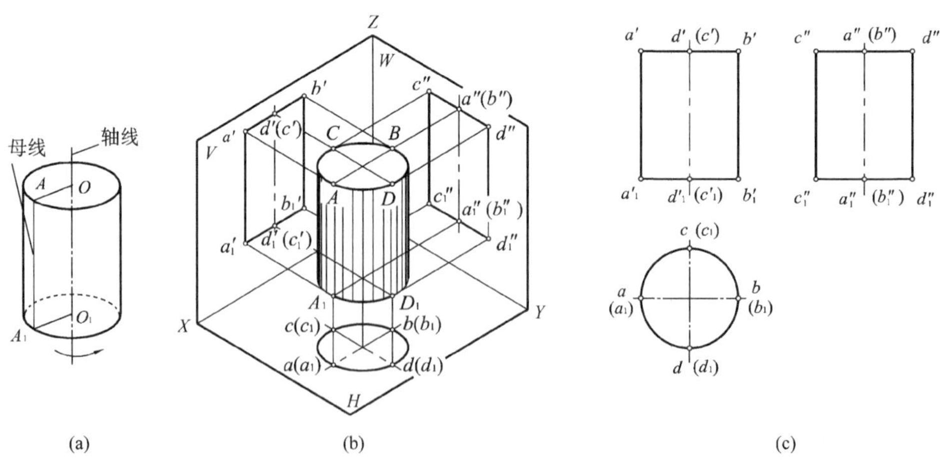


图 4.7 圆柱的投影

2. 投影

如图 4.7(b)所示轴线为铅垂线的圆柱。圆柱面的水平投影积聚为圆，也是圆柱两底面的投影。正面和侧面投影，分别是由圆柱的上下底面和圆柱面在正面和侧面的最左最右和最前最后四种极限位置的素线(称为**转向轮廓线**)所组成的两个矩形。

圆柱投影的作图步骤如下：

(1) 用细点画线画出轴线和圆的对称中心线，画出反映上下底面实形的俯视图圆形，以及在正、侧面投影相应高度上的积聚成直线段。

(2) 画出正面投影矩形的左、右两边 $a'a_1'$、$b'b_1'$ 为圆柱**正视转向线** $AA_1$、$BB_1$(是圆柱面前后两半可见与不可见的分界线)的投影。正视转向线的侧面投影 $a''a_1''$、$b''b_1''$ 与点画线重合，不需画出。

(3) 同理，画出侧面投影矩形的左、右两边 $c''c_1''$、$d''d_1''$ 是圆柱**侧视转向线** $CC_1$、$DD_1$(是圆柱面左右两半可见与不可见的分界线)的投影。侧视转向线的正面投影 $c'c_1'$、$d'd_1'$ 与点画线重合，不需画出。正视转向线和侧视转向线的水平投影积聚在圆周上的左、右、前、后四个点上，如图 4.7(c)所示。

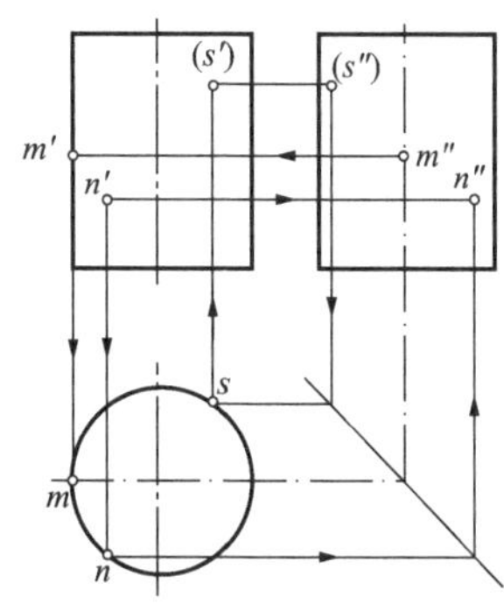

图 4.8　圆柱面上取点

3. 圆柱表面取点

与在平面立体表面上取点类似，可采用辅助直素线方法。但当圆柱轴线垂直于某一投影面时，圆柱面在该投影面上的投影积聚成圆，可直接利用这一特性在圆柱表面上取点。

**例 4.4**　已知圆柱面上点 $M$ 的侧面投影 $m''$，点 $N$ 的正面投影 $n'$，点 $S$ 的侧面投影 $(s'')$，求 $M$、$N$、$S$ 三点的三面投影，见图 4.8。

**解**　由图可知：圆柱的轴线垂直于 $H$ 面，故圆柱的水平面投影积聚成圆。由 $m''$ 及其可见性知，$M$ 点在圆柱面右边的正视转向线上。则由正视转向线的正面、水平面投影，可求出 $m'$ 和 $m$；由 $n'$ 及其可见性知，$N$ 在圆柱面的前下方。则由 $n'$ 直接求出 $n$，再由 $n'$、$n$ 求出 $n''$；由 $(s'')$ 及其不可见性可知，$s$ 点在圆柱面的右后上部，由 $(s'')$ 求出 $s$ 和 $(s')$。

(二) 圆锥

1. 形成

圆锥由圆锥面及底圆所围成。如图 4.9(a)所示，圆锥面可以看做直线 $SA$ 绕与其相交的轴线 $OO_1$ 回转而成。直线 $SA$ 称为母线，圆锥面上通过锥顶 $S$ 的任一直线称为圆锥面的素线。

2. 投影

图 4.9(b)所示是轴线为铅垂线的圆锥。圆锥的水平投影为圆，与锥底圆的投影重合，顶点的水平投影在圆心；正面、侧面投影均为等腰三角形，其中底边等于底圆的直径，而两腰分别为圆锥面正视转向线 $SA$、$SB$ 和侧视转向线 $SC$、$SD$ 的投影。正视转向线 $SA$、$SB$ 为正平线，其在水平和侧面投影中与点画线重合；侧视转向线 $SC$、$SD$ 为侧平线，其在水平和正面投影中与点画线重合，如图 4.9(c)所示。

3. 圆锥表面上取点

圆锥面的三个投影都无积聚性，故其表面取点需利用其几何性质，采用作简单辅助

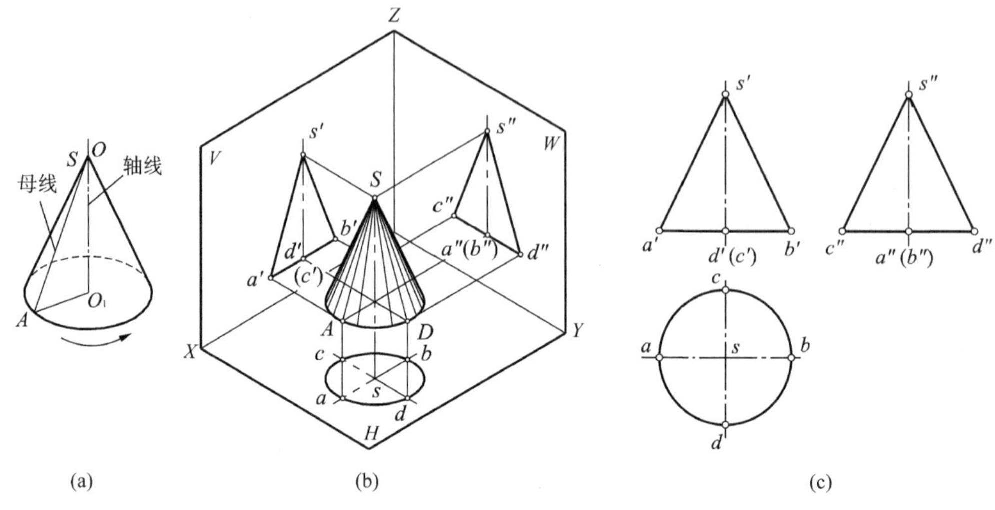


图 4.9　圆锥的投影

线的方法。一种是取过锥顶的辅助素线法;另一种是辅助纬圆法(取垂直于圆锥轴线的圆)。

**例 4.5**　已知圆锥表面点 $K$ 的正面投影 $k'$，求其三面投影，见图 4.10。

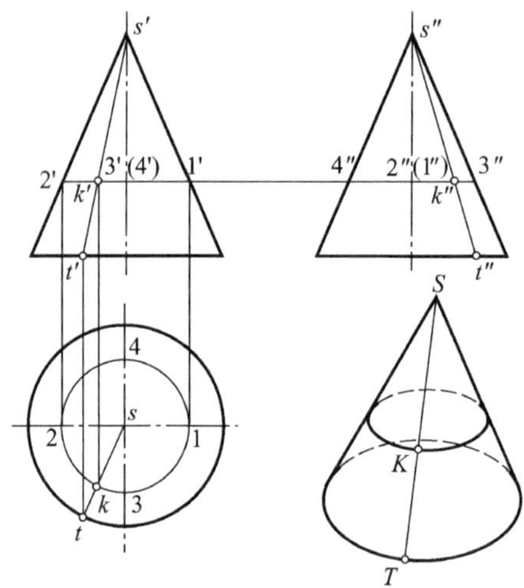


图 4.10　圆锥表面取点

**解**

**方法一**　辅助素线法

在正面投影中，过 $k'$ 作直线 $s't'$，再作 $ST$ 的水平和侧面投影 $st$ 和 $s''t''$。由 $k' \in s't'$，求出 $k \in st$、$k'' \in s''t''$。因 $K$ 在圆锥的左前面上，故 $k$、$k''$ 均可见。

**方法二**　辅助纬圆法

过 $k'$ 作垂直于圆锥轴线的辅助纬圆的正面投影，因积聚性，图中是过 $k'$ 的水平线段 $1'2'$。画出该纬圆的水平投影 $3''4''$(反映实形)和侧面投影 $3''4''$(与正面投影等长的水平线段)。因 $K$ 在左前面上,故由 $k'$ 向纬圆水平投影引投影连线交于左前圆周一点,即为 $k$,再由 $k'$ 和 $k$ 求得 $k''$,均可见。

(三) 圆球

1. 形成

圆球是由圆球面围成的立体。如图 4.11(a)所示,圆球面可以看做一半圆弧母线绕其直径 $OO_1$ 为轴回转一周而成。

2. 投影

如图 4.11(b)所示,圆球的其三面投影均为直径等于圆球直径的圆。其中,正面投影 $a'$ 是圆球**正视转向线**(前后半球面分界线)$A$ 的投影,侧面投影 $b''$ 是**侧视转向线**(左右半球面分界线)$B$ 的投影,水平投影 $c$ 是**俯视转向线**(上下半球面分界线)$C$ 的投影。转向线只有在其所视方向的投影面上才画线,在另两个投影面上,它均与对应的点画线重合,不画其投影。如正视转向线 $A$ 在 $V$ 面上的投影为圆 $a'$,在 $H$ 面、$W$ 面上,其投影 $a$、$a''$ 分别是水平方向的点画线和垂直方向的点画线,见图 4.11(c)。

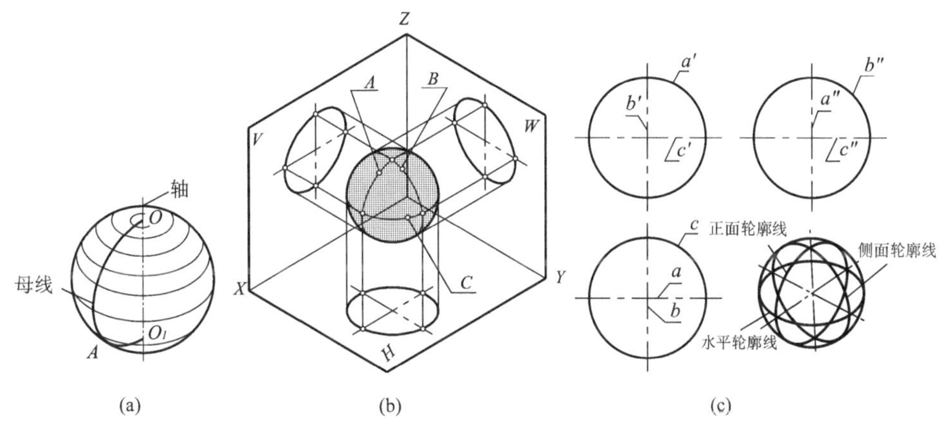


图 4.11　圆球的投影

3. 圆球表面取点

圆球表面上取点,可采用作过点的并与各投影面平行的辅助纬圆法。

**例 4.6**　已知圆球面上点的投影 $k''$、$m$,求它们的另外两个投影(图 4.12)。

**解**　由图 4.12 可看出,$k''$ 在侧面投影圆内的左下方,且可见,故点 $K$ 位于圆球面的左后下方,是一般位置的点,需采用辅助纬圆法求它的另两个投影。这里采用的是辅助侧平纬圆法。$M$ 点在 $H$ 面的垂直方向的点画线上,且可见,可知点 $M$ 位于侧视转向线的后半圆弧上。

**作图步骤:**

(1) 在侧面投影上,以球心为圆心过点 $k''$ 作一圆,求出该圆的正面、水平投影,即两垂直方向的直线段,它们的长度等于所作圆的直径。则$(k)$、$(k')$必在该圆的同面投影上,且不可见。

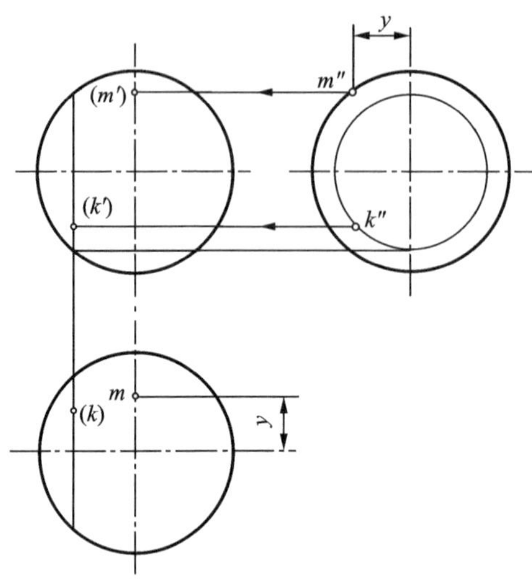


图 4.12　圆球表面取点

(2) 根据 $M$ 点从属于侧视转向线，由投影关系直接可求出 $m''$，然后求得($m'$)，如图 4.12所示。

## 二、回转体与平面的截交

平面与回转体相交，其截交线一般是封闭的平面曲线，特殊情况下可以是平面曲线与直线的组合或平面多边形。截交线既在截平面上，又在曲面立体表面上，所以截交线上的每个点都是截平面和曲面立体表面的共有点。

求截交线时，先求出能确定截交线形状和范围的特殊点，如：最高、最低、最前、最后、最左、最右点，可见不可见的分界点等；再利用作辅助线方法，求出若干的一般点；最后，按可见性依次光滑连接。

(一) 圆柱的截交线及切口

截平面截切圆柱时，与圆柱底面相交，则截得直线段交线；与圆柱面相交，则根据其相对圆柱轴线的位置不同，截交线有三种情形，见表 4.1。

**表 4.1　平面与圆柱面相交**

| | 与轴线平行 | 与轴线垂直 | 与轴线倾斜 |
|---|---|---|---|
| 截平面位置 | P | P | P |

续表

| | 与轴线平行 | 与轴线垂直 | 与轴线倾斜 |
|---|---|---|---|
| 投影图 | 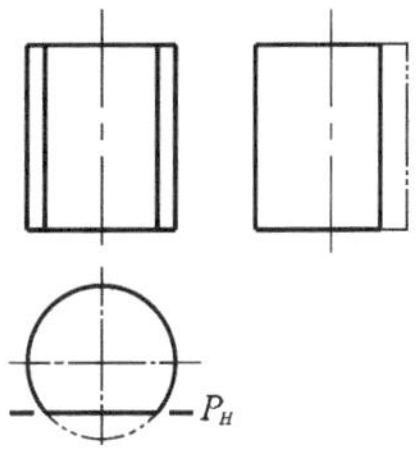 $P_H$ | 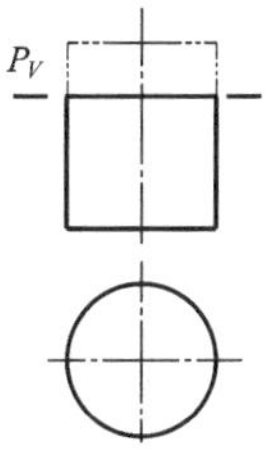 $P_V$ | 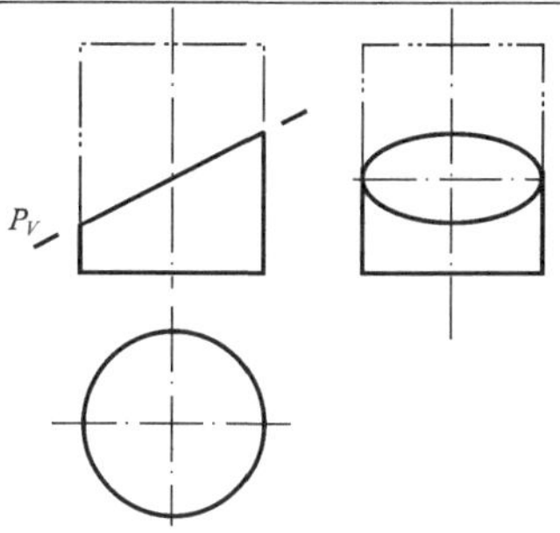 $P_V$ |
| 截交线 | 两条平行于轴线的素线 | 圆 | 椭圆 |

**例 4.7**　求正垂面截切圆柱的截交线的侧面投影，见图 4.13(a)。

**解**　由于截平面与圆柱轴线倾斜且为正垂面，故其截交线为正垂椭圆。椭圆的正面投影积聚为直线，水平投影与圆柱表面的水平投影重合，侧面投影一般为椭圆，此椭圆要通过求素线与截平面交点的方法作出。

**作图步骤：**

1. 求作特殊点

先作截交线上的特殊点，即圆柱的最左、最右、最前和最后点，亦是正视转向线和侧视转向线与截平面的交点。其正面投影 1′、2′、3′、(4′)，水平投影为 1、2、3、4，求得侧面投影 1″、2″、3″、4″，如图 4.13(b)所示；

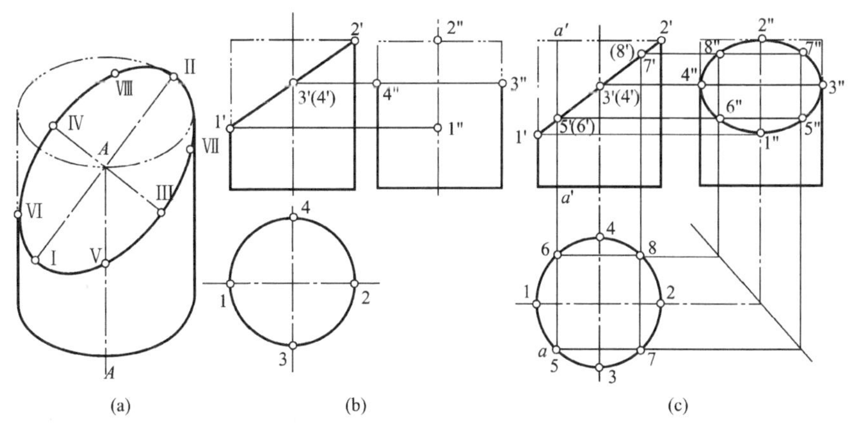


图 4.13　圆柱与正垂直截交线的作图

2. 求作一般位置点

在特殊点之间插入四个点，由其投影(5,5′)，(6,6′)，(7,7′)，(8,8′)，求得 5″、6″、7″、8″；

3. 光滑连接

按水平投影中各点顺序完成侧面投影。

**例 4.8**　求图 4.14(a)所示开槽圆柱的三视图。

**解**

**分析**:圆柱体上槽由三个截平面形成,左右对称位置的两个截平面是平行于圆柱轴线的侧平面,所以它们与圆柱面的截交线均为两条直素线,与上底面的截交线为正垂线。另一个截平面是垂直于圆柱轴线的水平面,它与圆柱面的截交线为两段圆弧,与其他两侧平截平面间产生了两条均为正垂线的交线。

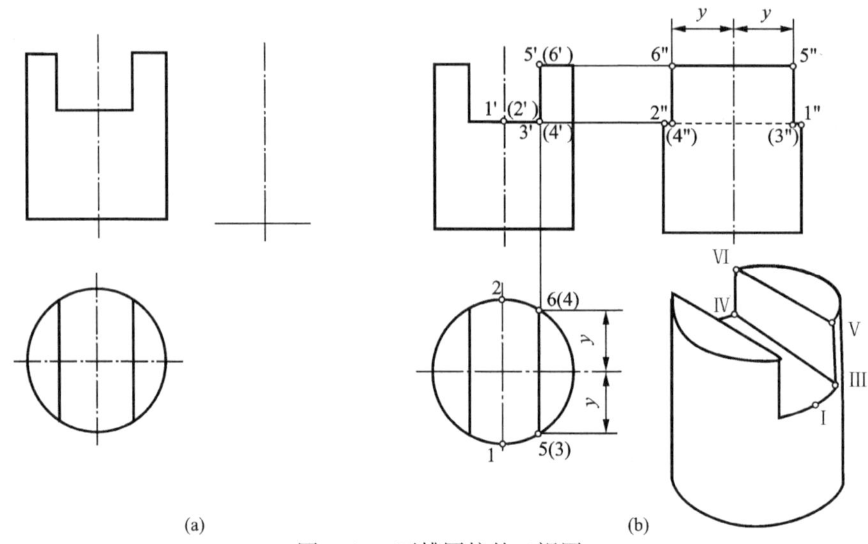


图 4.14　开槽圆柱的三视图

**作图步骤**:如图 4.14(b)所示。简单讲即是将每个截平面截交圆柱面产生的截交线逐一画出。由于截平面间位置关系,须判明每一条截交线的范围。如图所示,对于截面之间交线的侧面投影 3″4″不可见,故为虚线表示。圆柱侧面投影的轮廓线画到 1″、2″为止。

图 4.15 所示为圆筒开槽后的投影图。这是与前例相似的情形,把实心圆柱改成了圆

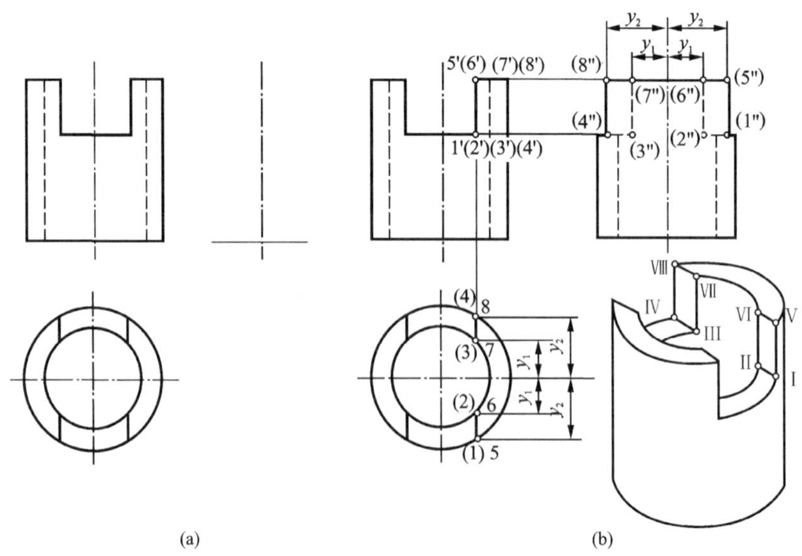


图 4.15　开槽圆筒的投影

筒，即在原圆柱中间挖了一个内圆柱孔，这时平面 $P$、$Q$、$R$ 不仅与外圆柱面相交，也与内圆柱面相交，从而产生了两层交线。具体过程请读者自行分析。

（二）圆锥的截交线及切口

截平面截切圆锥表面时，根据其相对圆锥轴线的位置不同，截交线有五种情形，见表4.2。

**表4.2　平面与圆锥面相交**

| | 垂直于轴线 | 与所有素线相交 | 平行于一条素线 | 平行于轴线 | 过锥顶 |
|---|---|---|---|---|---|
| 截平面位置 | 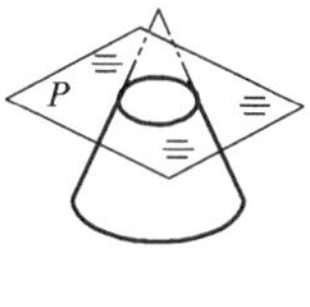 | 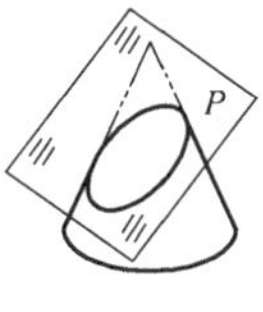 | 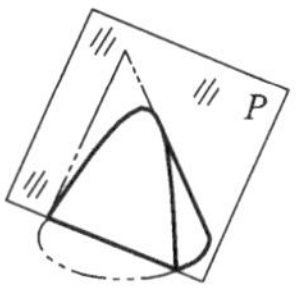 | 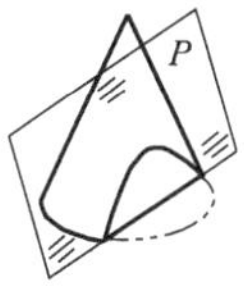 | 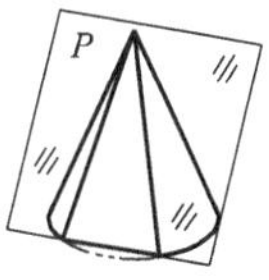 |
| 投影图 | 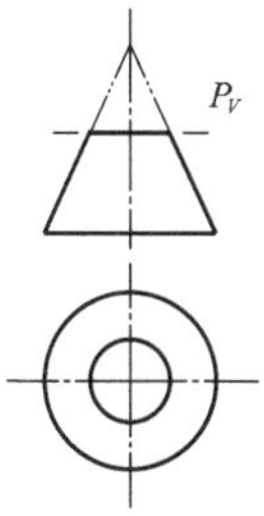 | 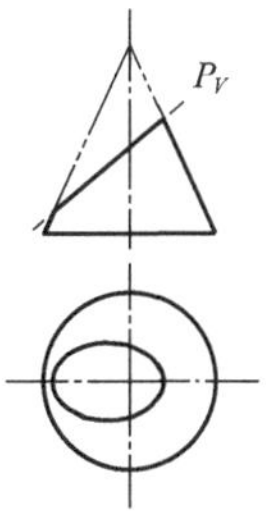 | 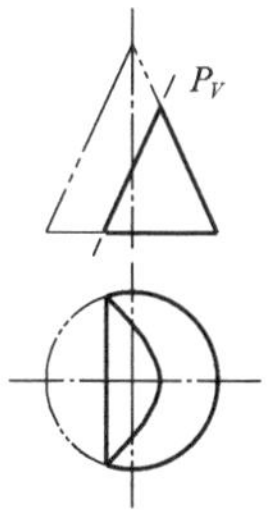 | 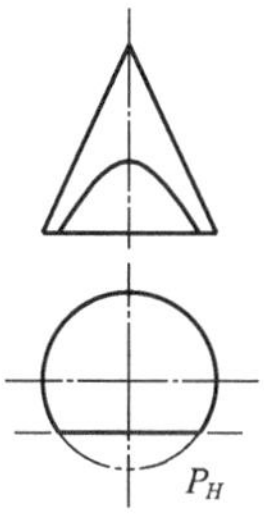 | 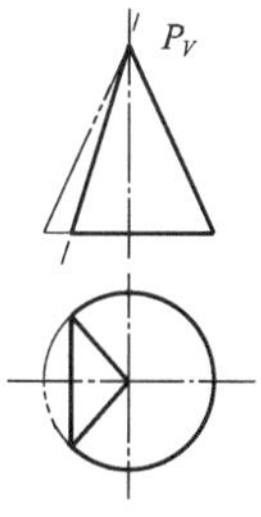 |
| 交线形状 | 圆 | 椭圆 | 抛物线 | 双曲线 | 一对相交直线 |

**例4.9**　已知带切口圆锥的主视图，求其余二视图，如图4.16(a)所示。

**解**

**分析**：切口是由两个截平面形成的。一个是过圆锥顶的正垂面，其中截交线是两条相交直线。另一个截平面是垂直于圆锥轴线的水平面，一部分圆弧是此截平面与圆锥面的截交线。两截平面的交线，为正垂线。

**作图步骤**：如图4.16(b)所示。

(1) 画出完整圆锥的俯视图与左视图；

(2) 分别画出各截平面的水平投影和侧面投影。画截平面的投影，就是画出截平面与立体表面的截交线及截平面间交线的投影；

(3) 整理俯视图和左视图的轮廓线，判别可见性，擦去不要的图线。

在两个视图中，只有俯视图的1、2不可见，其余投影均可见。在左视图中，圆锥面的轮廓线画到3″、4″为止。

（三）圆球的截交线及切口

截平面截切圆球所得的截交线都是圆，但其投影情况，视截平面相对于投影面的位置而定，见表4.3。

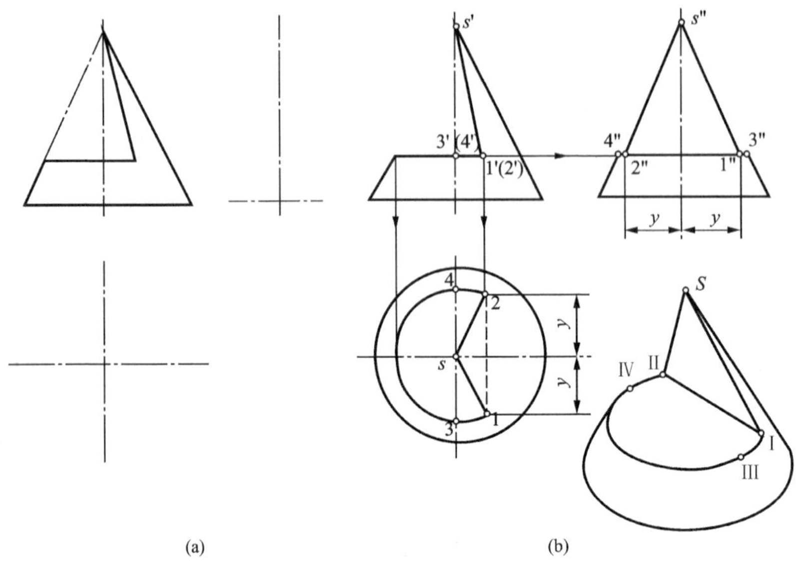


图 4.16　切口圆锥的三视图

**表 4.3　平面与圆球相交**

| | 与 $V$ 面平行 | 与 $H$ 面平行 | 与 $V$ 面垂直 |
|---|---|---|---|
| 截平面位置 | $P$ | $P$ | $P$ |
| 投影图 | | | |
| 交线形状 | 圆 | 圆 | 圆 |

**例 4.10**　已知圆球被截切后的正面投影，补全其水平投影，见图 4.17。

**解**

**分析**：正垂截面 $P$ 截切圆球得截交线是一正垂圆。其正面投影积聚在 $P_V$ 上，反映圆的直径实长，其水平投影为椭圆。

**作图步骤**：如图 4.17(b)所示。

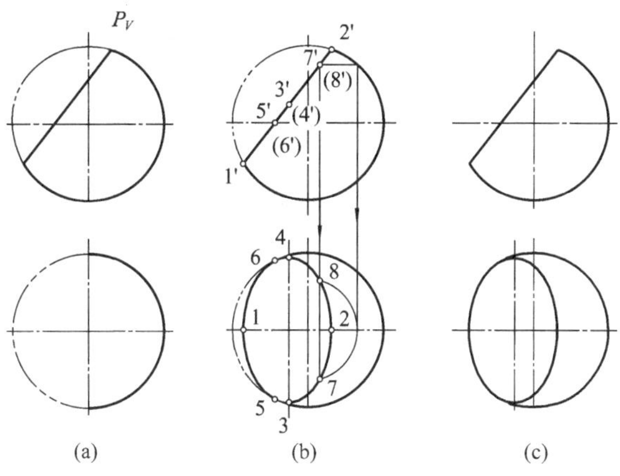


图 4.17　圆球被截切的投影

(1) 求特殊点的投影：截交线的最低(也是最左)点、最高(也是最右)点的正面投影为 1′、2′；取 1′2′的中点，得最前、最后点的正面投影 3′、(4′)。由此得，四个点的水平投影 1、2、3、4，它们是截交线水平投影椭圆的长、短轴四个端点。截交线与俯视转向线的交点正面投影为 5′、6′，其水平投影为 5、6，是截交线水平投影椭圆与球面水平投影圆的前后对称的两个切点。

(2) 求一般点的投影：在正面投影的 2′3′和 2′4′之间插入 7′、(8′)，用辅助纬圆法求得它的水平投影 7、8。同理，可以求出若干一般点的投影(图中未示出)。

(3) 依次光滑连接各点水平投影，得到截交线水平投影为椭圆。因球被截去左上方，所以截交线水平投影可见，且球面俯视转向线水平投影的 5、6 左侧部分已不存在，结果如图 4.17(c)。

**例 4.11**　求切口半圆球的投影，见图 4.18。

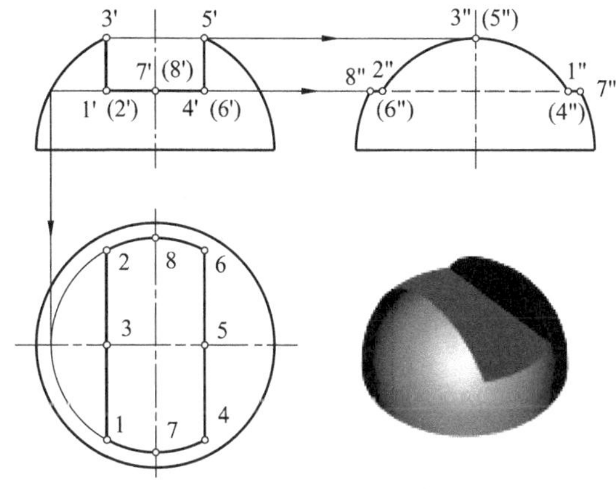


图 4.18　切口半圆球的投影

**解**

**分析**:该半圆球上的切口由两个侧平截面和一个水平截面切得。三个截面截得的截交线均是圆弧。这些圆弧的正面投影都积聚成直线段。三截面间产生的两条交线均为正垂线。

**作图步骤**:

(1) 求水平截面与半球的截交线投影:此截交线在水平投影中反映圆弧实形,为弧174和弧286,其半径由水平截面处的纬圆得到;截交线的侧面投影是两直线段1″7″和2″8″。

(2) 求两侧平截面与半球的截交线投影:该截交线在侧面投影中反映圆弧实形,为弧1″3″2″和弧4″5″6″(两者重合),其半径由侧平截面处的纬圆得到;该截交线的水平投影积聚成两直线段12和46。

(3) 求截面间交线的投影:两条正垂交线的水平投影与两侧平截面的截交线水平投影重合;侧面投影为1″2″,因在切口底部而不可见,画成虚线。

(4) 整体检查:半球侧视转向线的侧面投影的弧7″8″段因切口断开不画线。

(四) 组合回转体的截交线

组合回转体是指具有共同轴线的几个基本回转体组合而成的形体。组合回转体的截交线是截平面与构成组合回转体的各段回转面的交线和该截平面与组合回转体本身的各平面表面的交线组合而成。

求截交线时,首先分析组合回转体是由哪些基本回转体组成,截平面与哪些回转体表面相交,这些回转体表面之间的分界线在哪里,再分段求出截交线,最后拼接各段交线。

**例4.12**　如图4.19(a)所示,求组合回转体被$Q$、$P$截平面截切后的截交线。

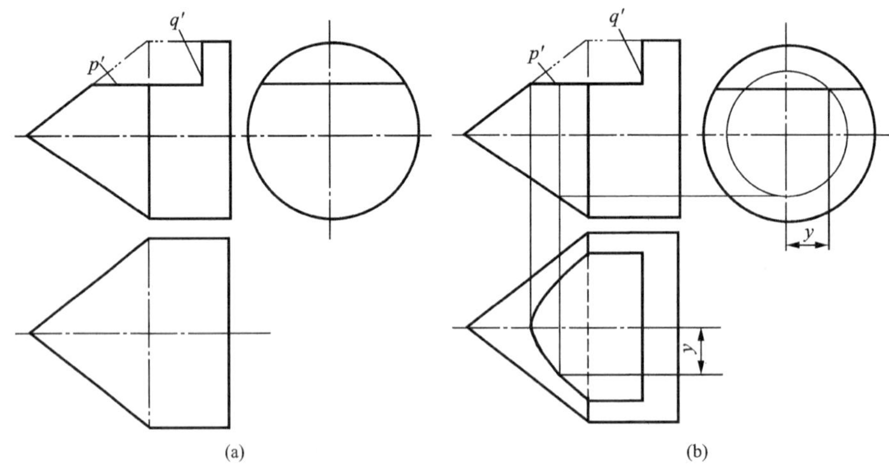


图4.19　组合回转体的截切

**解**

**分析**:该组合体由圆锥和圆柱同轴构成,被平行于回转轴线的水平面$P$和垂直于圆柱轴线的侧平面$Q$所截切。

水平面 $P$ 分别作用于圆锥和圆柱上，圆锥面截得双曲线，圆柱面截得直线。

侧平面 $Q$ 截圆柱得到圆弧。

**作图步骤：**见图 4.19(b)，分别求出各组合部分被截得的截交线，然后按顺序拼接起来即可，作图过程略。

## 4.3　两曲面立体相贯

两立体相交称为相贯，两立体表面的交线称为相贯线。表达相贯线时，既要画出立体表面相贯线的投影，又要画好相贯立体轮廓线的投影。本节讨论求两回转体相贯线的问题。

两曲面立体的相贯线，在一般情况下是封闭的空间曲线；特殊情况下，可以是不封闭的，或者是平面曲线，甚至是直线。相贯线是两曲面立体表面的共有线，相贯线上的点是两曲面的共有点。

求相贯线的实质是求两曲面立体表面上的一系列共有点，再按可见性、依次光滑地连接、求相贯线方法可分为两类：一类是利用积聚性法求相贯线。另一类是利用辅助面的三面共点法，这是求共有点的一般方法。

如图 4.20(a)所示，求柱面与锥面的相贯线，即求其两者的共有点，可作一辅助面 $P$，与柱面交于两素线，与锥面交于水平圆，两者的交点Ⅴ、Ⅵ即为相贯线上的两点。再作若干个辅助面，求得一系列这样的共有点，然后依次光滑连接。即为所求的相贯线。同理，也可如图 4.20(b)所示选择辅助面 $Q$，找相贯线上共有点。

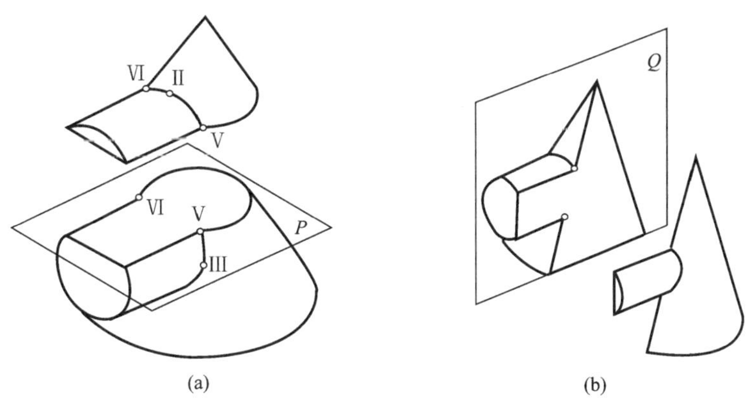


图 4.20　三面共点法求相贯线

(一) 辅助面选择原则

辅助面截切两立体表面应都能获得最简单易画的截交线投影(如直线或圆)。因此，所选辅助面一般为平面，也可用球面、柱面等；同时要选择好辅助面相对于两曲面立体的位置。

(二) 求相贯线共有点原则

先求能决定相贯线投影范围、特征和转向点等的特殊点；再适当求出若干一般点，以便光滑连接。

（三）可见性判别原则

只有当相贯线同时位于两立体可见表面投影方向时，相贯线的这段投影才为可见，否则为不可见。

## 一、相贯线求法

（一）利用积聚性法求相贯线

相贯两曲面立体之一是具有积聚性的圆柱时，可直接找到相贯线的一个投影，再通过表面取点法求出相贯线的其他投影。

**例 4.13**　求轴线正交两圆柱的相贯线（图 4.21）。

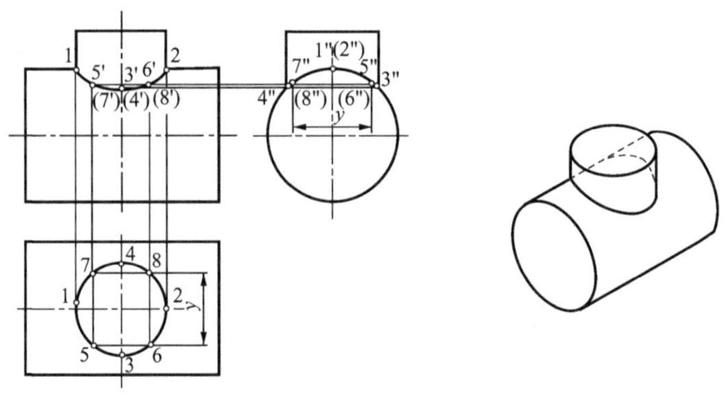


图 4.21　两正交圆柱相贯线

**解**　两圆柱轴线垂直相交，直立小圆柱完全穿入侧立大圆柱，故相贯线为一条封闭的空间曲线，且前后、左右对称。因小圆柱的水平投影积聚为圆，所以相贯线的水平投影与该圆重合；大圆柱的侧面投影积聚为圆，故相贯线的侧面投影为该圆周上的小圆柱侧面投影范围内的一段圆弧。所以，仅相贯线的正面投影待求。

**作图步骤：**

（1）求特殊点：由水平投影可知，相贯线的最左、最右点（两点也为最高点）、最前、最后点（两点也为最低点）的水平投影分别为 1、2、3、4，在侧面投影上作出 1″、2″、3″、4″，由此求得 1′、2′、3′、4′。

（2）求一般点：在相贯线的水平投影上，取左右、前后对称的四点 5、6、7、8 作出它们的侧面投影 5″、6″、7″、8″，由此求得 5′、6′、7′、8′。

（3）光滑连线：按相贯线水平投影各点的顺序；连接各点的正面投影，即为相贯线的正面投影。由于相贯线正面投影的前半可见部分与后半不可见部分相重，故只画实线。

对于两正交圆柱表面相贯情况，还有实心圆柱与圆柱孔相贯、两圆柱孔相贯的情况，如图 4.22 所示。这些情况除了可见性不同以外，相贯线的形状是一样的。在图 4.23 中给出了不同直径正交圆柱体相贯线的变化情况。

**例 4.14**　如图 4.24(a)所示，补全视图中所缺相贯线。

**解**　图 4.24(a)所示的半个套筒内外表面均为圆柱面，上部钻有一个圆柱孔，该孔与

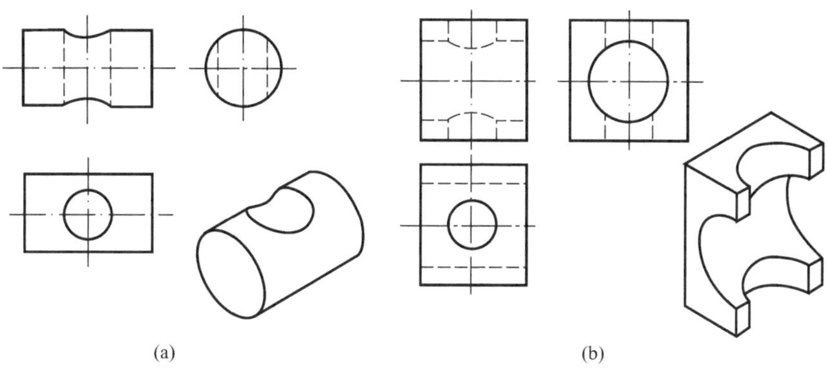


图 4.22　圆柱与孔及孔之间的相贯线

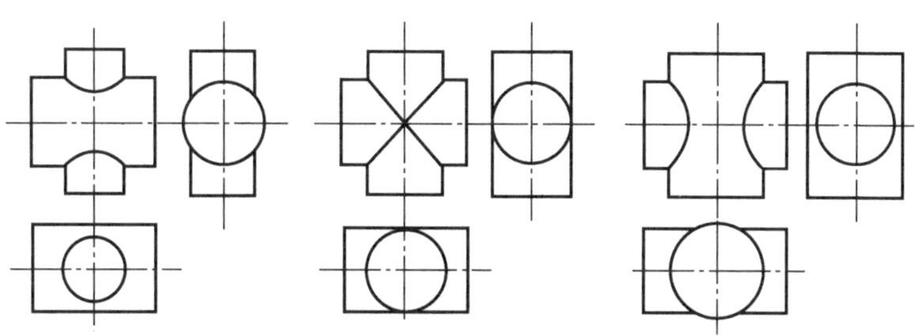

图 4.23　不同直径正交圆柱体相贯线变化

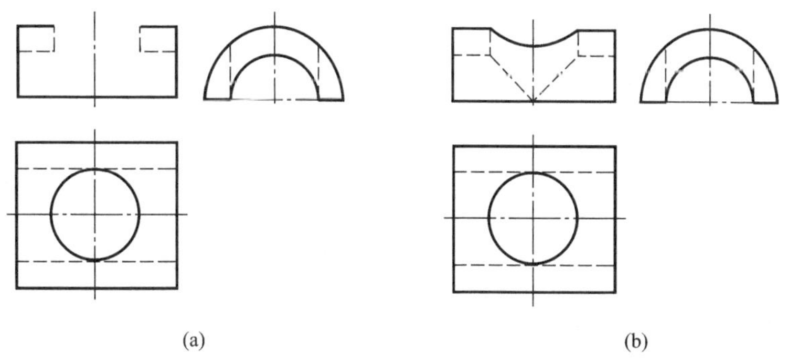


图 4.24　补全相贯线

套筒的内、外柱面均相贯，且两个圆柱孔的直径相等。所以主视图的相贯线有两处，竖向圆柱孔与套筒外表面相贯，由丁直径不相等，则可用前述方法画出；两个圆柱孔由于直径相等，相贯线为两个椭圆弧，相贯线的正面投影为两条相交直线，由于在内表面不可见，画成虚线，如图 4.24(b)所示。

（二）辅助平面法求相贯线

**例 4.15**　求轴线正交的圆柱与圆锥的相贯线，见图 4.25。

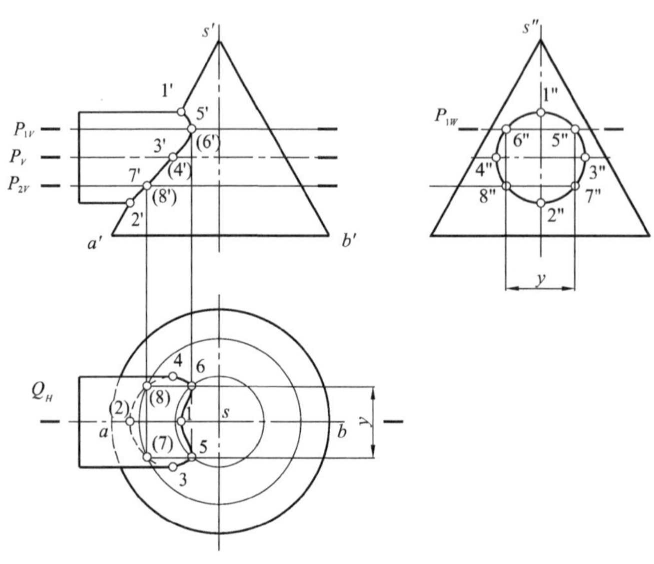


图 4.25　圆柱与圆锥正交的相贯线

**解**

**分析：**圆柱轴线垂直于 $W$ 面，故相贯线的侧面投影积聚为一圆，只需求相贯线的正面及水平投影。又圆锥轴线垂直于 $H$ 面，故可选择水平面作为辅助面，与圆柱面的截交线是两条平行于轴线的侧垂线，与圆锥面的截交线是一水平圆，它们的交点即为相贯线上的点。

**作图步骤：**

（1）求特殊点：过锥顶 $S$ 作辅助正平面 $Q$，与圆锥面交于两条正视转向线 $SA$ 和 $SB$，与圆柱面也交于两条正视转向线，两者交于点Ⅰ（1、1′、1″），Ⅱ（2、2′、2″），即为相贯线的最高、最低点。过圆柱轴线作辅助水平面 $P$，与圆柱面交于两条俯视转向线，与圆锥交于一水平圆，两者交于点Ⅲ（3、3′、3″），Ⅳ（4、4′、4″），为相贯线的最前、最后点。

（2）求一般点：在点Ⅰ与Ⅲ、Ⅳ之间，作一辅助水平面 $P_1$，与圆锥面截交线为一水平圆，与圆柱面截交线为两条素线，两者交于点Ⅴ（5、5′、5″）、Ⅵ（6、6′、6″），即为所求；同理，再作辅助水平面 $P_2$，又可得两个一般点Ⅶ（7、7′、7″）、Ⅷ（8、8′、8″）。根据需要，可求出若干的一般点。

（3）光滑连线，判别可见性：因相贯线前后对称，其正面投影前后半重合，故用实线连接；水平投影中，圆柱上半部分的相贯线同时处于圆柱和圆锥的可见表面上，其水平投影可见，其余部分不可见，故连线时，以 3、4 为界，3—5—1—6—4 用实线光滑连接，4—8—2—7—3 用虚线光滑连接。

（4）整体检查：因相贯体为整体，圆锥正视转向线 $SA$ 的正面投影上 1′—2′之间不应连线；圆柱面的前后俯视转向线的水平投影应从左分别画到 3、4 为止；圆锥底圆中被圆柱面挡住的部分，其水平投影应画成虚线。

**例 4.16**　求圆锥台和半圆球的相贯线，见图 4.26。

**解**

**分析**：圆锥台的铅垂轴线与半圆球的铅垂轴线同处于一个正平面内，且圆锥台完全被半球面包围，故相贯线是前后对称，且封闭的空间曲线，但三面投影均无积聚性。可选用水平面作为辅助平面，由两个截交线圆的交点求得相贯线上的点；通过圆锥台轴线的正平面、侧平面作为辅助面，求得相贯线上的一些特殊点。

**作图步骤**：

(1) 求特殊点：过圆锥台轴线作辅助正平面 $R$，与圆锥台交于两条正视转向线，与圆球面交于一条正视转向线，两者交点的正面投影分别是 1′、2′，由此求得 1、2 和 1″、2″；过圆锥台轴线作辅助侧平面 $T$，与圆锥面交于两条侧视转向线，与圆球面交于一条侧平的半圆弧，两者交点的侧面投影是 3″、4″，由此求得 3、4 和 3′、4′。

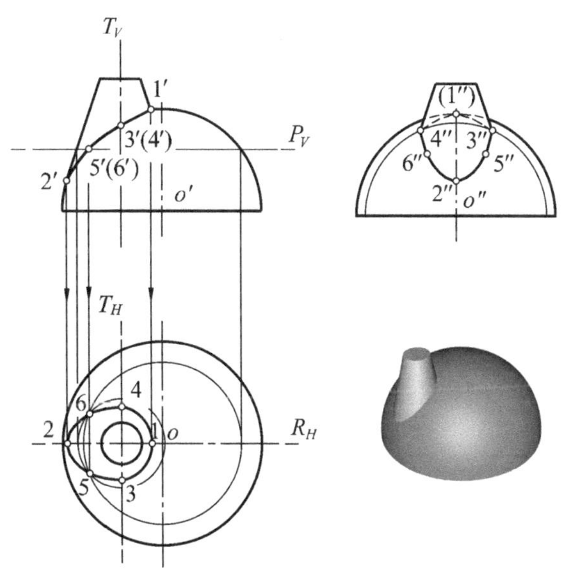


图 4.26　圆台与半圆球的相贯线

(2) 求一般点：在适当位置作辅助水平面，以求得若干一般点。本例选择正面投影中 2′、3′之间作一辅助水平面 $P$，交圆锥台的截交线为一水平圆，交球面截交线也为一水平圆，两圆交点的水平投影为 5、6，进而求得 5′、6′和 5″、6″；同理，可求得其他一般点(图中未示出)。

(3) 光滑连线，判别可见性：相贯线因前后对称，故正面投影只需用实线连接；水平投影全部可见，也光滑画成实线；侧面投影中，处于圆锥台左半部的相贯线为可见，其余部分不可见，故连线时，以 3″、4″为分界点，3″—5″—2″—6″—4″段画光滑实线，3″—(1)″—4″段光滑地画成虚线。

(4) 整体检查:在正面投影中,半球正视转向线的正面投影 1′—2′之间不应画线;侧面投影中,圆锥台前后侧视转向线的侧面投影分别从上画到 3″、4″为止,半球的部分侧视转向线因被圆锥台挡住,其侧面投影应画成虚线。

## 二、相贯线的近似画法

对直径不等且轴线垂直相交的两圆柱表面的相贯线的投影,允许用圆弧近似代替。其作图方法如图 4.27 所示。

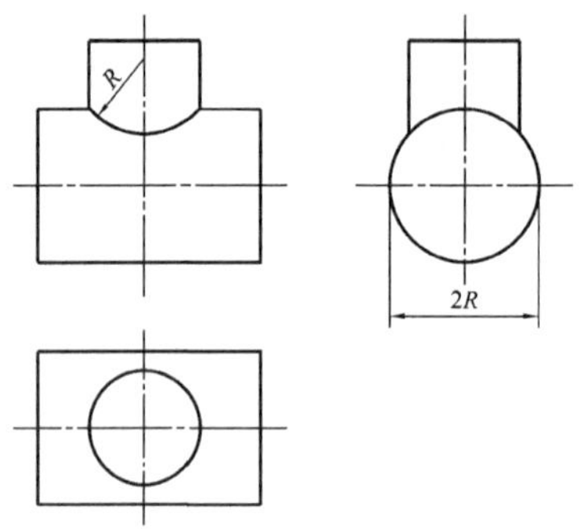


图 4.27 相贯线近似画法

## 三、相贯线的特殊情况

两回转体相贯线在特殊情况下,可以是直线、圆或其他平面曲线。

(一) 相贯线为直线

两个共顶点的锥体相交时,相贯线为两条过锥顶的直线,如图 4.28(a)。两轴线相互平行的圆柱相交时,相贯线为两条平行于轴线的直线,如图 4.28(b)。

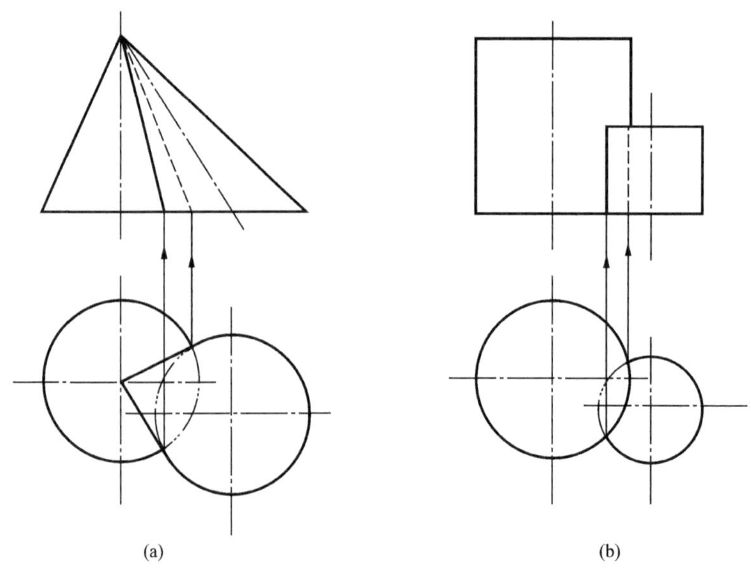


图 4.28 相贯线为直线的情况

（二）相贯线为圆

两回转体共轴相贯时，相贯线为垂直于轴线的圆。当轴线平行于投影面时，圆积聚为直线，如图 4.29 所示。

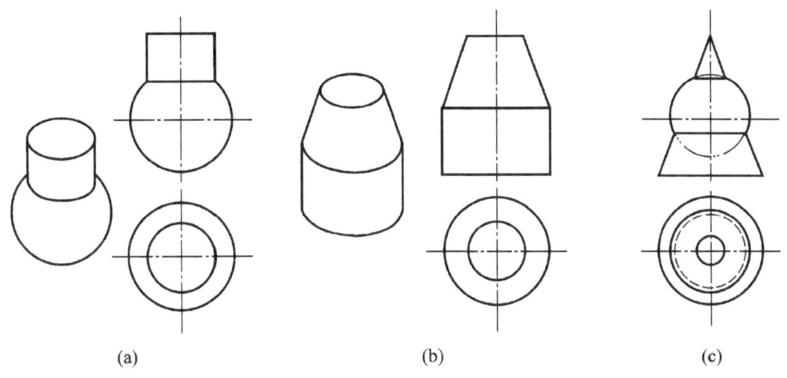


图 4.29　相贯线为圆的情况

（三）相贯线为椭圆

两个直径相同的圆柱正交，或外切于同一球面的圆锥和圆柱正交，则相贯线分别为两个大小相等的椭圆。若两正交轴线平行于 $V$ 面，则相贯线的正面投影分别为两条等长的直线段，如图 4.30(a)、(b)所示。

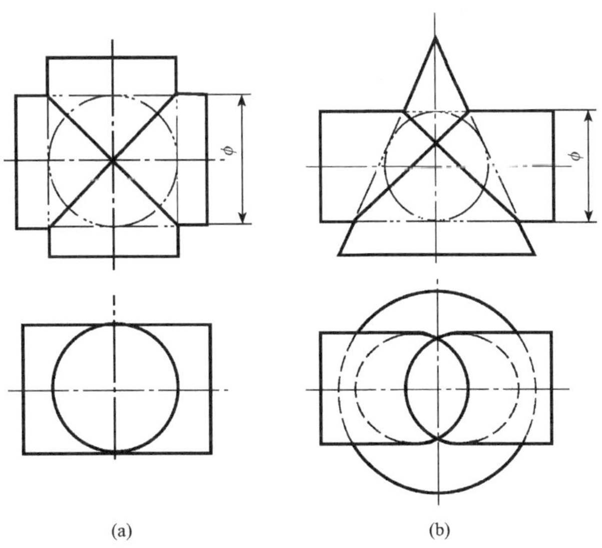


图 4.30　两回转体内切于同一球面

（四）复合相贯

复合相贯是指两个以上基本形体相贯。作图时应分别分析相贯体的相贯线。

图 4.31(a)所示相贯体，其上部的长圆柱可看成由长方体与两半圆柱组合而成，因此相

贯线的正面投影也由三部分组成，画图时要准确地确定不同部分的分界点。图 4.31(b)为外表面复合相贯；图 4.31(c)、(d)为复合体内表面相贯。

图 4.31(e)表示了上部圆柱分别与下部两圆柱相贯，图中只画了相贯体的主视图，此时应分别确定相贯线投影中两段圆弧的半径。

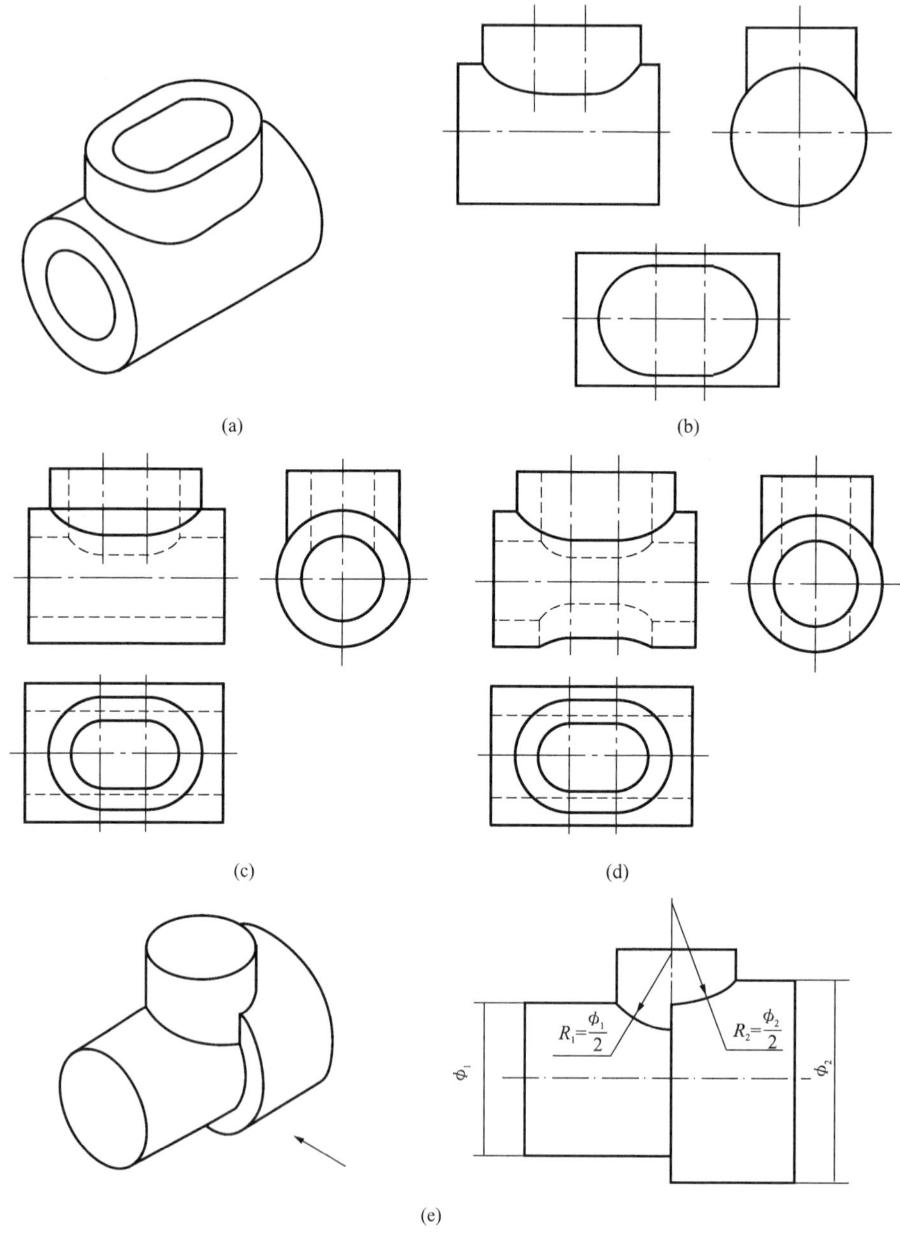


图 4.31　复合相贯(a)～(e)

# 第5章　轴测投影

如图5.1(a)所示是一立体的正投影图，它能完整、确切地表达出零件各部分的形状，且作图简便、度量性好，缺点是立体感不强。而采用图5.1(b)的轴测投影图来表达物体，则立体感强，直观性好，缺点是轴测图一般不易反映物体各表面的实形，因而可度量性差，轴测投影图在工程上一般用做辅助图样。

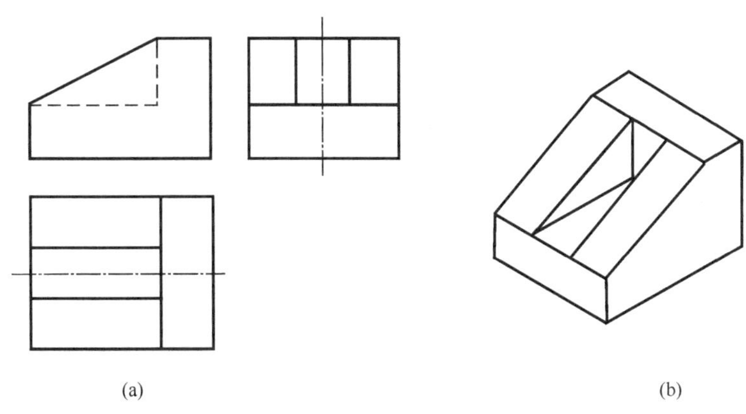

(a)　　(b)

图5.1　正投影图与轴测图对比

## 5.1　轴测投影的基本知识

### 一、轴测投影图的形成

将物体按某一方向用平行投影法投影到某一投影面上所得到的单面投影图形称为轴测投影图，简称轴测图。

如图5.2所示，$P$ 为轴测投影面，$S$ 为投影方向，长方体上的坐标轴 $OX$、$OY$、$OZ$ 均倾斜于 $P$ 面，$S$ 与 $P$ 垂直。按此方法得到的 $P$ 面轴测图称为正轴测图。

如图5.3所示，$P$ 为轴测投影面，$S$ 为投影方向，立体上的坐标面 $XOZ$ 平行于 $P$ 面，$S$ 与 $P$ 不垂直。以此种投影方法产生的轴测图称为斜轴测图。

### 二、轴间角和轴向伸缩系数

如图5.2所示，空间直角坐标系中的 $OX$、$OY$ 和 $OZ$ 坐标轴在轴测投影面 $P$ 上的投影 $O_1X$、$O_1Y_1$、$O_1Z_1$ 称为轴测轴。相邻两轴测轴之间的夹角称为轴间角，如 $\angle X_1O_1Y_1$、$\angle X_1O_1Z_1$、$\angle Y_1O_1Z_1$。

在轴测图中平行于轴测轴 $O_1X_1$、$O_1Y_1$、$O_1Z_1$ 的线段长度与平行丁坐标轴 $OX$、$OY$、

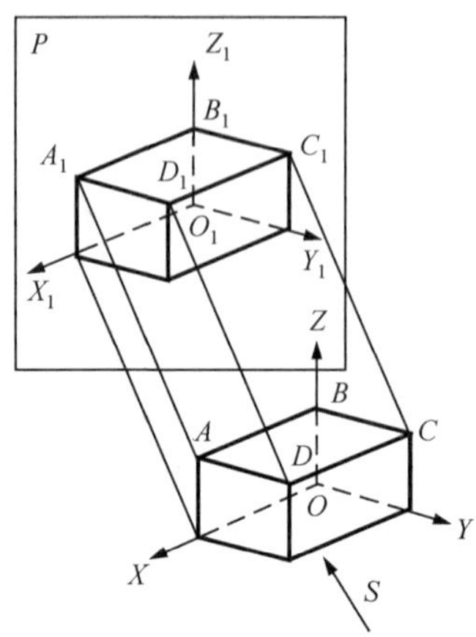


图 5.2　正轴测图的形成

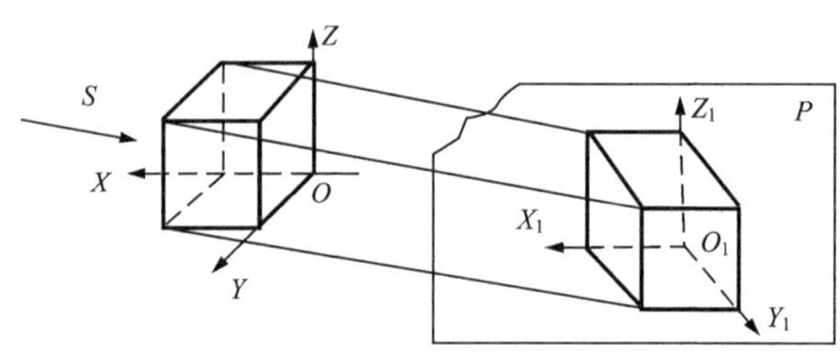


图 5.3　斜轴测图的形成

$OZ$ 的对应线段长度之比称为轴向伸缩系数。$X$ 轴、$Y$ 轴、$Z$ 轴的轴向伸缩系数分别以 $p$、$q$、$r$ 表示。

$$p=\frac{O_1X_1}{OX}=\frac{O_1A_1}{OA},\quad q=\frac{O_1Y_1}{OY}=\frac{O_1B_1}{OB},\quad r=\frac{O_1Z_1}{OZ}=\frac{O_1C_1}{OC}$$

轴间角和轴向伸缩系数是绘制轴测图的重要参数。

## 三、轴测图的种类

根据投影方向 $S$ 对轴测投影面夹角的不同，轴测图可分为两大类：正轴测图和斜轴测图。为了作图方便、表达效果更好，GB/T 14692—1993 规定了三种标准轴测图：

(1) 正轴测投影，且 $p=q=r$，称为正等测轴测图，简称为正等测。

(2) 正轴测投影，且 $p=r=2q$，称为正二测轴测图，简称为正二测。

(3) 斜轴测投影，且 $p=r=2q$，称为斜二等轴测图，简称斜二测。

在工程上用得较多的是正等测和斜二测，本章将介绍这两种轴测图的画法。

## 四、轴测图的投影特性

由于轴测投影采用的是平行投影法，因而它具有平行投影的基本性质：

(1) 立体上平行于坐标轴的线段，在轴测图中平行于轴测轴，如图 5.2 中 $AB /\!/ OX$ 轴，则 $A_1B_1 /\!/ O_1X_1$ 轴。

(2) 立体上互相平行的线段，在轴测图中仍互相平行，如图 5.2 中 $AB /\!/ DC$，则 $A_1B_1 /\!/ D_1C_1$。

(3) 在轴测图上，只有沿轴测轴方向才能直接量取尺寸作图(这就是轴测的含义)，而不沿轴测轴的方向一般不能直接量取尺寸作图。

## 5.2 正等测轴测图

### 一、轴间角和简化轴向伸缩系数

如图 5.2 所示，若使物体的三个坐标轴与轴测投影面 $P$ 的倾角相等，且投影方向 $S$ 与 $P$ 面垂直，然后将立体向轴测投影面 $P$ 作正投影，所得的投影图就是正等测轴测图。

在这种影情况下，$p=q=r$，三个坐标轴与轴测投影面的倾角都相等，均为 $35°16'$。根据几何关系可以证明，其轴间角均为 120°，3 个轴向伸缩系数均为 0.82。

实际画图时，为了作图简便，在正等测轴测图中，一般把轴测轴 $O_1Z_1$ 画成铅垂位置，各轴间角均为 120°，轴向尺寸一般采用简化轴向伸缩系数：$p=q=r=1$。这样轴向尺寸即被放大到 $k=1/0.82\approx1.22$倍，所画出的轴测图也就比实际物体大，这对物体的形状没有影响，但却简化了作图，如图 5.4 所示。

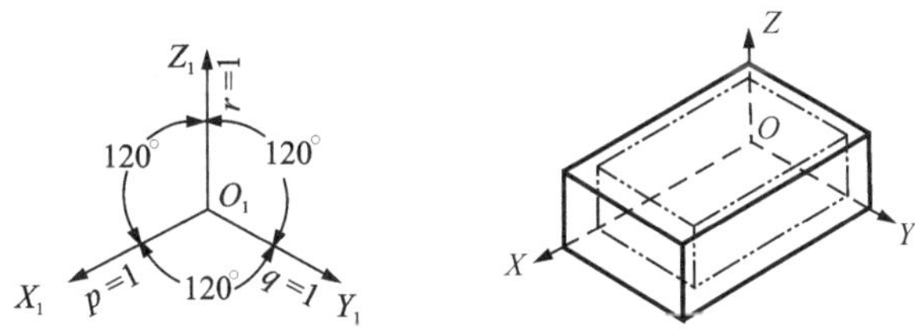


图 5.4 正等测轴测图简化

### 二、平面立体的正等测图画法

(一) 坐标法

绘制轴测图的基本方法是坐标法，即先根据坐标作出立体各顶点的轴测投影，然后按可见性连接各顶点。

**例 5.1** 作出如图 5.5(a)所示平面立体的正等测图。

**作图步骤**：如图 5.5(b)所示。

(1) 在已知两面投影视图上建立坐标系 $O$-$XYZ$。

(2) 画出正等轴测轴 $O_1$-$X_1Y_1Z_1$，用坐标法画出Ⅰ、Ⅱ、Ⅲ三点的轴测投影。利用平行性，过Ⅰ、Ⅱ、Ⅲ三点分别画相应平行线。由此得到长方体的正等测图。

国家标准《机械制图　轴测图》中规定：轴测图中一般只画出可见部分，必要时才画出其不可见部分。所以还要判别可见性，将不可见部分去掉，得到长方体的轴测图。

(3) 沿着相应的轴线($Z$ 轴)方向测量，得到 $A$、$B$ 的轴测投影 $A_1$、$B_1$，再作相应的平行

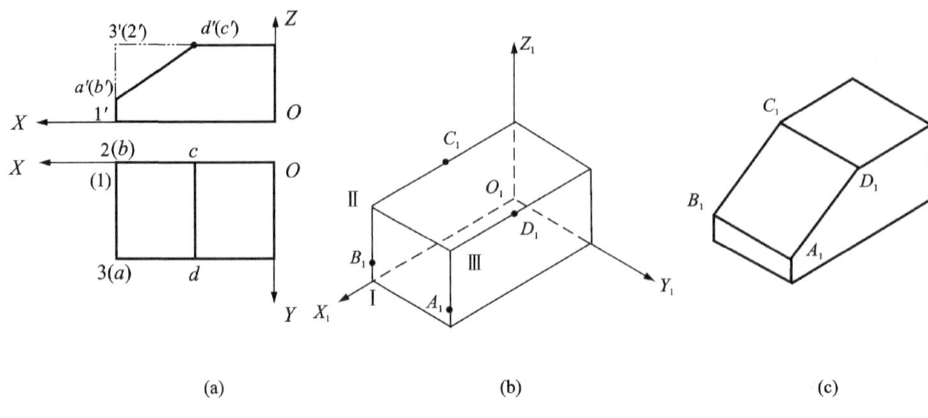


图 5.5　作长方体的正等测图

线。同理，沿 $X$ 轴方向测量得到 $C$、$D$ 的轴测投影 $C_1$、$D_1$，连接 $C_1D_1$。

(4) 检查并擦去多余图线、字母等，加深即可得其正等测图，如图 5.5(c)所示。

**例 5.2**　如图 5.6(a)所示为正六棱柱主、俯视图，作出正六棱柱的正等测图。

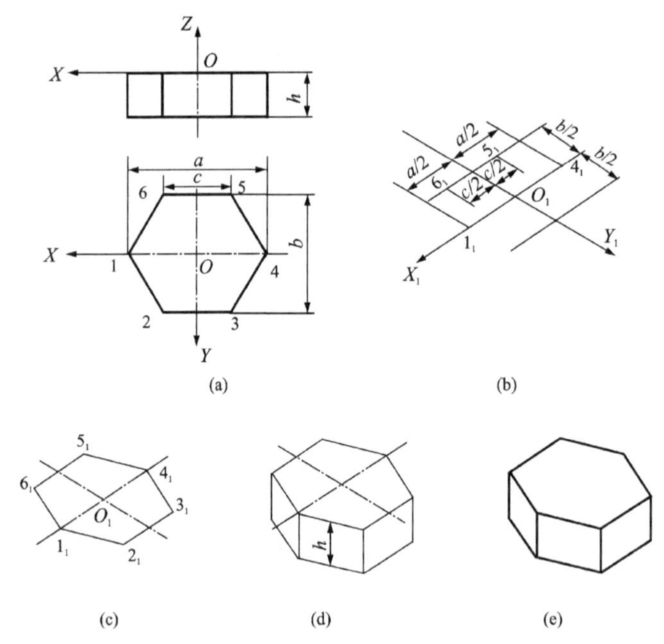


图 5.6　作正六棱柱的正等测图

**作图步骤：**

为了做图方便，选取上底面的中心为原点 $O$。它的两条对称中心线为 $X$ 轴和 $Y$ 轴，以六棱柱的轴线作为 $Z$ 轴，建立直角坐标系，如图 5.6(a)所示。

(1) 在两面投影图上建立直角坐标系 $O\text{-}XYZ$。

(2) 画出正等测图中的轴测轴 $O_1\text{-}X_1Y_1Z_1$。

(3) 用坐标法作线取点，按坐标关系，用 1∶1 在轴测轴上作出六棱柱顶面六个顶点的对应点，按顺序连接，即得六棱柱顶面的轴测图，见图 5.6(b)、(c)。

(4) 沿 $O_1Z_1$ 轴方向(沿六棱柱任一顶点)量取 $h$，得到六棱柱底面六个顶点的对应点，顺序连接，即得六棱柱底面的轴测图，见图 5.6(d)。

(5) 检查加深，擦去不必要的图线、字母，即得正六棱柱的正等测图，见图 5.6(e)。

(二) 叠加切割法

所谓叠加切割法，就是先画出一个基本形体，然后逐个往上叠加，再按顺序切去某些部分。用该方法画复杂形体时，需要坐标法的配合。

**例 5.3** 如图 5.7(a)所示立体的三视图，采用叠加切割法求作立体的正等测图。

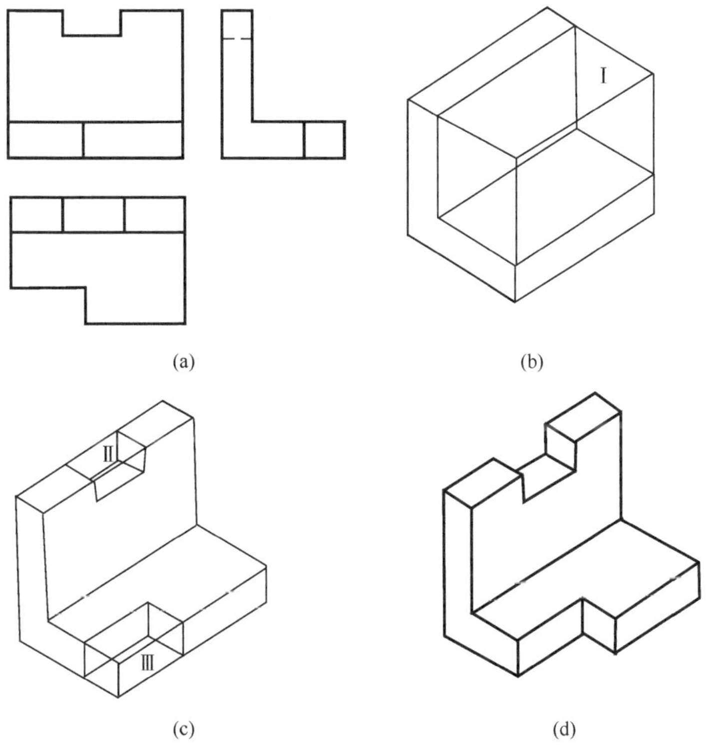


图 5.7 作切割体的正等测图

**作图步骤：**

(1) 分析三视图结构可知，该立体是从一个长方体经多次切割而成，在三视图上建立坐标轴；

(2) 画出轴测轴，完成切割体Ⅰ，形成底板、竖板两个长方体轴测图，如图5.7(b)所示；

(3) 将底板、竖板上切口Ⅱ、Ⅲ的结构表现出来，如图 5.7(c)所示；

(4) 检查并擦去多余图线，加深后得到如图 5.7(d)所示该切割体的正等测图。

## 三、曲面立体的正等测图

圆是曲面立体中的主要结构，所以先要掌握圆的正等测画法。

（一）平行于坐标面的圆的正等测图

曲面立体如圆柱、圆锥、圆球等，其上有圆形，当这些圆形在坐标面或其平行面上时，它的正等测投影是椭圆，如图 5.8 所示。由图可知，这些椭圆形状大小相同，只是长短轴方向不同。绘制此类圆形的正等测图有以下两种方法：

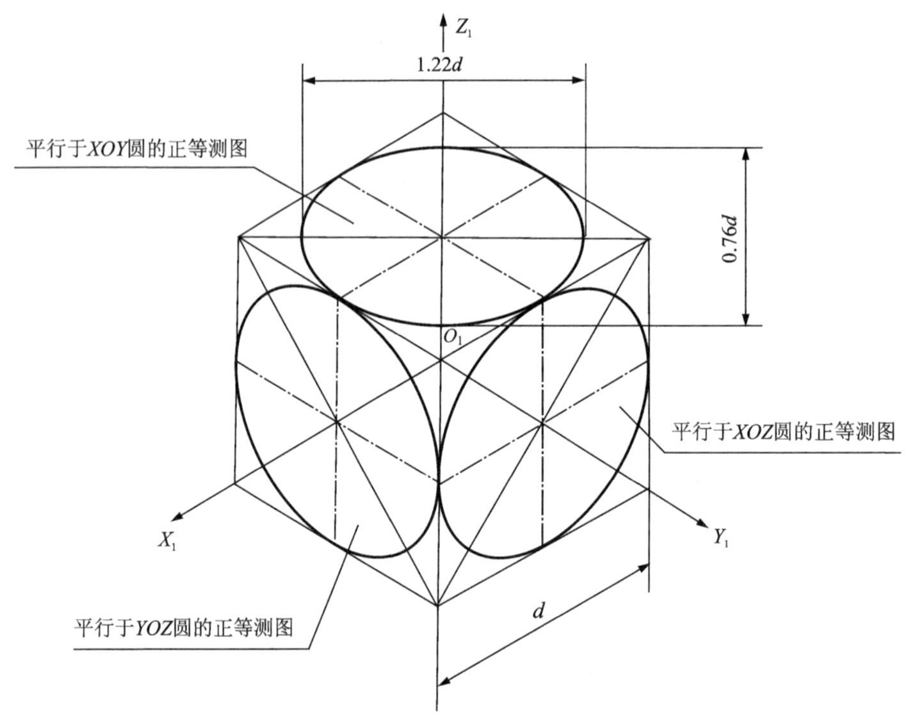


图 5.8　平行于各坐标面的圆的正等测图

1. 坐标法

对于处在坐标面或其平行面上的圆，都可以用坐标法作出圆上一系列点的轴测投影，然后光滑地连接起来，即得圆的轴测投影，如图 5.9 所示。

2. 菱形法

本方法只适用于求正等测中平行于坐标面的圆的正等测图。它是将正等测投影椭圆由四段圆弧连接而成的近似表达法。现以水平面（$XOY$ 坐标面）上圆的正等测图为例，如图 5.10 所示为菱形法求近似椭圆。

（二）圆角的正等测图

零件上会遇到由四分之一圆弧构成的圆角，如图 5.11(a)所示。这些圆角的轴测图分别对应于椭圆的四段圆弧，画圆角时不用作出整个椭圆，只需直接画出该段圆弧即可，如图 5.11(b)、(c)所示。作图时，根据已知圆角半径 $R$ 找出切点 $A_1$、$B_1$、$C_1$、$D_1$，过切点作

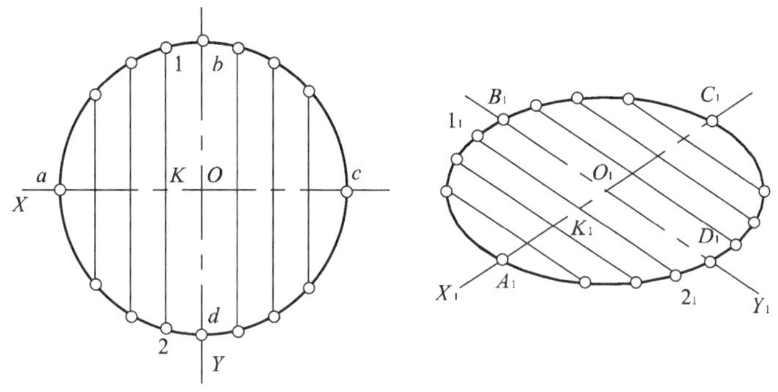


图 5.9 坐标法求椭圆

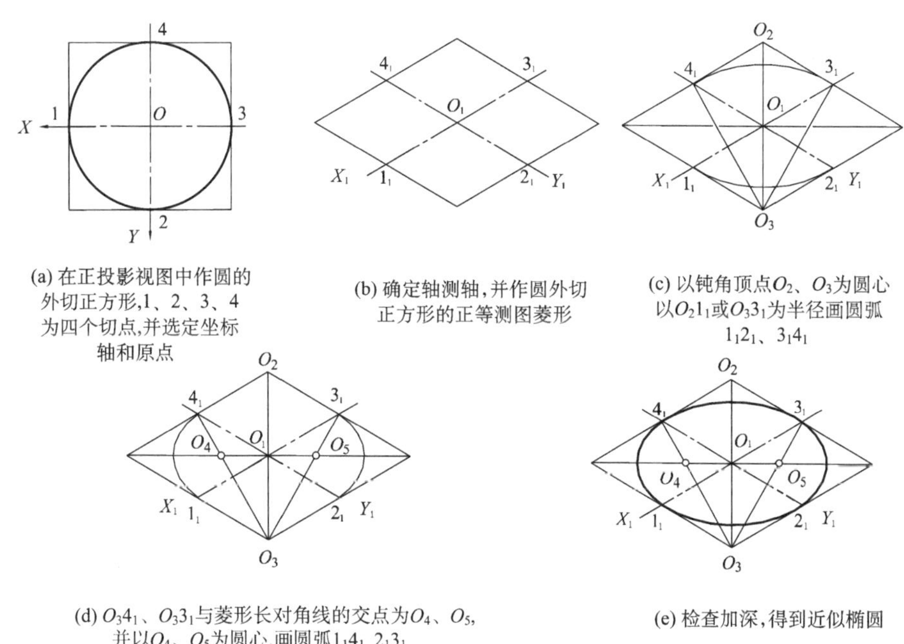


图 5.10 菱形法求近似椭圆

切线的垂线,两垂线的交点即为圆心,以此圆心到切点的距离为半径画圆弧,即得圆角的正等轴测图。顶面画好之后,将 $O_1$、$O_2$ 向下移动 $h$,绘出下底面两圆弧的圆心,完成零件圆角的正等测图,如图 5.11(c)所示。对称结构同法绘出。

(三) 举例

**例 5.4** 已知圆柱的两面投影图,如图 5.12(a)所示,画出其正等测图。

**作图步骤:**

(1) 在两面投影图上,建立直角坐标系 $O$-$XYZ$,见图 5.12(a)。

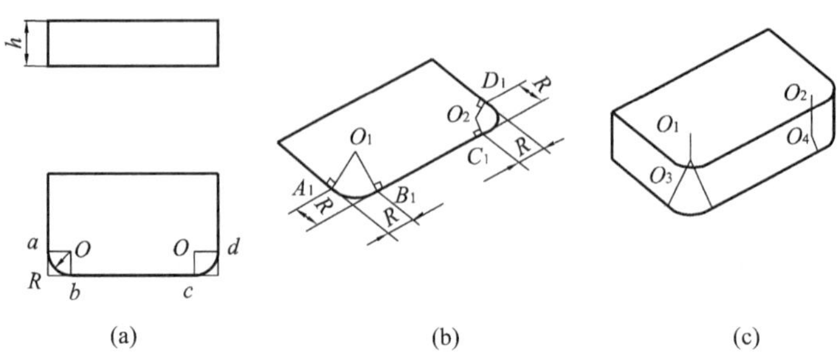

(a)　(b)　(c)

图 5.11　作圆角的正等测图

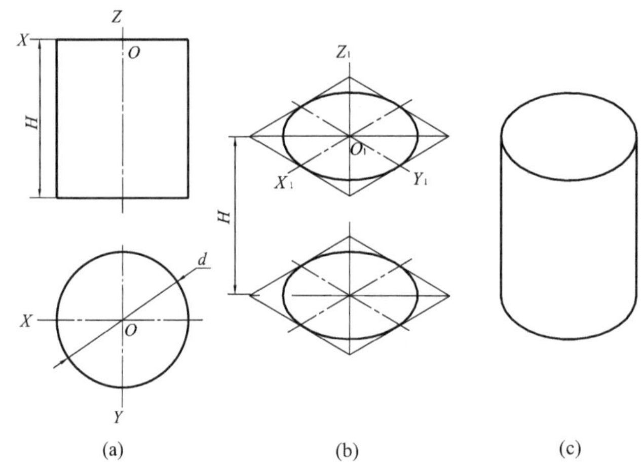

(a)　(b)　(c)

图 5.12　作圆柱的正等测图

(2) 画出轴测轴,分别作出顶面和底面椭圆,见图 5.12(b)。

(3) 作两椭圆的外公切线,表示圆柱面的投影外形轮廓线,再去除下面椭图不可见部分,加深即得圆柱的正等测图,图 5.12(c)。

圆锥和圆球画法也与上述步骤相似。

## 四、组合体的正等测图画法

画组合体的轴测图时,应采用形体分析法,逐个画出各组成形体的轴测图。现以图 5.13(a)为例来说明组合体轴测图的画法。

**作图步骤:**

(1) 画出完整长方体底板后,切除两侧角,挖出底槽,见图 5.13(b)。

(2) 确定直立耳板的定位点 $A$ 点位置,画出耳板正等测图,见图 5.13(c)。

(3) 擦去作图线、加深即完成全图,图 5.13(d)。

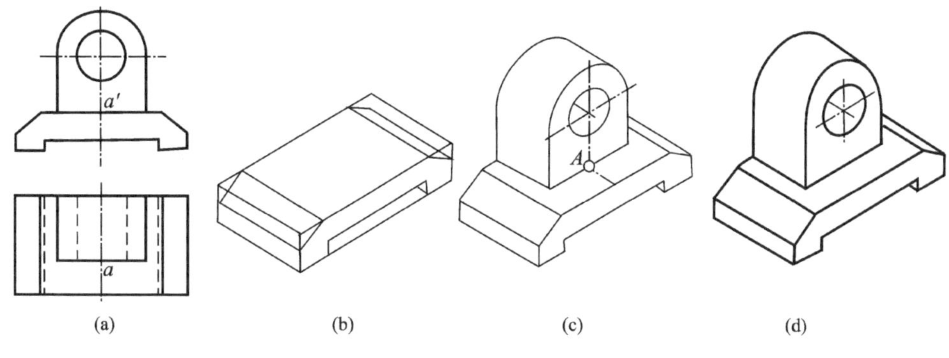


图 5.13　作组合体的正等测图

# 5.3　斜二测轴测图

## 一、斜二测的轴间角和轴向伸缩系数

如图 5.3 所示,投影方向 $S$ 与轴测投影面 $P$ 倾斜,立体的直角坐标系中的一个坐标面 $XOZ$ 与 $P$ 面平行,即这两个方向轴向变形系数均为 1,因此坐标面 $XOZ$ 以及与它平行的平面在 $P$ 面上的投影反映实形,所得的这种轴测图就是正面斜二等测轴测图,简称斜二测。

如图 5.14 所示,斜二测图的 $X_1$ 轴与 $Z_1$ 轴之间的夹角$\angle X_1O_1Z_1=90°$,两轴的轴向伸缩系数均为 1,即 $p=r=1$。为了作图简便,并使斜二测图的立体感较强,通常取轴间角$\angle X_1O_1Y_1=\angle Y_1O_1Z_1=135°$,即 $Y_1$ 轴与水平线成 45°角,轴向变形系数 $q=0.5$,所以斜二测图各轴向伸缩系数的关系是 $p=r=2q=1$。

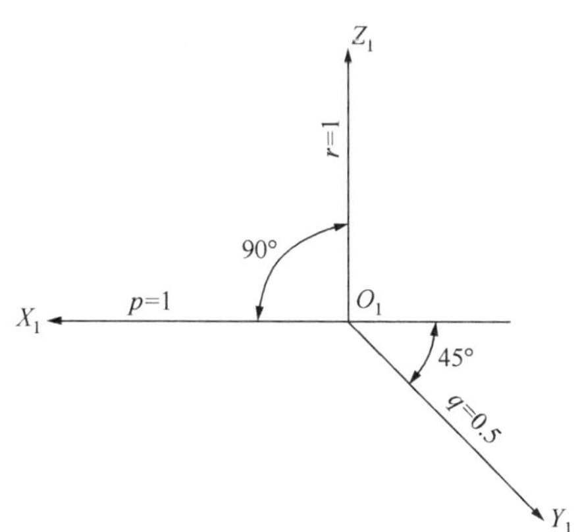


图 5.14　斜二测图的轴间角和轴向伸缩系数

## 二、斜二测图的画法

由于斜二测图能如实表达物体上平行于轴测投影面的平面形状,因而它适合表达某一方向的形状较复杂或只有一个方向上有圆的物体。

**例 5.5** 求如图 5.15(a)中视图所示立体的斜二测图。

**作图步骤：**

(1) 在两面投影图中，选取坐标轴和原点 $O$；

(2) 画出斜二轴测轴 $O_1$-$X_1Y_1Z_1$，在 $Y_1$ 轴上量取 $O_1A_1=\frac{1}{2}oa$，得 $A_1$ 点，同理量取 $A_1B_1=\frac{1}{2}ab$，得 $B_1$ 点。分别以 $O_1$、$A_1$、$B_1$ 为圆心，画出各圆的实形，再作出相应圆的外公切线表示圆柱体的外形轮廓，见图 5.15(b)。

(3) 检查并擦去多余作图线，加深完成全图，如图 5.15(c)所示。

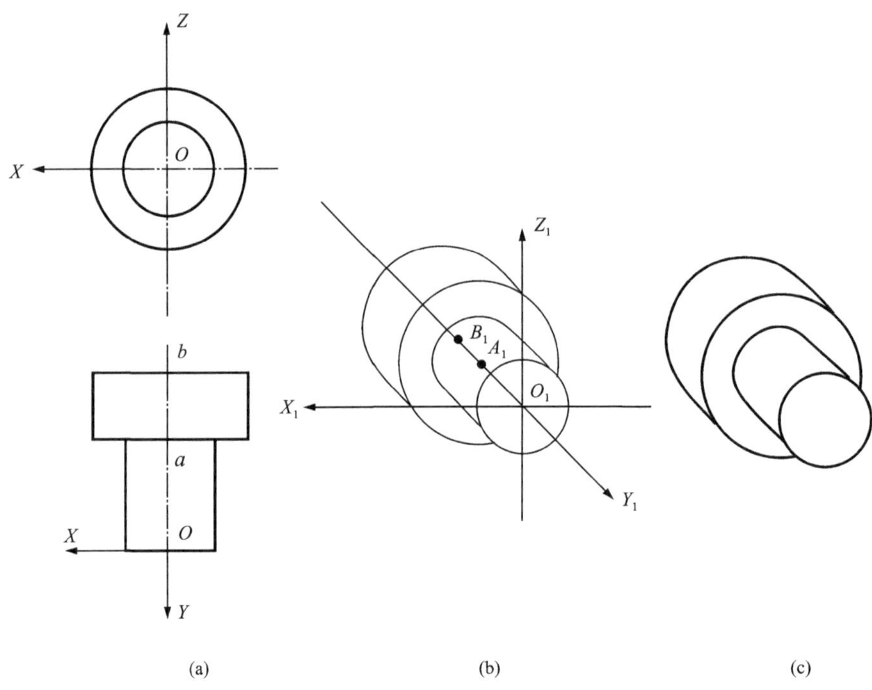


图 5.15 作组合体的斜二测图

# 第6章 组 合 体

## 6.1 组合体的组合方式

由基本几何体经过叠加和挖切等方式组合而成的立体，称为组合体。组合体的形状主要取决于其所组成的基本形体，还与基本形体间的组合方式和形体邻接表面间的相对位置有很大的关系。大多数组合体的组合方式，实际上是叠加和挖切的综合应用。

基本体除了长方体、棱柱、棱锥、圆柱、圆锥、球、环等基本几何体之外，还包括经过简单组合和挖切的常见基本体。

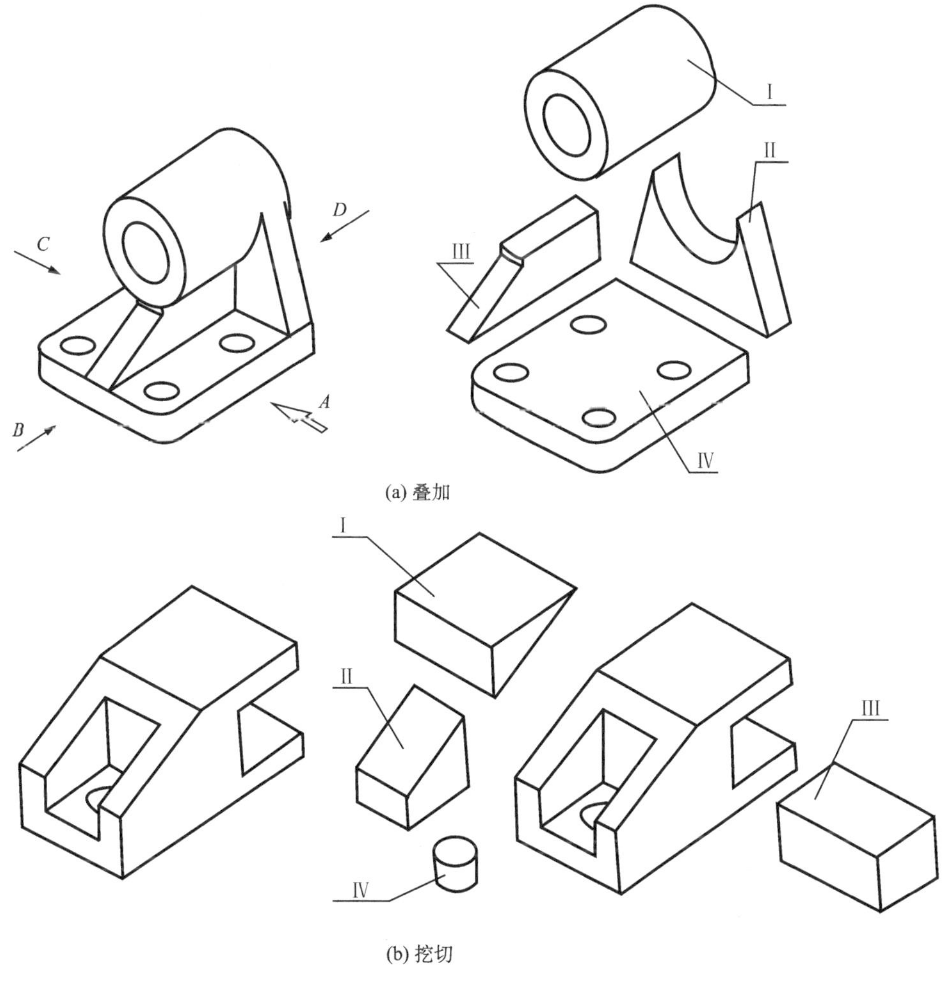


图 6.1 组合体的组合方式

如图 6.1(a)所示的轴承座是由四个基本形体叠加而成。图 6.1(b)所示的机件是由一长方体挖切去四个基本形体而形成的，其中包括穿孔。

组成组合体的基本形体邻接表面的相对位置有平齐、不平齐、相切、相交四种情况，如图 6.2 所示。相应地，它们在视图中的投影具有各自的特点：

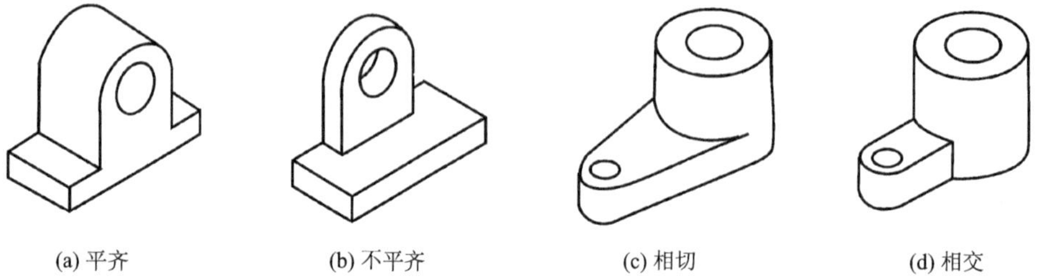


图 6.2　基本形体间的邻接表面关系

(1) 当两形体的表面平齐时，其投影之间没有线隔开，如图 6.3(a)所示。

(2) 当两形体的表面不平齐时，其投影之间应有线隔开，如图 6.3(b)所示。

(3) 当两形体的表面相切时，切线的投影不应画出，如图 6.3(c)所示。

(4) 当两形体的表面相交时，交线的投影应画出，如图 6.3(d)所示。

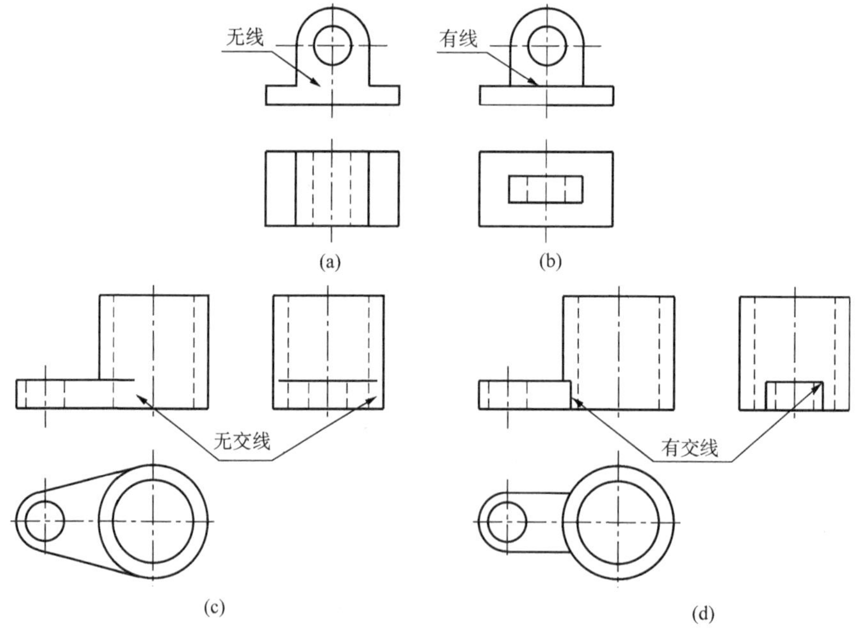


图 6.3　基本形体邻接表面关系的投影

如图 6.4 所示为两个不同形体的三视图，其中图 6.4(a)为两形体表面相切，图 6.4(b)为两形体表面相交。

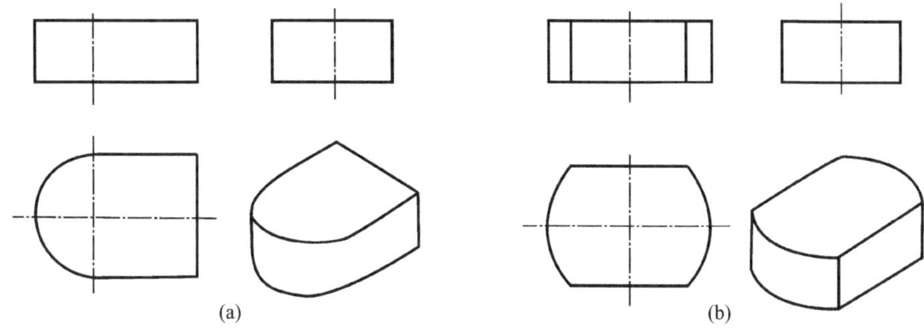


图 6.4 两形体表面相切与相交的对比

# 6.2 画组合体的视图

## 一、用形体分析法分析组合体

把形状复杂的立体分解成由基本几何体构成的方法称为形体分析法。

如图 6.5(a)所示，组合体由基本形体Ⅰ(四棱柱)、Ⅱ(圆柱)、Ⅲ(三棱柱)、Ⅳ(圆柱)、Ⅴ(由半圆柱和四棱柱组成的U形柱)组成。由图 6.4(b)可知，在形体Ⅰ左右两侧的仔间各挖去一个形体Ⅴ；形体Ⅰ和形体Ⅱ同心叠加，且同轴挖去一个形体Ⅳ，其高度为形体Ⅰ、Ⅱ之和。

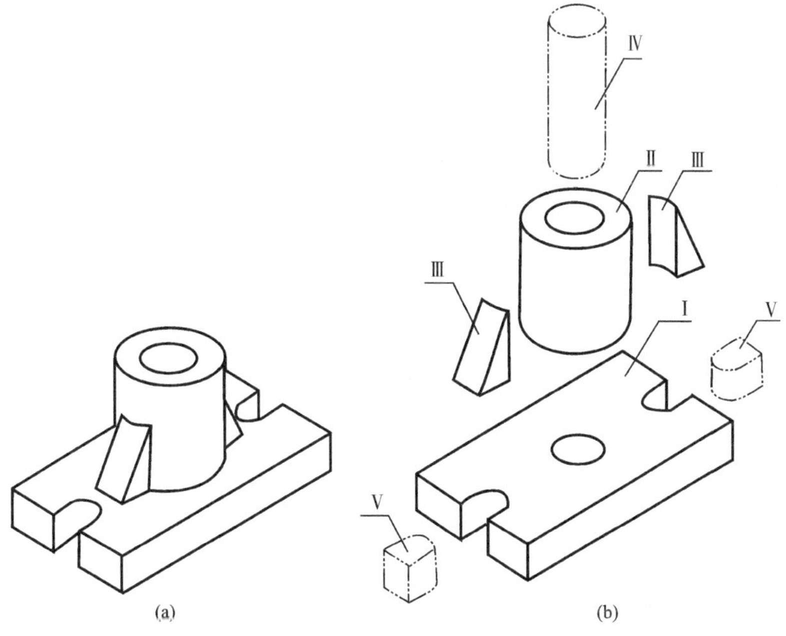


图 6.5 形体分析

形体分析法分解组合体时，分解过程并非是唯一的，如图 6.1(a)中的四个基本形体，不必作过细的分解，可将经过简单的切割、穿孔等操作形成的形体作为基本体看待。

形体分析法是组合体画图、读图、标注尺寸的最基本方法，其优点是把复杂形体分解成简单的基本形体，容易想象理解，但是对于局部细节较难确定。

## 二、用线面分析法分析组合体

线面分析法就是运用线面的投影特性，分析视图中每条图线、每个封闭线框与空间形体上线、面对应关系的方法。线面分析法包含线形和面形的分析。

线形分析是指对视图中的每条图线的含义进行分析，每条图线有三种可能的含义：两面交线的投影、有积聚性面的投影或者是回转面转向线的投影。面形分析是指对视图中的每一封闭线框(一般都表示组合体某个表面的投影)，分析出它是什么位置平面的投影，还是什么性质曲面的投影。

如图 6.6 所示的组合体三视图，图线 1、2 是圆锥面俯视转向线的水平投影。图线 3 是截平面与圆锥面截交线的水平投影，图线 4 是锥面和圆柱面交线的水平投影；图线 5、6 是圆柱与截平面产生的素线投影；封闭线框 $a$、$b$、$c$ 分别是圆锥面、圆柱面、水平面的水平投影。

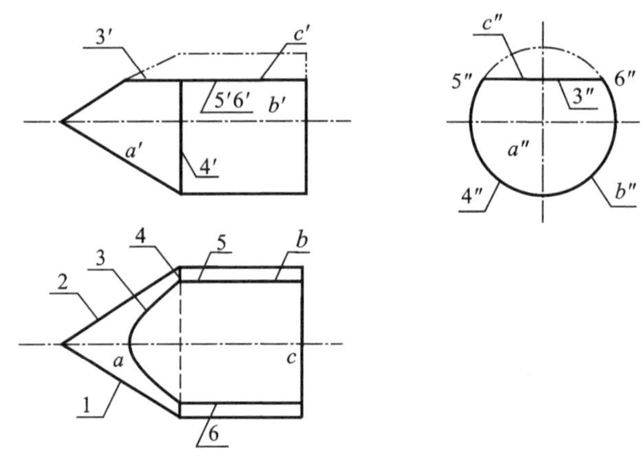


图 6.6　组合体三视图线面分析

一般在画图、读图过程中，总是把形体分析法与线面分析法结合起来运用。先用形体分析法把握形体的大致轮廓特征，建立起较完整的组合体形状概念，在此基础上，再用线面分析法解决局部的不确定的线面细节和难点。所以，概括为一句话："形体分析识主体，线面分析攻难点"。

## 三、画组合体视图的方法和步骤

现以图 6.1(a)所示的轴承座为例，说明画图过程。

1.形体分析

该轴承座由圆筒Ⅰ、支承板Ⅱ、肋板Ⅲ和底板Ⅳ叠加而成。其中，支承板的两侧斜面与圆筒的外圆柱面相切，肋板两侧面与圆筒的外圆柱面相交，底板的顶面与支承板、肋板底面相互叠加。

2. 确定主视图

主视图是三视图中最主要的视图。应选择能反映组合体主要形状特征及各基本形体间相互位置，并能减少其他视图上虚线的方向，作为主视图投影方向。见图 6.1(a)中箭头的方向 $A$、$B$、$C$、$D$，选择 $A$ 向为主视方向较好满足要求。

3. 选比例，定图幅

画图时，尽可能选用 1∶1 的比例。按所选比例，根据组合体的长、宽、高估算出三个视图所占面积，并在视图之间、视图与图框之间留出适当间距，由此选用合适的标准图幅。

4. 布图，画基准线

根据各视图的大小和位置在固定好的图纸上画出基准线，一般常用的基准线有对称中心线、轴线或底面位置线等，如图 6.7(a)所示。

5. 画底稿

根据各基本形体的投影规律，用细线从反映其特征的视图画起，逐个画出它们的三视图。其顺序是：先画主要部分，后画次要部分；先画大形体，后画小形体；先画轮廓形状，后画细节形状，如图 6.7(b)～(e)所示。

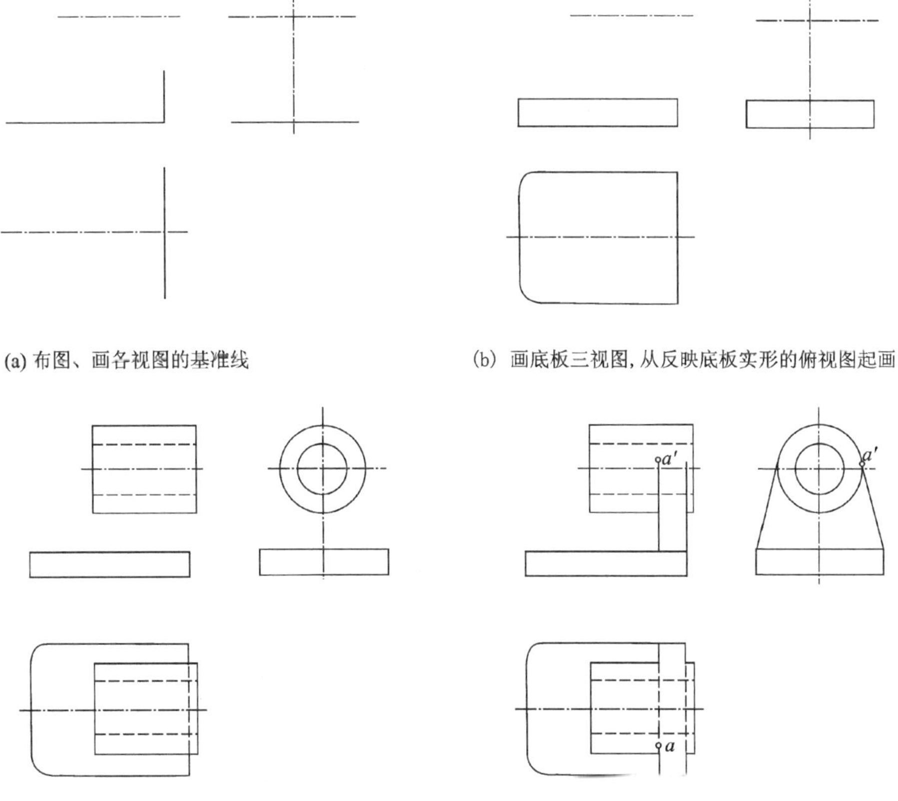


(a) 布图、画各视图的基准线　　(b) 画底板三视图，从反映底板实形的俯视图起画

(c) 画轴套三视图，从反映轴套实形的左视图起画　　(d) 画支板三视图，从反映支板实形的左视图起画

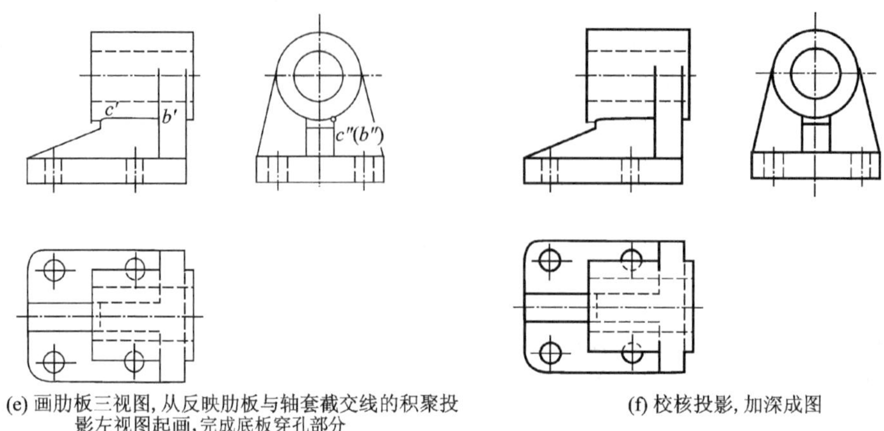


(e) 画肋板三视图，从反映肋板与轴套截交线的积聚投影左视图起画，完成底板穿孔部分

(f) 校核投影，加深成图

图 6.7　轴承座的画图步骤

6. 检查，加深

底稿完成后，按形体逐个仔细检查：每个形体的投影是否画全，相对位置是否画对，表面邻接关系是否都表达正确。确认无误后，按规定线型，加深全图，如图 6.7(f)所示。

## 6.3　读组合体的视图

读图是画图的逆过程，即运用投影规律，由组合体的视图想象出其空间形状的过程。

### 一、读图基本原则

(一) 各个视图联系起来读

一个视图只反映组合体一个方向的形状，所以一个视图或两个视图通常不能确定组合体的形状。

如图 6.8 所示，若仅知一个主视图，则可以构思出很多个组合体形状。假设原始形体是长方块，前端面可以是被挖切掉的，或者是凸出来的，这两种情况又分别可想象出许多。若主、左视图相同，组合体形状有如图 6.9(a)、(b)、(c)三种可能，仍无法确定。只有再进一步联系俯视图，才能完全确定组合体的形状。

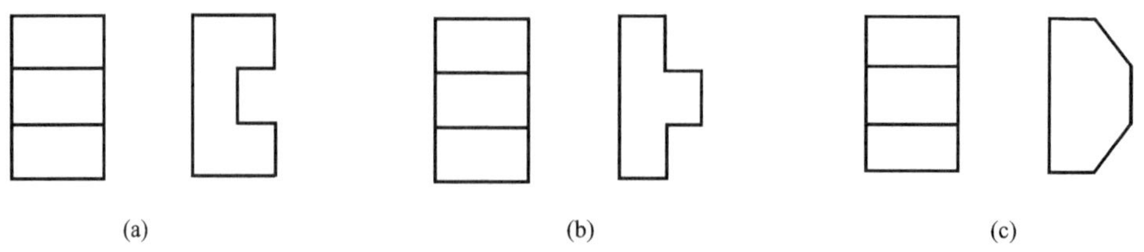

(a)　(b)　(c)

图 6.8　主视图相同的物体

(二) 明确视图中线框的含义

运用线面分析法，明确视图中每个封闭线框、每条图线是组合体的哪个表面、哪条线。

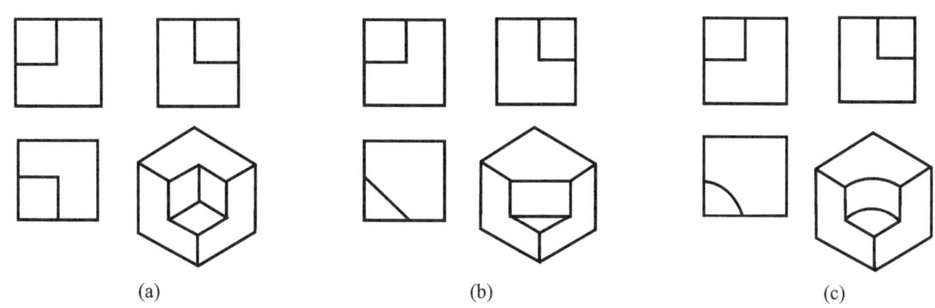


图 6.9 主、左视图相同的物体

如图 6.9 所示的各组合体的俯视图中不同图线组成线框所代表的含义不同。通过分析视图中对应线框的类似形，得出该平面的基本属性，反映形状特征的视图。主视图一般能最多的反映形状特征，再配合其他视图看，才能完整理解物体的结构。

## 二、读图基本方法和步骤

### （一）形体分析法

从反映形状特征的主视图入手，将组合体主视图按组成形体的线框分成若干部分；由投影关系找出各部分的其余投影，进而分析各部分的形状，及相互间的位置关系，最后综合想象出组合体的整体形状。所以，用一句话概括为：“分线框、找投影，明投影、识形体，定位置、想整体”。下面实例说明读图方法和步骤。

**例 6.1** 根据图 6.10(a)所示的组合体三视图，试想其结构形状。

**分析**：从已知的三视图看出，组合体是前后对称、由四部分基本形体以叠加为主，结合挖切的方式形成的组合体。

**读图步骤**：

(1) 分线框、找投影。结合三个视图的投影关系，可以将主视图的线框分成：1′、2′、3′、4′这四部分，如图 6.10(a)所示。

(2) 明投影、识形体。由线框 1、1′、1″可想象出形体Ⅰ是底板，如图 6.10(b)所示；由 2、2′、2″可知，形体Ⅱ是长方块顶面挖一个半圆柱面的形体，如图 6.10(c)所示；以此类推，Ⅲ是中间钻孔圆柱体，Ⅳ为如图 6.10(e)所示的一个三棱柱。

(3) 定位置、想整体。根据三部分基本形体在视图中的相对位置关系，可以看出：形体Ⅰ、Ⅱ在长度方向右紧靠，形体Ⅲ与Ⅰ有两前后表面相切，又与形体Ⅳ一起叠加在底板Ⅰ上，如图 6.10(f)所示。

### （二）线面分析法

线面分析法是在形体分析法的基础上，对于形体上难于读懂的部分，运用线、面的投影特性，分析形体表面的投影，从而读懂整个形体。分析过程可归纳成一句话：“按线框、找投影，明投影、识面形，定位置、想整体”。

**例 6.2** 如图 6.11(a)所示的组合体三视图，运用线面分析法，想象其结构形状，并说明读图步骤。

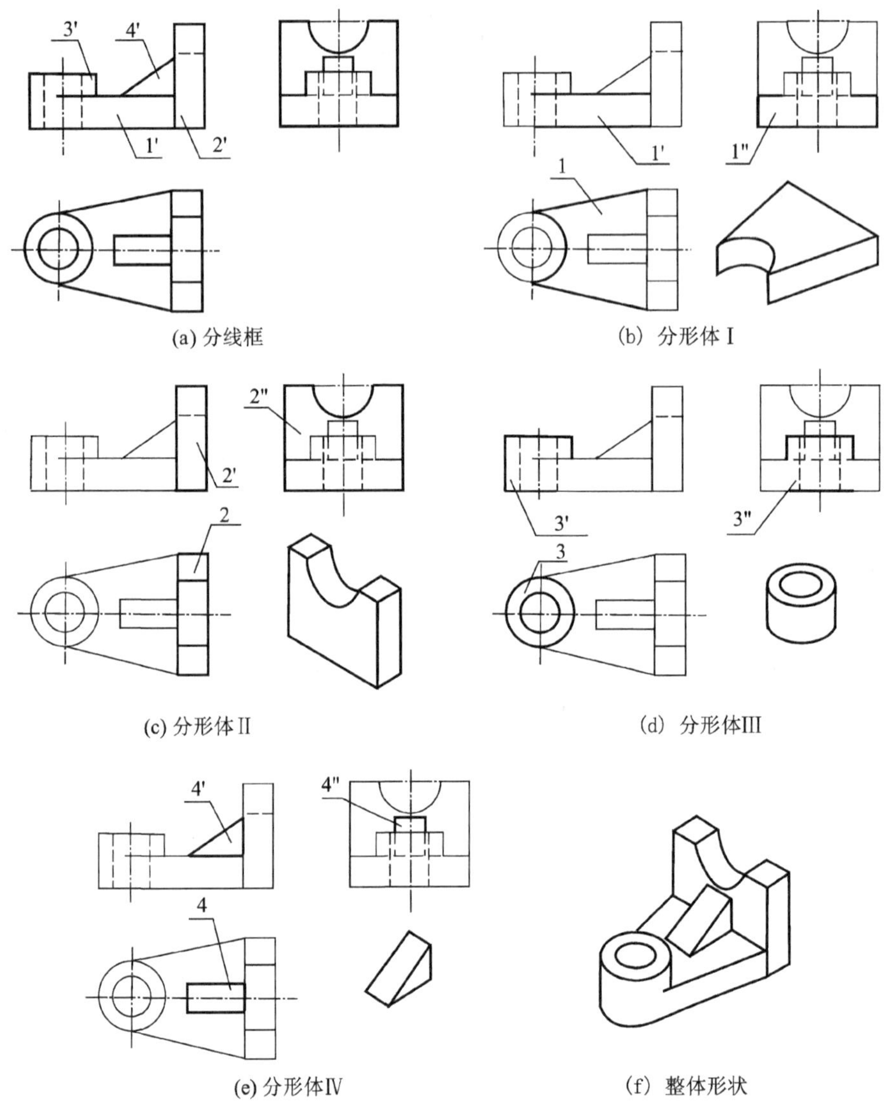


图 6.10　组合体视图的看图方法和步骤

**分析**:由三视图可以看出,该组合体表面全部是平面多边形,且三个视图外轮廓是由矩形变来的,所以可以想象其主体是一个长方块,然后经正垂面、铅垂面分别截切后得到的形体。

**读图步骤**:

(1) 按线框、找投影。从主视图入手,将主视图分成 1′、2′、3′、4′、5′五个线框或线段,由投影关系找到俯、左视图中的对应投影,如图 6.11(a)所示。

(2) 明投影、识面形。在图 6.11(b)中由线段 1′和线框 1、1″,可知表面Ⅰ是正垂面,其水平投影 1 和侧面投影 1″有类似性;在图 6.11(c)中,由线段 2 和线框 2′、2″可知表面Ⅱ是铅垂面,线框 2′和 2″具有类似性,根据俯、左视图的前后对称,还存在一个与

Ⅱ对称位置的表面。如图 6.11(a)所示的其他表面Ⅲ、Ⅳ、Ⅴ分别是侧平面、水平面和正平面。

(3) 定位置、想整体。由上述分析的表面,按各自投影位置组合起来的组合体可以看做是一个完整的长方体被正垂面Ⅰ和两个前后对称的铅垂面Ⅱ截切。所以,其最终整体形状如图 6.11(d)所示。

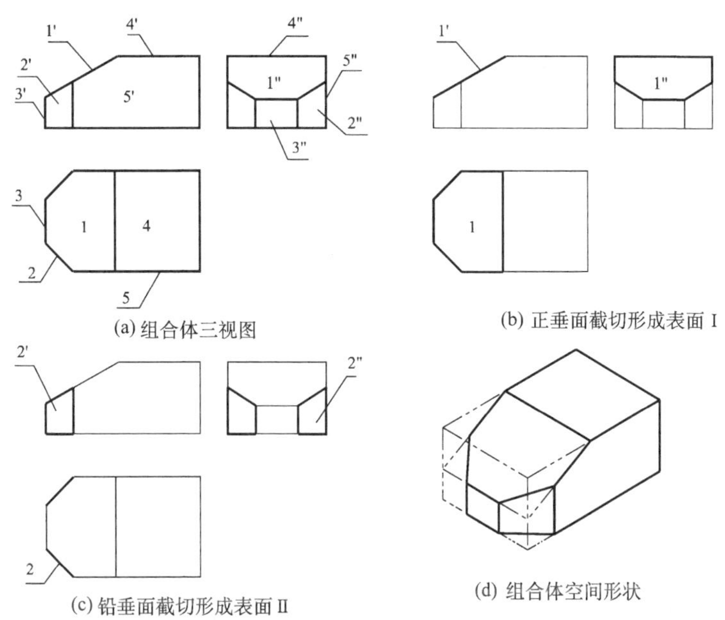


(a) 组合体三视图

(b) 正垂面截切形成表面Ⅰ

(c) 铅垂面截切形成表面Ⅱ

(d) 组合体空间形状

图 6.11 线面分析法读图步骤

由上述实例可知,以叠加为主的组合体宜用形体分析法读视图,以切割为主的组合体宜用线面分析法读视图。对大多数综合组成的组合体而言,则采用形体分析为主,线面分析为辅的综合方法读视图,即“形体分析识主体,线面分析辨细节,综合起来想整体”。

## 三、已知两视图补画第三视图

如果已知组合体的两个视图,要求补画第三视图,这个过程简称为“二求三”,它是读图和画图的综合。即按读图方法想象出组合体的空间形状,并按画图步骤,根据各形体的形状和相互间的位置关系,由三视图投影规律,逐步画出整个形体的第三视图。

下面举例说明“二求三”的步骤。

**例 6.3** 已知组合体的主、俯两视图,如图 6.12(a)所示,求其左视图。

**分析**:由已知视图想象出该组合体的立体形状,是以一长方体为主体,经若干步切割而成,立体图如图 6.1(b)中所示切割体。

**绘图步骤**:

(1) 绘出长方体主体轮廓投影,并反映其左上斜切角的左视图投影,如图 6.12(b)所示;

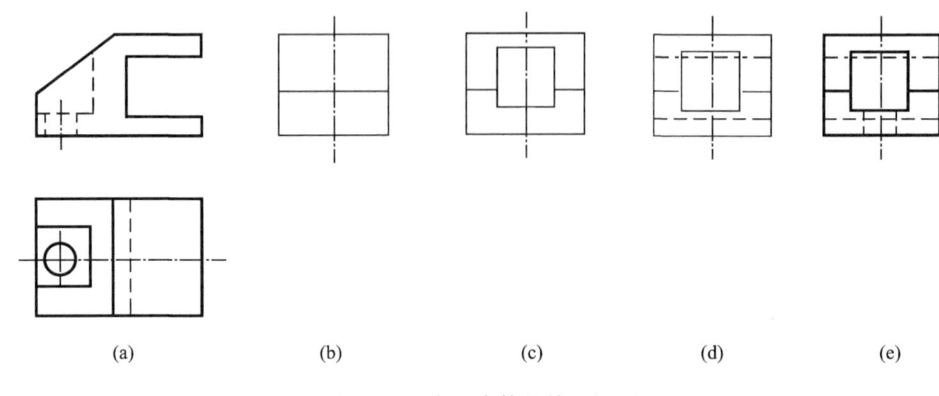


图 6.12　求组合体的第三视图

(2) 由主视图虚线框及其俯视图对应投影，求出其左端中部切口的左视图投影，如图 6.12(c)所示；

(3) 完成切割体右端通槽的投影，且判定为在左视图上不可见，用虚线表示，如图 6.12(d)所示；

(4) 完成左端下部小通孔的投影，用虚线表示在左视图上对应位置，检查无误，加深成图，如图 6.12(e)所示。

**例 6.4**　已知组合体主、俯两视图，如图 6.13(a)所示，求左视图。

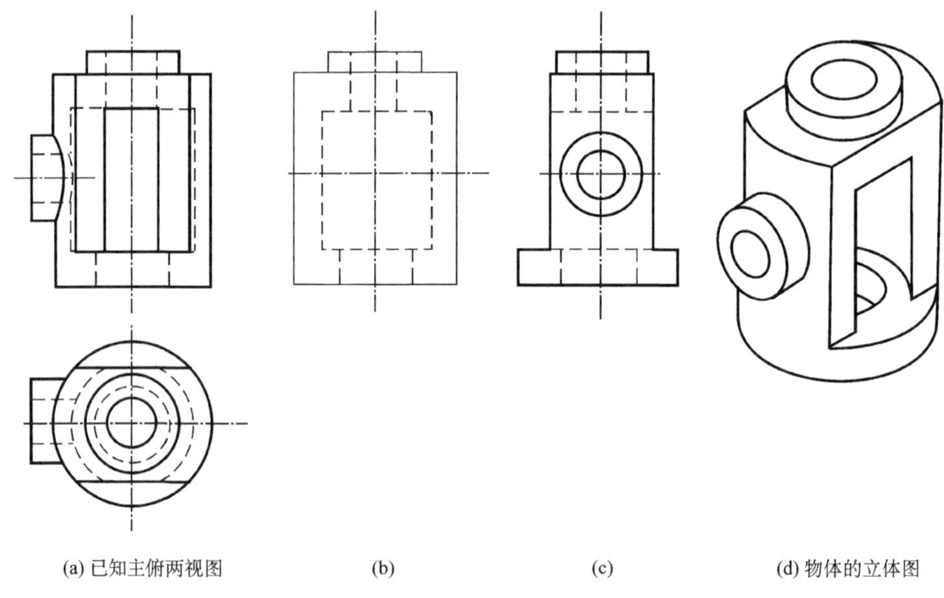


图 6.13　求组合体的第三视图

**解**　由已知视图，想象出该组合体立体结构，如图 6.13(d)所示。

(1) 画出主体结构的左视图，如图 6.13(b)所示。

(2) 在此基础上完成细节结构的投影，检查加深后得到图 6.13(c)所示的组合体左视图。

## 6.4 组合体视图的尺寸注法

三视图只能反映组合体的形状，而要准确反映其大小必须标注尺寸，尺寸标注必须完整，清晰，规范。标注方式必须符合《机械制图》国家标准。

组合体由基本体组成，所以一个组合体的尺寸要标注完整，必须包含基本体的定形尺寸，基本体的定位尺寸和组合体的总体尺寸这三方面的尺寸。

(1) 定形尺寸——确定组合体各基本体的形状及大小的尺寸；

(2) 定位尺寸——确定各基本体简单物体上的相互位置的尺寸；

(3) 总体尺寸——组合体的总长、总宽、总高尺寸。

### 一、常见基本体尺寸的注法

表 6.1 所示为常见基本体尺寸的注法。

对于基本形体，一般应注出长、宽、高三个方向的尺寸。但不是所有的基本形体都要注出三个尺寸，有时根据形体特点，其尺寸可减少到两个甚至一个。但不能认为，该基本体不需要某一方向的尺寸，而是某两项或某几项尺寸重合的缘故。

**表 6.1 常见基本形体尺寸的注法**

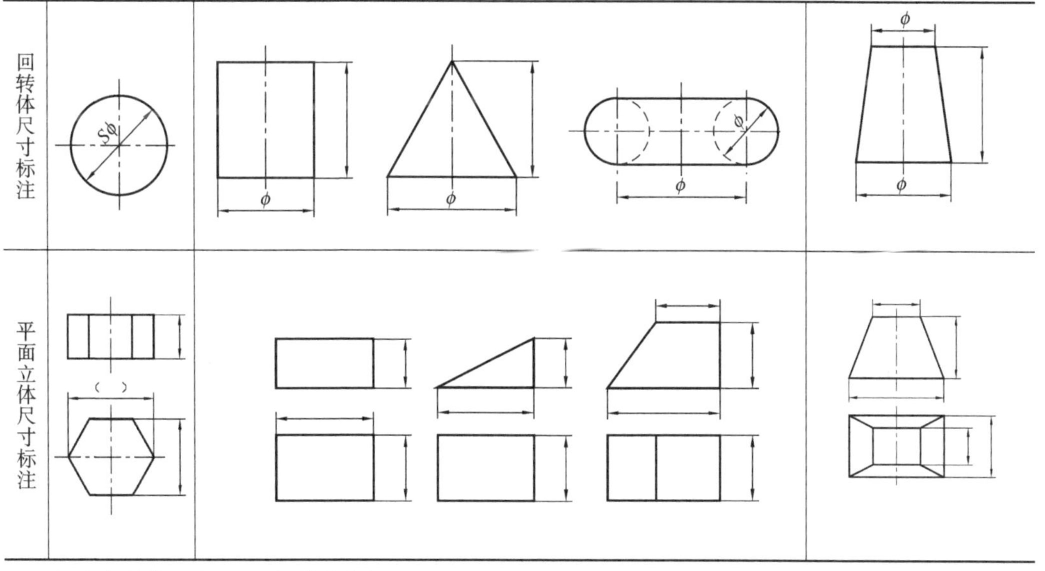


注：加括号的尺寸可以不注，作为参考。

### 二、带截交线、相贯线形体的尺寸注法

如表 6.2 所示，为带截交线、相贯线形体的尺寸注法。它们除注出基本形体的尺寸外，前者须注出截平面的位置尺寸，后者须注出两基本体的位置尺寸。至于截交线、相贯线的形状，由于截平面的位置以及两基本体的位置及大小确定之后，它们的形状就完全确定了，因此不需要标注它们的尺寸。

**表 6.2　带截交线、相贯线形体的尺寸标注**

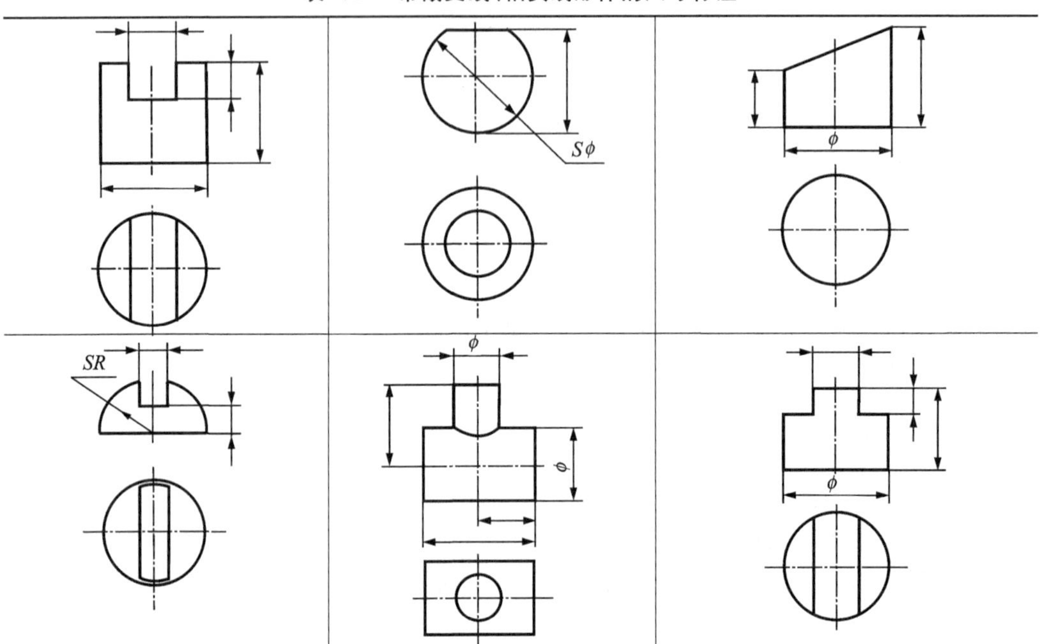


## 三、常见底板的尺寸标注

如图 6.14、图 6.15 所示，为常见底板、端盖的尺寸标注方法，图 6.14 中为不注总体尺寸的情况，其总体尺寸可间接计算求出。也有另外的情况，为了满足加工要求，既标注定位、定形尺寸，又标注总体尺寸，如图 6.15 所示。

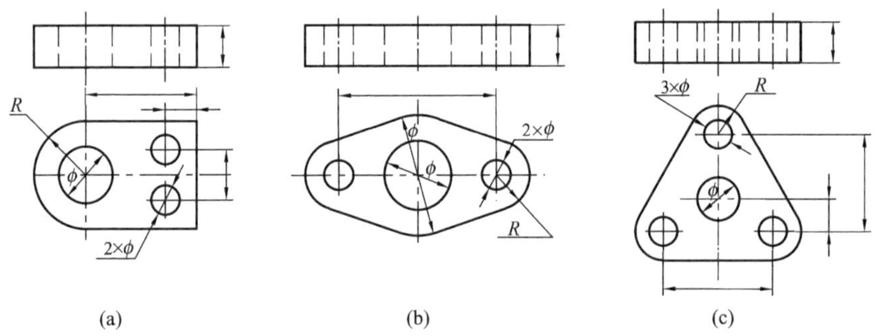


图 6.14　不注总体尺寸的图例

## 四、组合体的尺寸标注

**例 6.5**　标注图 6.16(a)所示组合体的尺寸。

**解**

(1) 形体分析。该组合体由三部分基本形体组成：底板、直立圆筒、水平圆筒。

(2) 定尺寸基准。尺寸基准是指标注尺寸的起始位置，长、宽、高三个方向各有一个

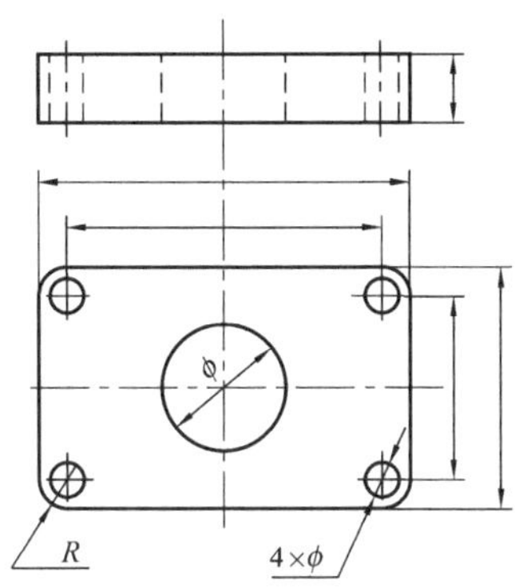


图 6.15 注全总体尺寸的图例

尺寸基准。以底板底面为高方向基准，以直立圆筒轴线和水平圆筒轴线所在的平面为长方向基准，以前后对称面为宽方向基准。

(3) 标注定形、定位尺寸，如图 6.16(b)所示。

① 标注两圆筒的尺寸，其中 26、30 为定位尺寸。

② 标注底板的尺寸，其中 40 为定位尺寸。

(4) 标注总体尺寸。总高已由直立圆筒高方向定形尺寸注出，总长、总宽均可间接得到，不需注出。

检查以形体为序，逐个形体逐个尺寸地检查定形、定位尺寸，最后检查总体尺寸。使尺寸标注不重复、不遗漏、不矛盾，符合国家标准规定。

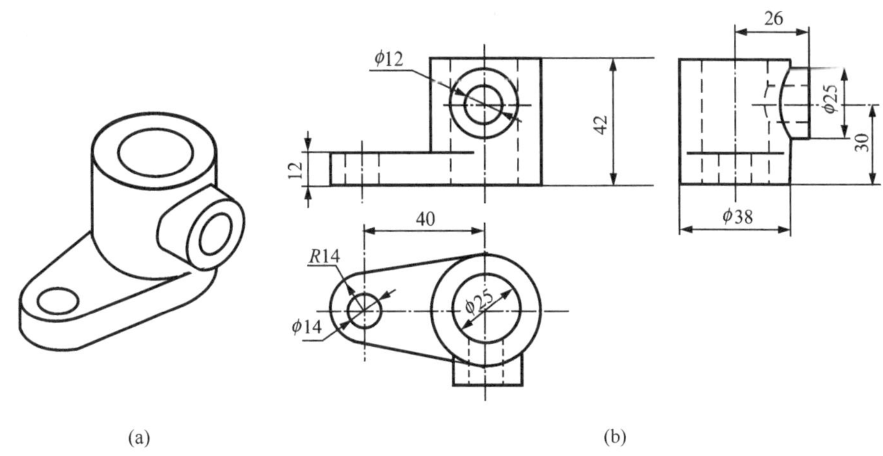


图 6.16 组合体尺寸标注

# 第7章　机件常用的表达方法

在生产实际中，对于结构和形状复杂的机件，仅采用前面所讲的三视图，就难以将它们的内、外部形状表达清楚。为了完整、清晰、简便地表达各种机件的形状，国家标准《技术制图》(GB/T 4458.6—2002)中规定了绘制工程图样的表达方法。本章将介绍视图、剖视图、断面图和一些简化画法。

## 7.1　视　　图

视图主要用于表达机件外部结构形状，主要有基本视图、向视图、局部视图和斜视图等。在视图中一般只画机件的可见轮廓，其不可见轮廓只有必要时才用虚线画出。

### 一、基本视图

机件在基本投影面上的投影称为基本视图。所谓基本投影面是指国家标准规定的组成正六面体的六个面。把机件放置在该正六面体中间，然后用正投影的方法向六个基本投影面分别进行投影，就得到了该机件的六个基本视图。除了前面已介绍的主视图、俯视图、左视图外，还有由右向左投影所得的右视图；由下向上投影所得的仰视图；由后向前投影所得的后视图。六个基本视图必须按国家标准规定的方法进行展开，见图7.1。展开后的六个基本视图的配置关系见图7.2。如果在同一张图纸内按图7.2配置视图，一般不标注视图的名称。

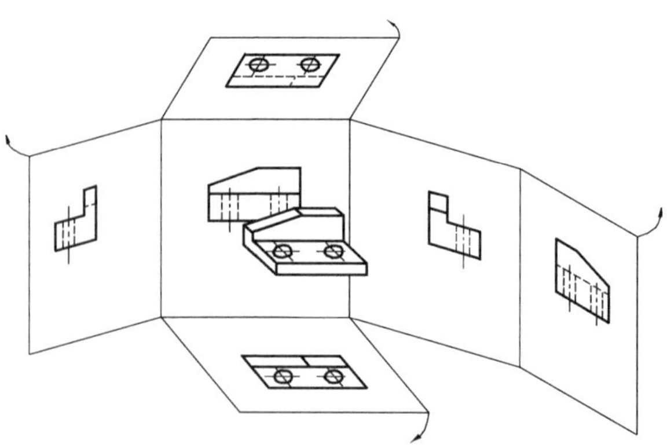

图7.1　六个基本视图及其展开

## 二、向视图

向视图为可以自由配置的视图。当基本视图不能按图7.2配置时，应在视图上方用大写字母标出视图名称“X”，在相应的视图附近用箭头指明获得该视图的投影方向，并标注相同的字母。

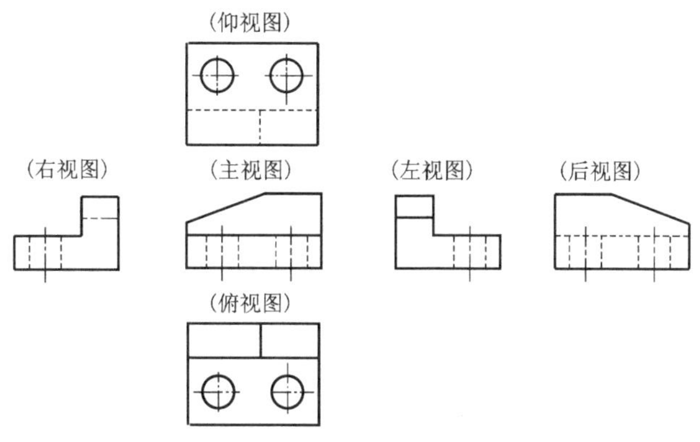


图7.2　六个基本视图的配置

按照标准规定，表示投影方向的箭头应尽可能配置在主视图上。如图7.3所示，在绘制以向视图方式配置的后视图时，应将表示投影方向的箭头配置在左视图或右视图上，使所绘制的视图与基本视图一致。

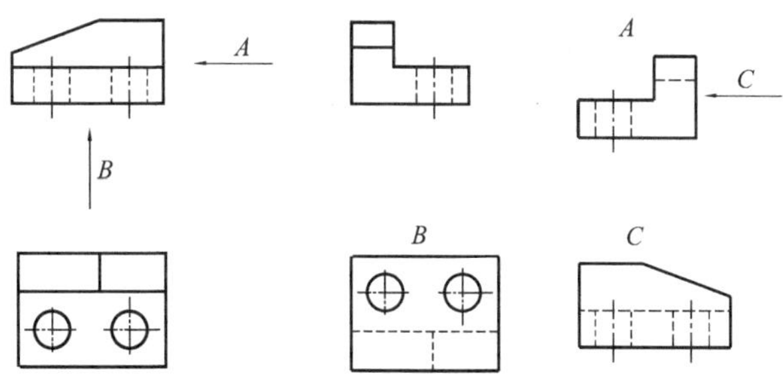


图7.3　向视图

## 三、局部视图

当机件只有局部形状没有表达清楚时，不必再画出完整的基本视图，而采用局部视图。将机件的某一部分向基本投影面投影所得的视图称为局部视图，如图7.4中的“*A*”和“*B*”视图。

(一) 局部视图的画法

由于局部视图所表达的只是机件某一部分的形状，故需要画出断裂边界，其断裂边界用波浪线表示，如图7.4中的“*A*”所示。当所表示的局部结构形状是封闭的完整轮廓线时，则波浪线可省略不画，如图 7.4 中的“*B*”所示。

(二) 局部视图的配置

局部视图一般按投影关系配置，如图 7.4 中的“*A*”局部视图，也可配置在其他适当位置，如图 7.4 中的“*B*”局部视图。

(三) 局部视图的标注

画局部视图时，需在相应的视图附近画出箭头指明投影方向，并注上字母，在局部视图上方标注相同的字母。

当局部视图按投影关系配置，中间又没有其他图形隔开时，可省略标注。图 7.4 中的“*A*”局部视图可省略标注。

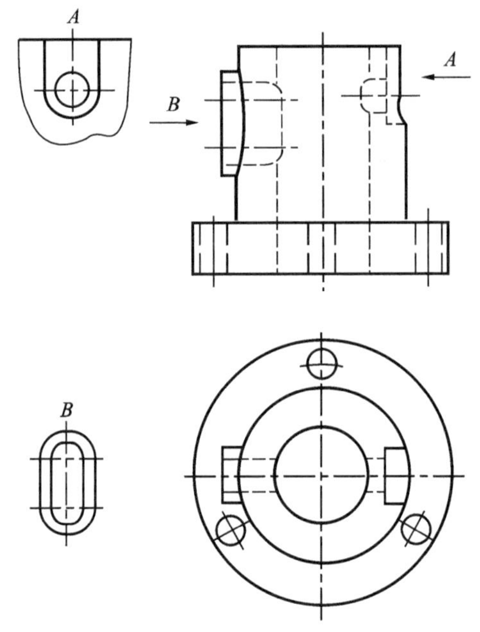


图 7.4　局部视图

## 四、斜视图

当机件上有不平行于基本投影面的倾斜结构时，则该部分的真实形状在基本视图上无法表达清楚，如图 7.5(a)所示。为此可设置一个平行于倾斜结构且垂直于某一基本投影面的平面[图 7.5(b)中的正垂面]作为新投影面，将倾斜结构向该投影面投影，即可得到反映实形的视图，这种将机件向不平行于任何基本投影面的平面投影所得的视图称为斜视图。

(一) 斜视图的画法

由于斜视图主要用来表达机件倾斜部分的实形，故其余部分不必画出，其断裂边界用波浪线表示。但当所表达的结构形状是完整且外轮廓线又成封闭时，波浪线可省略不画。

(二) 斜视图的配置

斜视图一般按投影关系配置，如图 7.6(a)所示，必要时也可配置在其他适当位置。在不致引起误解时，允许将图形旋转，但要注意标注，如图 7.6(b)所示。

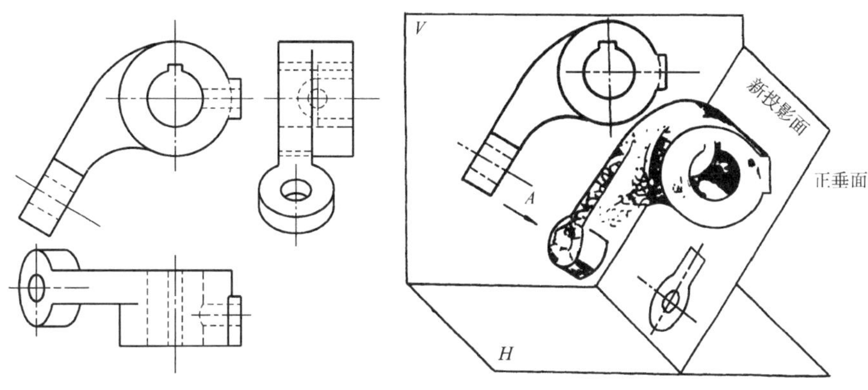


图 7.5　压紧杆的三视图及斜视图的形成

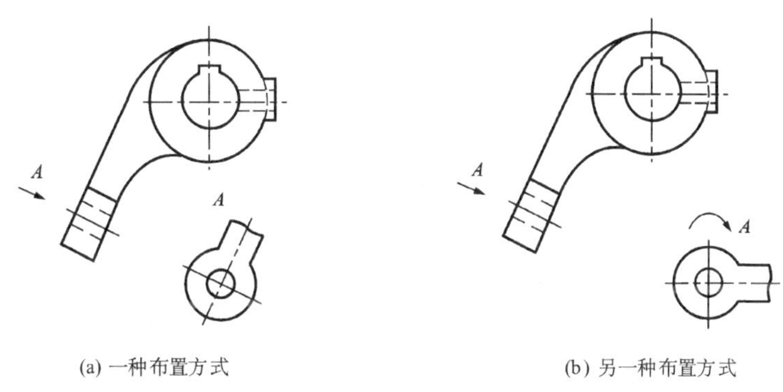


(a) 一种布置方式　　(b) 另一种布置方式

图 7.6　斜视图的配置

（三）斜视图的标注

画斜视图必须标注。在相应视图的投影部位附近沿垂直于倾斜面的方向画出箭头表示投影方向，并注上字母，在斜视图的上方标注相同的字母，如图 7.6(a)所示。经过旋转的斜视图，必须加旋转符号⌒，其箭头方向为旋转方向。

## 7.2　剖　视　图

在视图中，物体内部的不可见结构（如孔、槽等）是用虚线表示的，内部结构愈复杂，视图上的虚线也就愈多，并造成图面不清晰，这既不便于标注尺寸，又给读图带来了困难。为了解决这个矛盾，国家标准规定可采用剖视图来表达机件的内部结构。

### 一、剖视图的概念

图 7.7 所示为一物体的视图，它的主视图除了周边轮廓线是粗实线外，其余全是虚线。为了使它内部原来不可见的部分变成可见，图中虚线变成实线，可假想用剖切面（一

般用平面)剖开机件,并将处在观察者和剖切面之间的部分移去,而将剩余部分向投影面投影,见图 7.8,这样所得的图形称为剖视图,简称剖视。

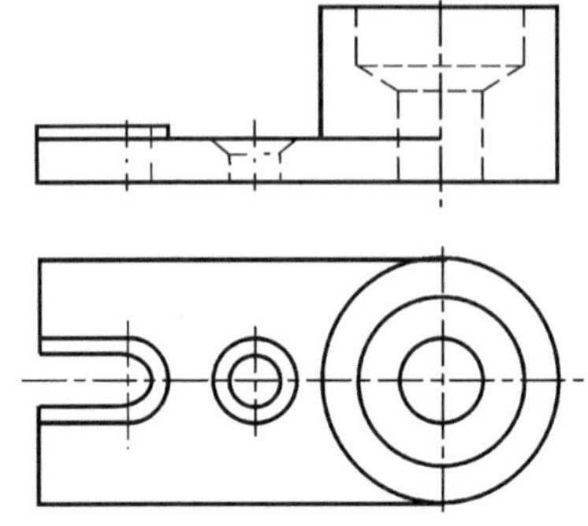

图 7.7　物体的视图

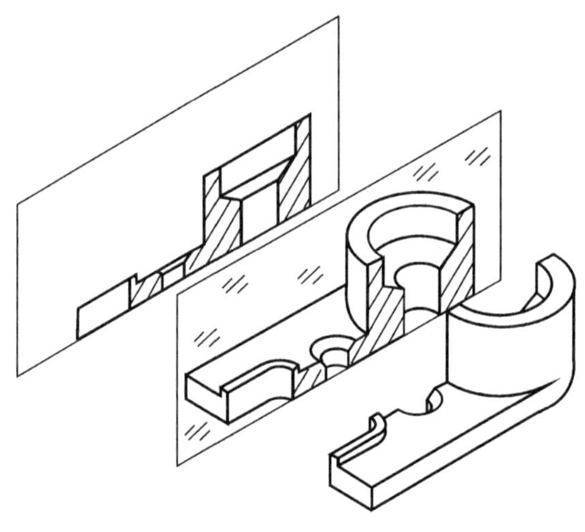

图 7.8　剖视图的形成

## 二、剖视图的画法

1. 确定剖切平面的位置

用来剖切机件的平面,应通过机件内部孔、槽等结构的对称面或轴线,使该平面平行或垂直某一投影面,以便使剖切后的投影能反映实形,如图 7.8 所示。

2. 画投影轮廓线

当机件剖切后,剖切面处原来不可见的结构变成了可见,即虚线变成了实线;向后投影时,剖切面之后的不可见虚线也变成了实线,应当画出,如图 7.9(a)所示。

3. 画剖面符号

在机件的剖面区域上应画出剖面符号以区别剖面区域与非剖面区域。国家标准规定了各种材料的剖面符号,见表 7.1。

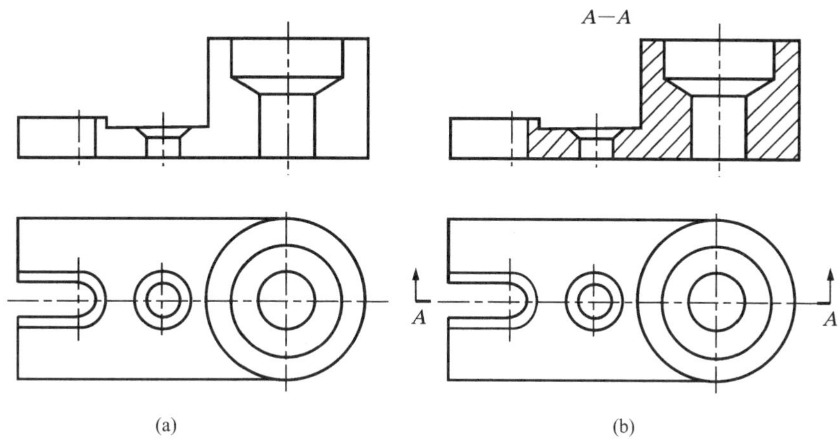


图 7.9　剖视图的画法

**表 7.1　剖面符号**

| 材料名称 | 剖面符号 | 材料名称 | 剖面符号 |
| --- | --- | --- | --- |
| 金属材料(已有规定剖面符号者除外) | | 木质胶合板(不分层数) | |
| 线圈绕组元件 | | 基础周围的泥土 | |
| 转子、电子、变压器和电抗器等的叠钢片 | | 混凝土 | |
| 非金属材料(已有规定剖面符号者除外) | | 钢筋混凝土 | |

剖面符号仅表示材料类别,对于材料的名称和代号必须在标题栏中注明。金属材料的剖面符号规定用细实线画成间距相等、方向相同,且与水平方向成 45°的细实线,如图 7.9(b)所示。同一机件的各剖视图中,剖面线的方向与间隔均应一致。当剖视图中的主要轮廓线与水平线成 45°或接近 45°时,则剖面线应画成与水平线成 30°或 60°的细实线,其倾斜方向仍应与其他视图上的剖面线一致,如图 7.10 所示。

4. 剖视图的标注

剖视图一般应进行标注,如图 7.9(b)所示。标注内容包括:

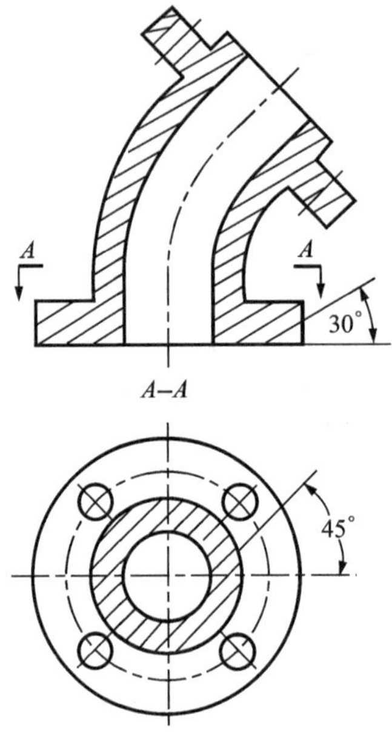


图 7.10　特殊情况下剖面线的画法

剖切位置符号:用以表示剖切面位置,在剖切面的起止和转折处,用粗短线画出。

箭头:用来表示剖切后的投影方向,该箭头垂直于剖切位置符号。

字母:在剖切位置符号处标注相同字母,并在剖视图上方注出“$X-X$”。

当剖视图按投影关系配置,中间又没有其他视图隔开时,可以省略箭头。

当单一剖切平面通过机件的对称面或基本对称面,且剖视图按投影关系配置,中间又没有其他视图隔开时,可省略标注,如图 7.11 所示。

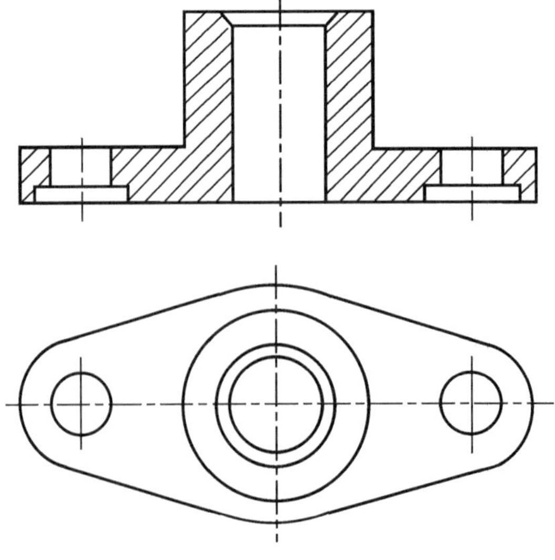

图 7.11　省略标注

## 三、剖视图分类

根据机件表达的需要，国家标准规定了三种剖视图，即全剖视图、半剖视图和局部剖视图。

（一）全剖视图

用剖切面完全地剖开机件所得的剖视图称为全剖视图。

当机件的外形简单或外形已在其他视图中表示清楚时，为了表达复杂的内部结构，常采用全剖视图。

图 7.12(a)是泵盖的两视图，从图中可以看出，它的外形比较简单，内形比较复杂，前后对称。图 7.12(b)是泵盖的全剖视图，该图样中剖切关系十分明确，故省略标注。

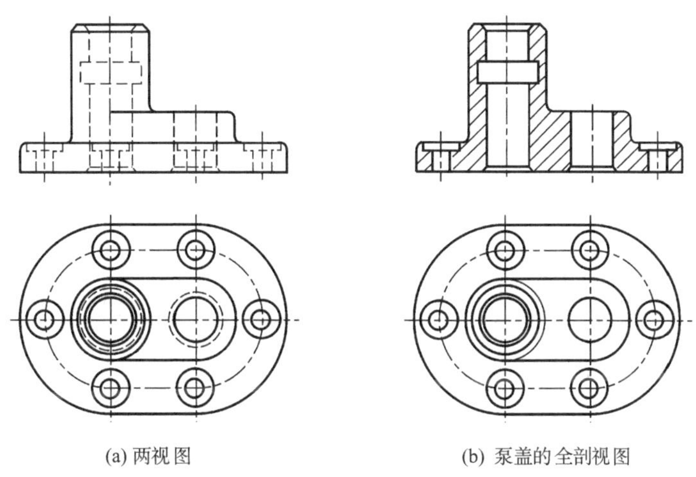

(a) 两视图　(b) 泵盖的全剖视图

图 7.12　泵盖的剖切方法

（二）半剖视图

当机件具有对称平面时，在垂直于对称平面的投影面上投影所得的图形，可以对称中心线为界，一半画成剖视图用以表达机件的内部结构形状，另一半画成视图用以表达机件的外部结构形状，这种组合的图形称为半剖视图，见图 7.13。

如果机件的结构形状接近于对称，且不对称部分已另有图形表达清楚，也可以画成半剖视图，见图 7.14。

画半剖视图时应注意如下两点：

(1) 凡在剖切的半个视图上剖到的内部结构(已画成粗实线)，在不剖的半个视图上表示相应结构的虚线应全部省略不画(对小孔仍然需要画出中心线)。

(2) 半剖视图中，剖与不剖的分界线应以点画线画出。

半剖视图主要用于内部结构和外部结构形状都需要表达的对称(或基本对称)的机件。

（三）局部剖视图

用剖切面局部剖开机件所得的剖视图称为局部剖视图，如图 7.15 所示。局部剖视图主要用于机件仅有局部内部结构需要表达，但又没必要作全剖或不适合半剖的情况。局

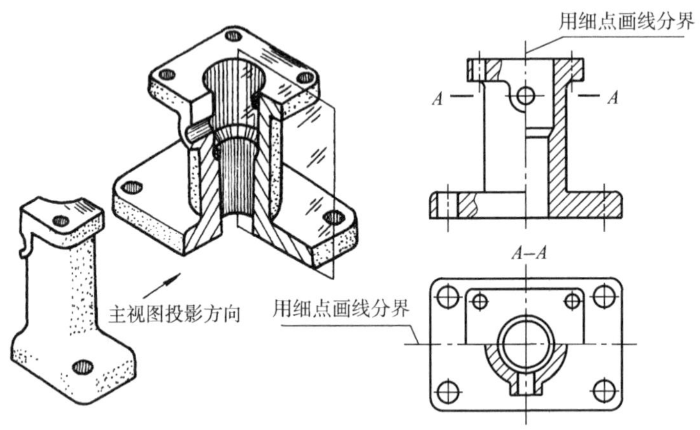


图 7.13　机件的半剖视图

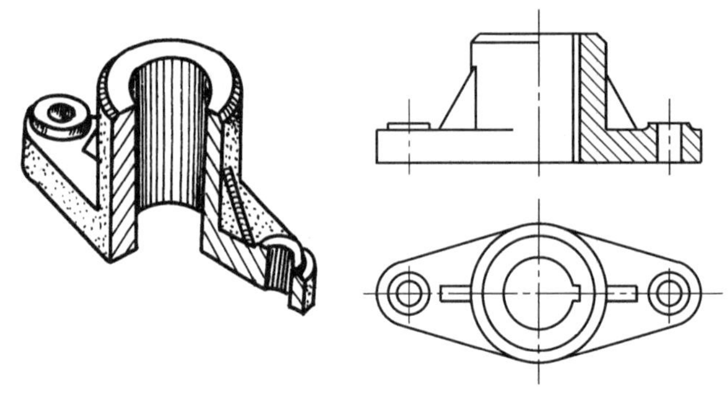

图 7.14　局部不对称机件的半剖视图

部剖视图不受机件结构对称性的限制，剖切范围也可根据实际需要选取，所以局部剖视图是一种比较灵活的表达方法。运用得当可使图形简明清晰，但在一个视图中不宜过多地采用局部剖视，否则会产生破碎感，影响读图效果。

画局部剖视图应注意以下几个问题：

（1）剖切与不剖切的断裂处用波浪线表示，如图 7.15 所示；波浪线不可与图形上其他图线或其延长线重合，如图 7.16 所示。

（2）波浪线应画在机件的实体部分，如遇孔、槽，不能穿空而过，也不能用图中的轮廓线代替，如图 7.16 所示。

（3）当被剖切结构为回转体时，允许将该结构的中心线作为局部剖视与视图的分界线，如图 7.17 所示。

（4）局部剖视图一般可不标注，但剖切位置不确切时仍需标注。

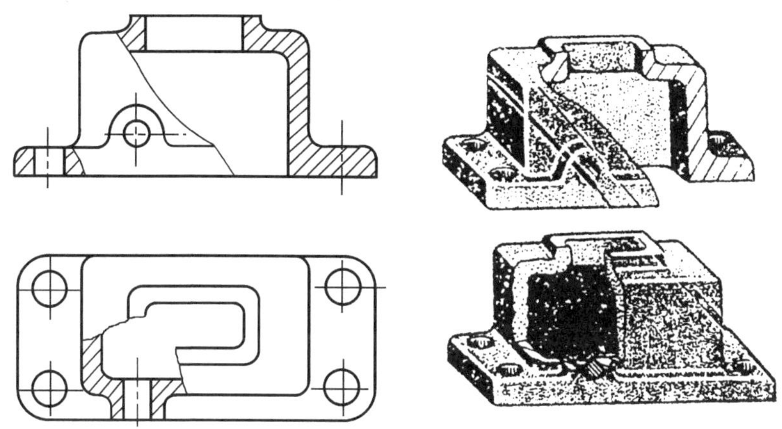

图 7.15　局部剖视图

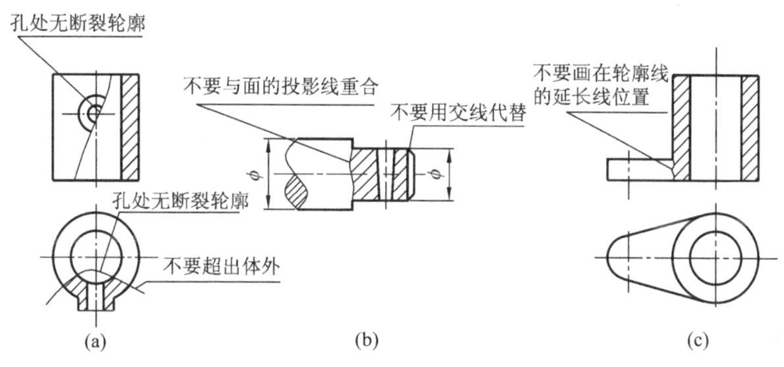


图 7.16　波浪线的错误画法

## 四、剖切方法

机件的内部结构形状不同，表达它们的形状所采用的剖切方法也不一样，无论采用哪种剖切面剖开物体，均可画成全剖视图、半剖视图或局部剖视图。下面就各种剖切方法做进一步的介绍。

（一）用单一剖切面剖切

用平行于某一基本投影面的一个剖切平面剖开机件的方法称为单一剖。前面介绍的剖视图例均为这种剖切方法。

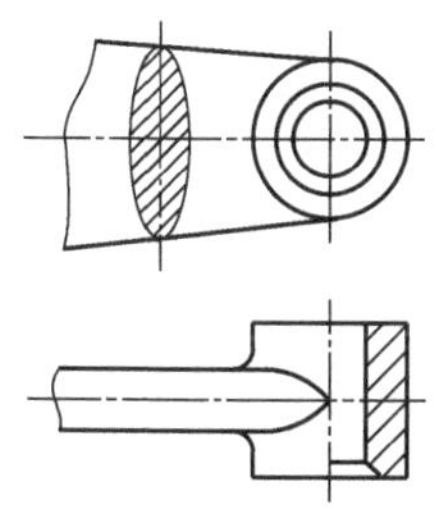

图 7.17　以中心线为界的局部剖视图

（二）用两相交的剖切面剖切

用两个相交的剖切平面剖切机件，且其交线垂直于某一基本投影面的剖切方法称为旋转剖视。

采用这种方法画剖视图时，先假想按剖切位置剖开机件，然后将被剖切平面剖开的结构及其有关的部分旋转到与选定的投影面平行再进行投影。如图 7.18 中的 $A-A$ 剖视图称为旋转剖的全剖视图。用旋转剖的方法画剖视图时，在剖切平面后的其他结构仍然按原来位置投影，如图 7.19 中的小孔。

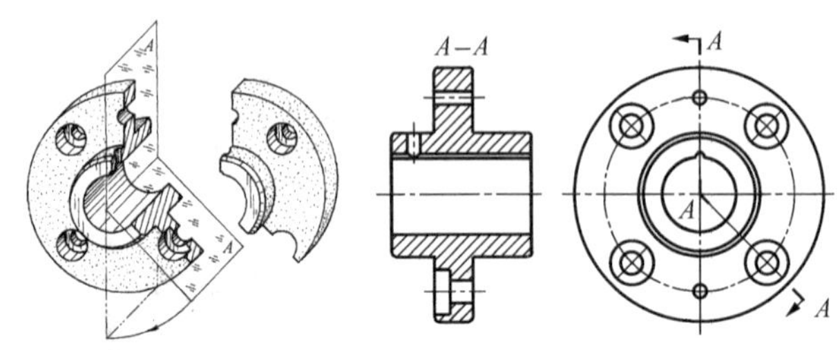


图 7.18　机件的旋转剖

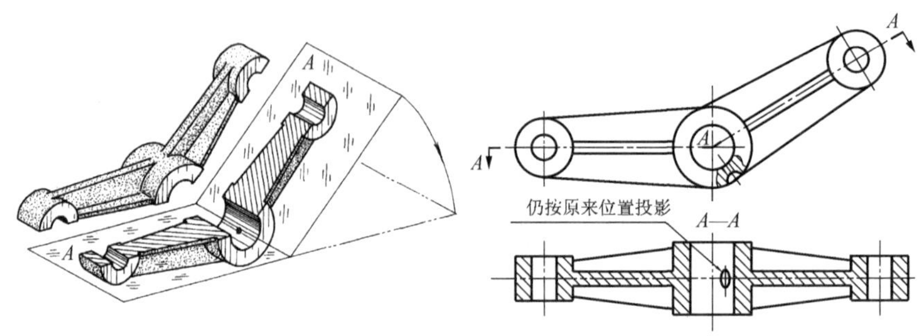


图 7.19　机件的旋转剖

旋转剖的剖视图必须标注，标注时，在剖切平面的起、迄、转折处画上剖切符号，并注上相同的字母。在所画的剖视图的上方用同样的字母标注其名称“$X-X$”。

如果所画的剖视图按投影关系配置，中间又没有其他图形隔开，那么表示投影方向的箭头就可以省略。

（三）用几个互相平行的剖切面剖切

用几个平行的剖切平面剖开机件的方法称阶梯剖。如图 7.20 所示，用三个平行剖切平面剖开机件上不同层次的大孔和小孔，再向同一投影面投影，获得阶梯剖视图。

用阶梯剖方法画剖视图时，应注意以下几点：

(1) 阶梯剖必须标注，即在剖切平面的起讫、转折处画出剖切符号，标注相同大写字母，并在剖视图上方标注名称，如图 7.20 所示。

(2) 阶梯剖视图中不应画出各剖切平面的界线；剖切位置线的转折处不应与图上的轮廓线重合；也不应因转折不当而出现不完整的要素。图 7.21 示出了几种错误画法。

(3) 仅当两个要素在图形上具有公共对称中心线或轴线时(图 7.22)，方可各画一半，并以对称中心线或轴线为分界线。

（四）用不平行于任何基本投影面的剖切面剖切

用不平行于任何基本投影面的剖切平面剖切机件的方法称为斜剖。

当机件上倾斜部分的内部结构形状需要表达时，与斜视图一样，可以先选择一个与该倾斜

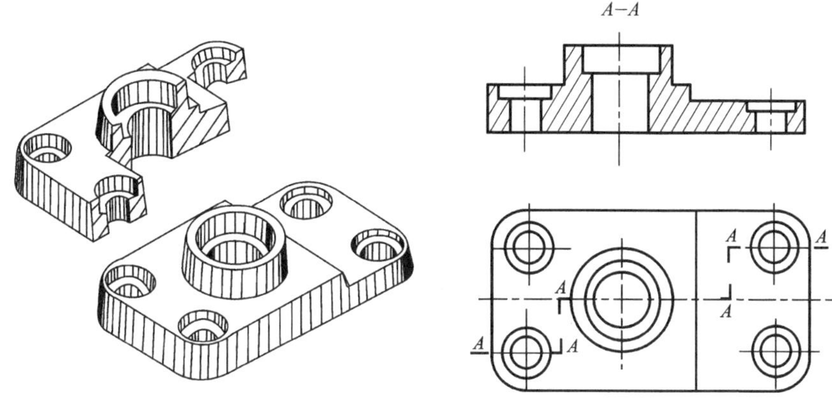


图 7.20　阶梯剖

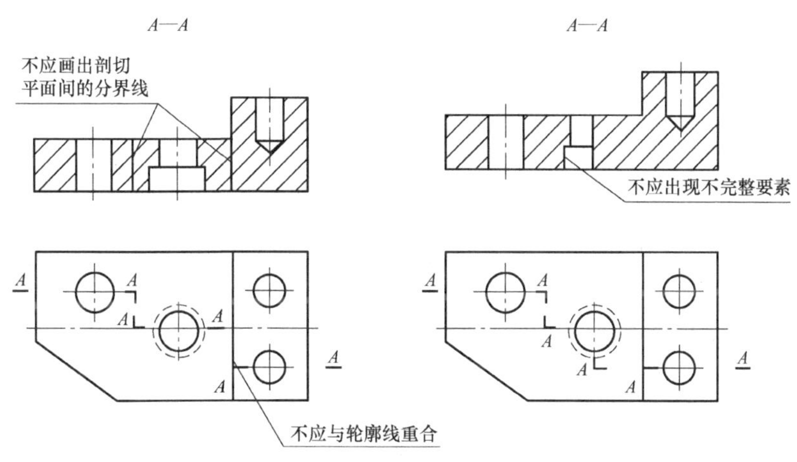


图 7.21　阶梯剖错误画法图

部分平行的新投影面，然后再用一个与该投影面平行的剖切面剖开机件，这种剖切平面不平行于任何基本投影面，所以称为斜剖，如图 7.23中的"B—B"即为斜剖的全剖视图。

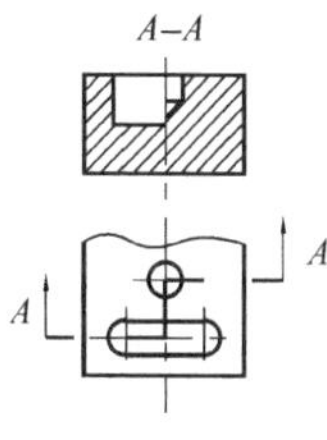


图 7.22　具有公共对称中心线时的阶梯剖画法

斜剖视图必须标注，它的特点是剖切符号不与投影轴平行，而是倾斜的，但标注的字母必须水平书写。为了读图方便，斜剖视图尽量按投影关系配置。在不致引起误解时，允许将图形旋转，但必须注明，如图 7.23中的"B—B ↶"。

（五）用组合的剖切面剖切

当机件上孔、槽等内部结构分布较为复杂，仅用旋转剖或阶梯剖的方法不能完全表达清楚时，可以把以上各种方法结合起来应用，这种用组合的剖切面剖切机件的方法称为复合剖，见图 7.24。

复合剖的全剖视图必须标注，其方法与旋转剖、阶梯剖的剖视图标注方法相同。

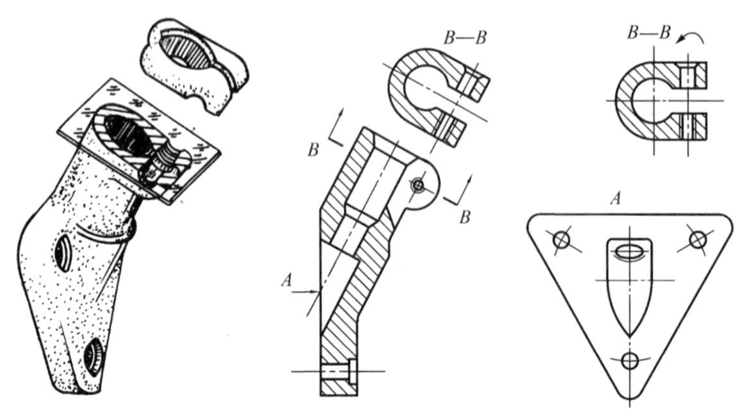


图 7.23　斜剖的剖视图

以上分别叙述了国家标准规定的各种剖视图。对于不同类型的机件，如何恰当地选用剖视图，应根据机件的结构形状和表达的需要来确定。

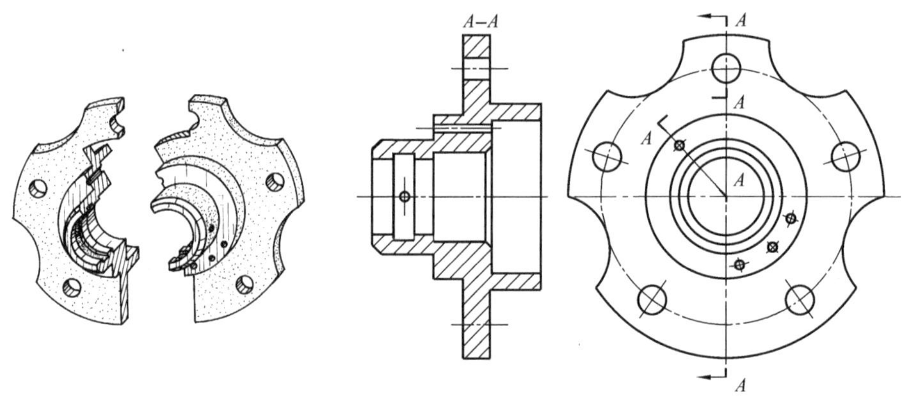


图 7.24　复合剖的剖视图

## 7.3　断　面　图

### 一、断面的概念

假想用剖切面将机件的某处切断，仅画出该剖切面与机件接触部分的图形称为断面图，简称断面，如图 7.25 所示。

断面图与剖视图的区别在于断面图一般只画切断面的形状，而剖视图不仅画切断面的形状，还要画出切断面后可见轮廓的投影。

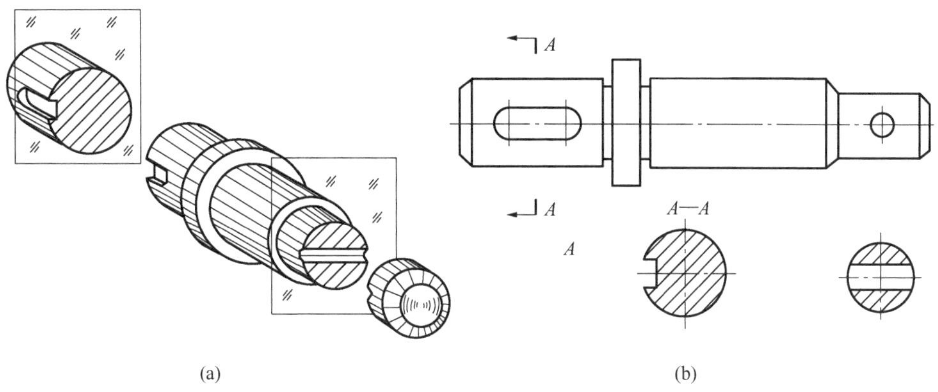


图 7.25　断面图的概念

## 二、断面的种类

断面可以分为移出断面和重合断面两种。

(一) 移出断面

画在视图外部的断面图称为移出断面,如图 7.25(b)所示。

1. 移出断面的画法

(1) 移出断面的轮廓线用粗实线绘制。

(2) 移出断面应配置在剖切线的延长线上或其他适当的位置,如图 7.25、图 7.26 所示。断面图形对称时,也可画在视图的中断处,如图 7.27 所示。在不致引起误解时,允许将图形旋转,但要标注清楚,如图 7.28 所示。

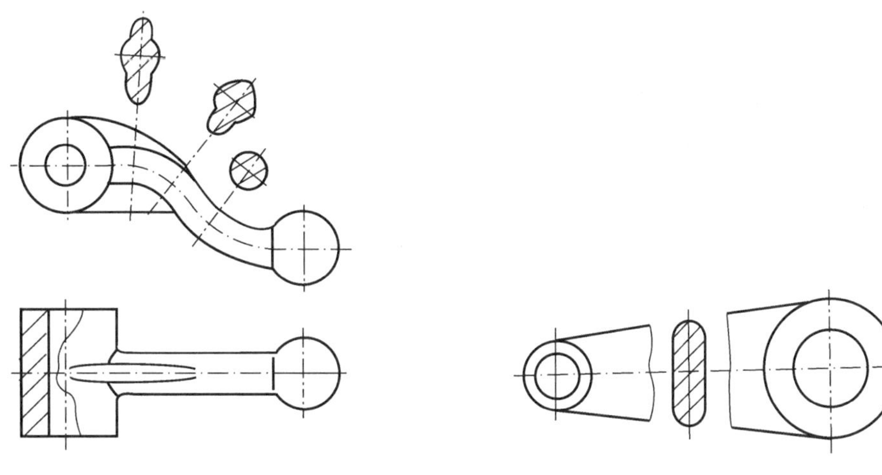

图 7.26　移出断面示例(一)　　图 7.27　移出断面示例(二)

(3) 由两个或多个相交的剖切平面剖切机件得出的移出断面,中间应断开,如图 7.29 所示。

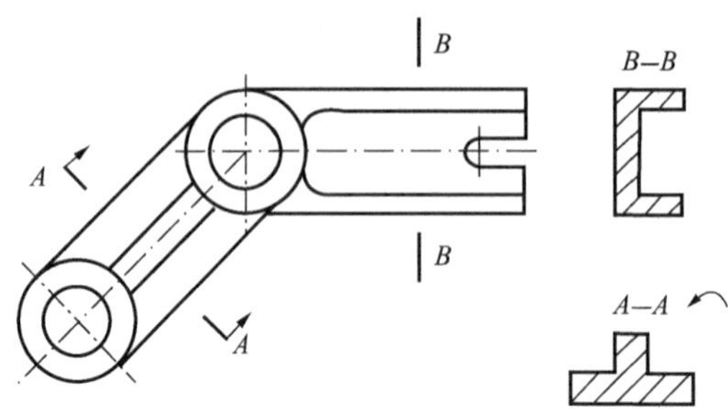


图 7.28　移出断面示例(三)

(4) 当剖切平面通过回转面形成的孔或凹坑的轴线时，孔或者凹坑本身按剖视图绘制，如图 7.25、图 7.30 所示。

当剖切平面通过非圆孔，会导致出现完全分离的两个剖面时，这些结构也应按剖视绘制，如图 7.31 所示。

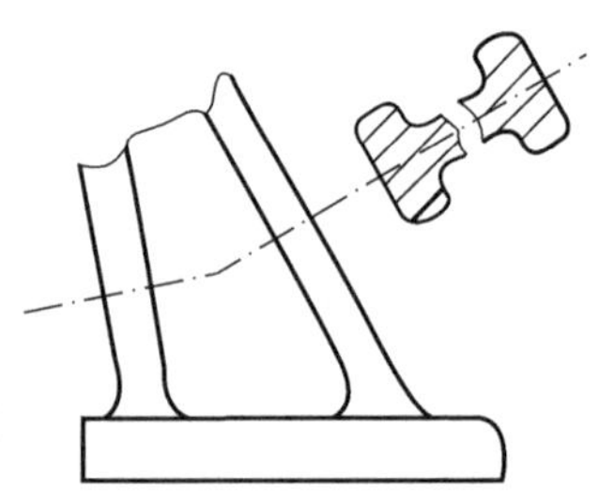

图 7.29　移出断面示例(四)

2. 移出断面的标注

移出断面一般用剖切符号表示剖切位置，用箭头指明投影方向，并注上字母。在断面图的上方，用同样的字母标出断面图的名称“$X$—$X$”，如图 7.25 中的“$A$—$A$”。

配置在剖切符号延长线上的对称移出断面(图 7.25 右边断面图、图 7.30 左边断面图)，以及配置在视图中断处的对称移出断面(图 7.27)，均可不作任何标注；配置在剖切符号延长线上的不对称移出断面，可省略字母(图 7.30 右边的断面图)；按投影关系配置的不对称移出断面，可省略箭头(图 7.28 中的 $B$—$B$)。

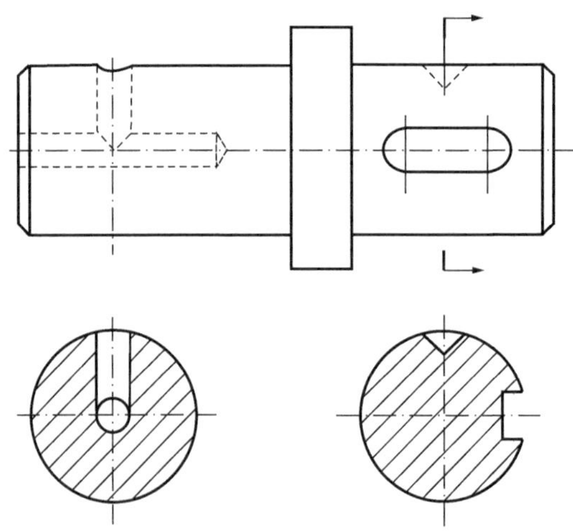

图 7.30　移出断面示例(五)

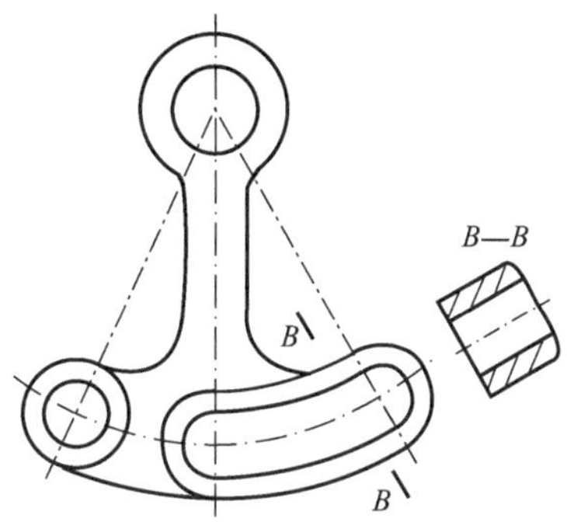


图 7.31　移出断面示例(六)

(二) 重合断面

画在视图内部的断面图称为重合断面,如图 7.32 所示。

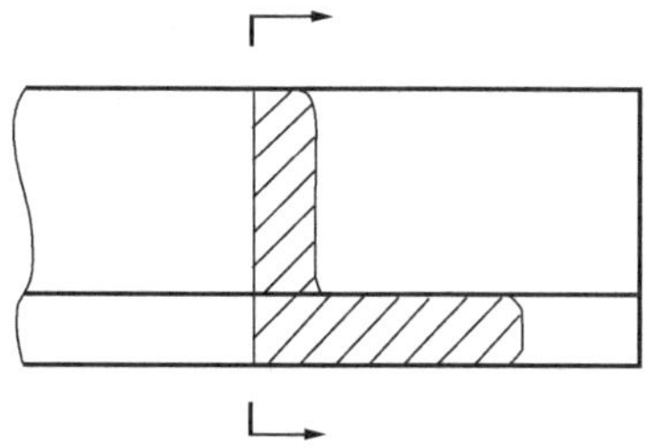

图 7.32　重合断面示例(一)

1. 重合断面的画法

(1) 重合断面的轮廓线用细实线绘制。

(2) 当视图中轮廓线与重合断面的图形重叠时,视图中的轮廓线仍应连续画出,不可间断,如图 7.33、图 7.34 所示。

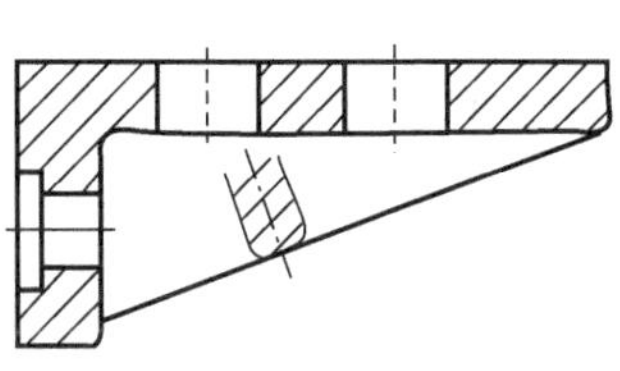

图 7.33　重合断面示例(二)

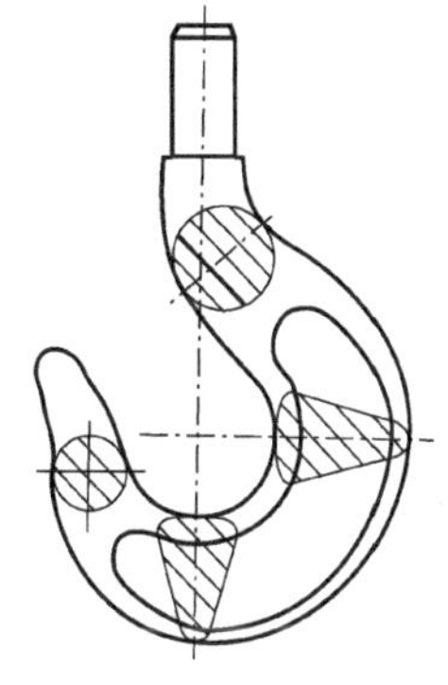

图 7.34　重合断面示例(三)

2. 重合断面的标注

重合断面图形不对称时,须画出剖切符号及投影方向,可不标字母,如图 7.32 所示。当重合断面图形对称时,可不加任何标注,如图 7.33、图 7.34 所示。

# 7.4　局部放大图和简化画法

为了使图形清晰和画图简便,国家标准规定了机件图样可采用局部放大及简化画法。

## 一、局部放大图

将机件的部分结构,用大于原图形所采用的比例画出的图形,称为局部放大图。

局部放大图可画成视图、剖视、断面,它与原视图的表达方法无关。局部放大图应尽量配置在被放大部位的附近,并用波浪线画出被放大部分的范围。

绘制局部放大图时,应在原图上用细实线圈出被放大的部位。当机件上仅一处被放大时,在局部放大图的上方只需注明所采用的比例;若几处被放大时,须用罗马数字依次标明被放大部位,并在局部放大图上方标注出相应的罗马数字和所采用的比例,如图 7.35所示。

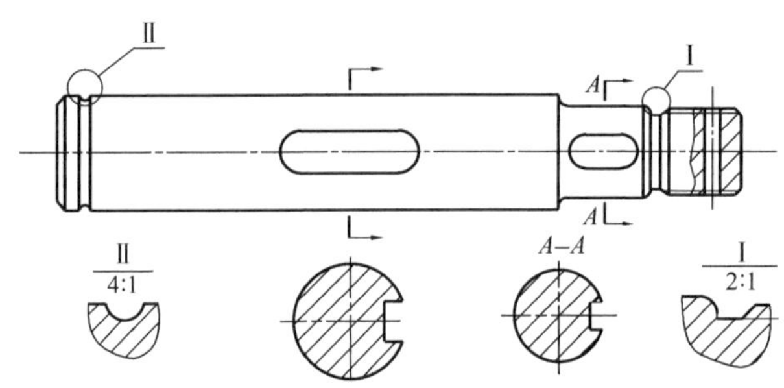


图 7.35　机件的局部放大图

## 二、简化画法

为了简化作图,国家标准规定了若干简化画法,下面扼要介绍部分简化画法。

(1) 在不致引起误解时,零件图中的移出断面,允许省略断面符号,但剖切位置和断面图的标注必须按规定标注,如图 7.36(a)所示。

(2) 当机件具有若干相同结构并按一定的规律分布时,只需画出几个完整的结构,其余用细实线连接,在零件图中则必须注明该结构的总数,如图 7.36(b)所示。

(3) 若干直径相同且成规律分布的孔,可以仅画出一个或几个,其余只需用点画线表示其中心位置,如图 7.36(c)所示,在零件图中则必须注明该结构的总数。

(4) 网状物、机件上的滚花部分,可在轮廓线附近用细实线示意画出,并在零件图上注明这些结构的要求,如图 7.36(d)所示。

(5) 对于机件的肋,轮辐及薄壁,如果按纵向剖切,这些结构都不画断面符号,而用粗

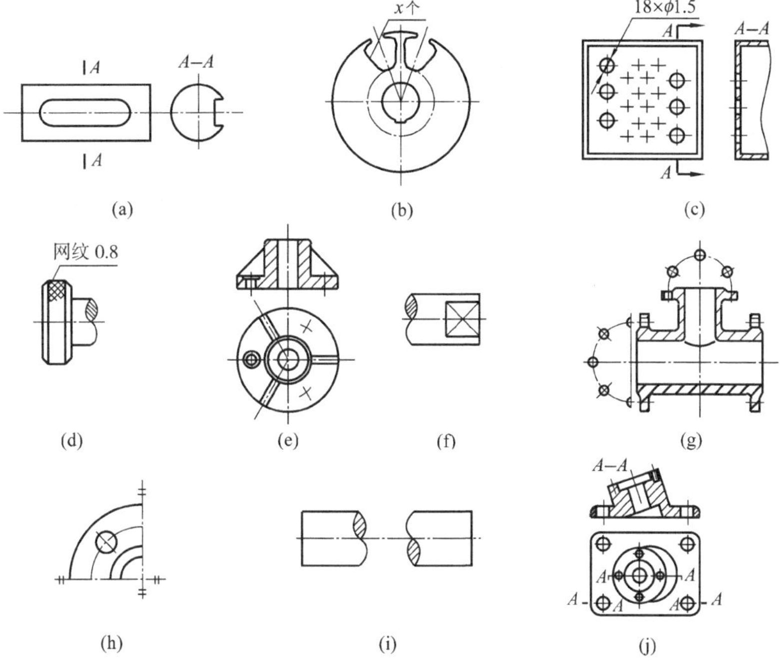


图 7.36　简化画法

实线将它与其邻接部分分开，如图 7.36(e)所示。当零件回转体上均匀分布的肋轮辐、孔等结构不处于剖切平面上时，可将这些结构旋转到剖切平面上画出，且对均布孔只需详细画出一个，另一个只画出轴线即可，如图 7.36(e)所示。

(6) 当图形不能充分表达平面时，可用平面符号(相交两细实线)表示，如图 7.36(f)所示。

(7) 圆柱形法兰和类似零件上均匀分布的孔可按图 7.36(g)所示的方法表示。

(8) 在不致引起误解时，对于对称的视图可以只画一半或四分之一并在对称中心线的两端画出两条与其垂直的平行细实线，如图 7.36(h)所示。

(9) 对较长的机件沿长度方向的形状一致或按一定规律变化时，例如轴、杆、型材、连杆等，可以断开后缩短表示，但要标注实际尺寸，如图 7.36(i)所示。

(10) 与投影面倾斜角度小于或等于 30 度的圆或圆弧，其投影可以用圆或圆弧来代替，如图 7.36(j)所示。

## 7.5　第三角投影法简介

国标规定，我国采用第一角投影法，但有些国家采用第三角投影法。现对第三角投影法简介如下。

## 一、第三角投影

将物体置于第三分角内，并使投影面处于观察者与物体之间而得到的多面正投影，称为第三角画法，如图 7.37 所示。

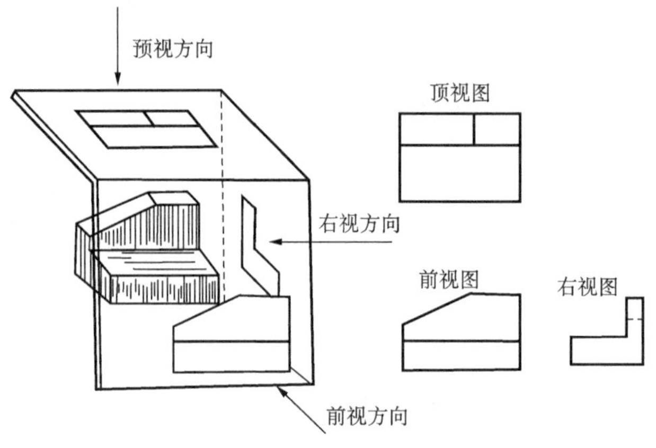


图 7.37　第三角投影

## 二、六个基本投影面的形成

第三角画法的基本投影面仍规定为正六面体的六个面。其展开方法是，六面体的前面保持不动，而其余投影面按图 7.38 所示展开，与前面处于同一个平面内。由此即可得到六个基本视图，其配置和名称见图 7.39 所示。

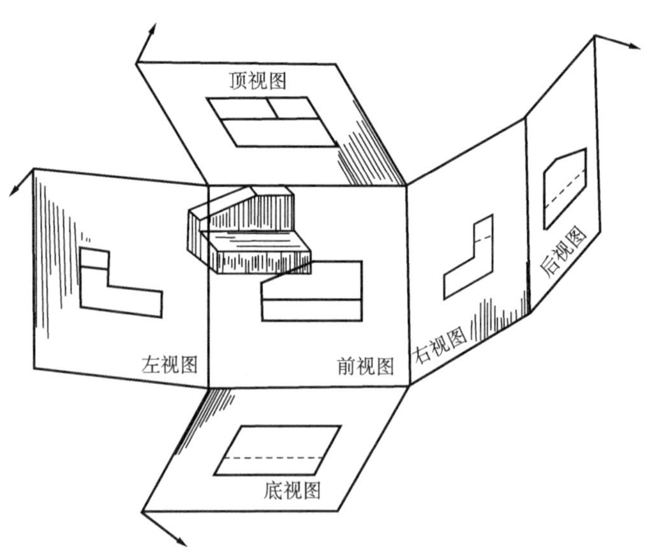


图 7.38　第三角画法投影面的展开

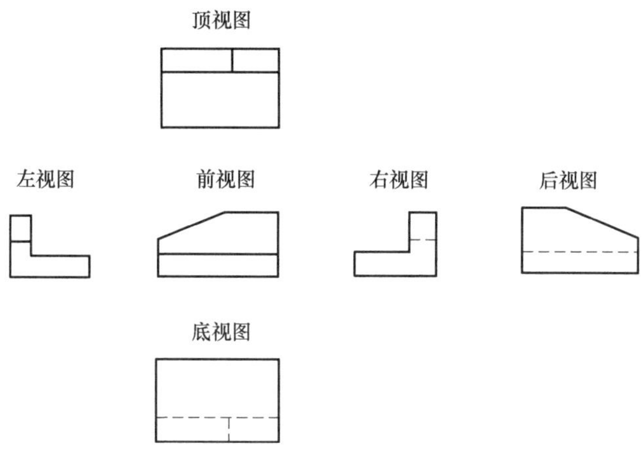


图 7.39　第三角画法视图的配置

## 三、第一角与第三角画法的符号

在 ISO 标准中，为了识别两种画法，规定在标题栏内或外用一个识别符号表示。

第一角画法用图 7.40(a)符号表示，并可以省略；第三角画法用图 7.40(b)符号表示，必须标出。

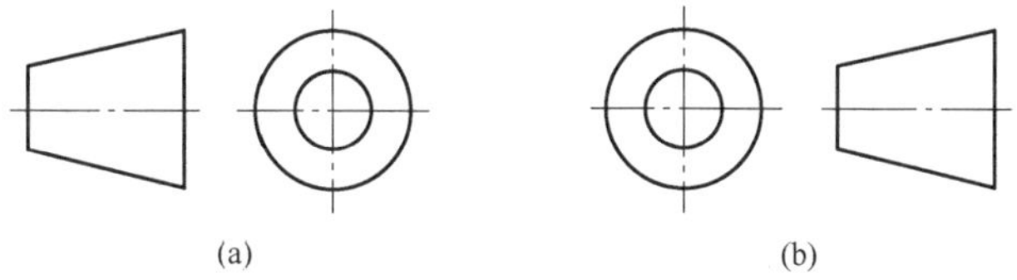


图 7.40　第一角和第三角画法的识别符号

# 第 8 章　标准件和常用件

任何机器或部件都是由许多零件按不同连接方式装配而成的。在各种机器和设备中，应用最广泛的零件有螺栓、螺钉、螺母、垫圈、键、销和轴承等。为了便于大批量生产和具有良好的互换性，这些零件的结构和尺寸一般都按统一的标准规格化，这种零件称作标准件。齿轮及弹簧等零件在机器中也经常用到，习惯上称为常用件。本章着重介绍这些零件的规定画法及标注方法。

## 8.1　螺纹及螺纹紧固件

### 一、螺纹

（一）螺纹的形成

在圆柱（或圆锥）表面上，沿着螺旋线所形成的，具有相同剖面形状的连续凸起和沟槽，称为螺纹。在圆柱（或圆锥）外表面加工的螺纹，称为外螺纹；在圆柱（或圆锥）内表面加工的螺纹，称为内螺纹。螺栓和螺母上的螺纹分别是外螺纹和内螺纹。如图 8.1 为内外螺纹的加工方法。加工孔径较小的内螺纹，先用钻头在工件上钻出底孔，再用直径比钻头稍大的丝锥在孔里加工出内螺纹（图 8.2）。

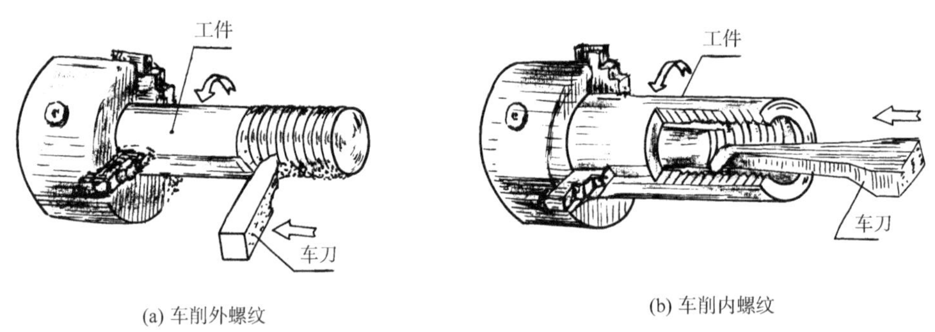


(a) 车削外螺纹　　(b) 车削内螺纹

图 8.1　车削螺纹

（二）螺纹的要素

1. 螺纹牙型

通过螺纹轴线的螺纹牙齿的断面形状称牙型。常用的螺纹牙型有三角形、梯形、锯齿形和方形等。

2. 螺纹的直径

与外螺纹的牙顶或内螺纹的牙底相重合的假想圆柱的直径称为大径，即螺纹的公称直径，大径用 $d$、$D$ 表示(外螺纹用小写字母，内螺纹用大写字母)。与外螺纹的牙底或内螺纹的牙顶相重合的假想圆柱的直径称为小径，用 $d_1$、$D_1$ 表示，如图 8.3 所示。

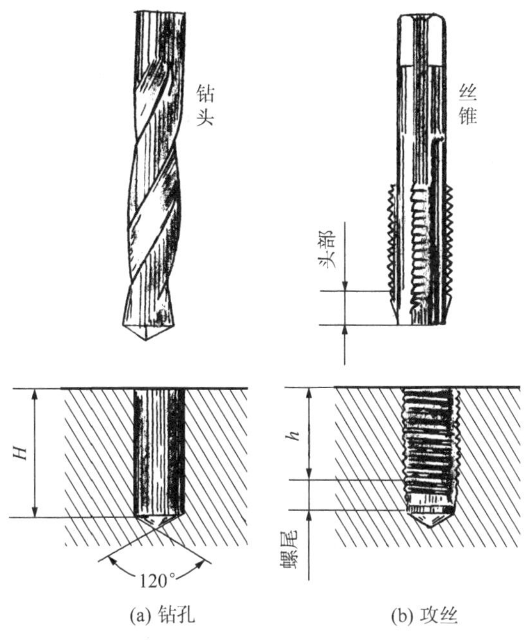


图 8.2　用丝锥加工内螺纹

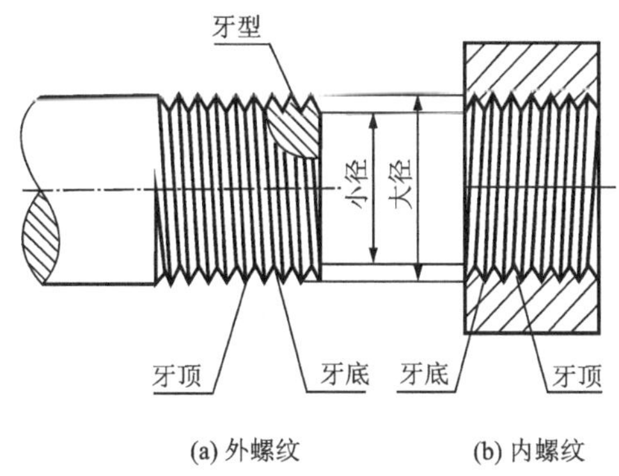


图 8.3　螺纹各部分名称

3. 线数(头数)$n$

沿一条螺旋线形成的螺纹称为单线螺纹。沿两条或两条以上螺旋线形成的螺纹，称为双线螺纹或多线螺纹，线数用 $n$ 表示。

4. 螺距和导程

相邻两牙对应两点间的轴向距离称为螺距，用 $P$ 表示，同一条螺旋线上相邻两牙对应点间的轴向距离称为导程，用 $S$ 表示，见图 8.4(b)。导程和螺距的关系为 $S=nP$。显然，单线螺纹的导程与螺距相同。

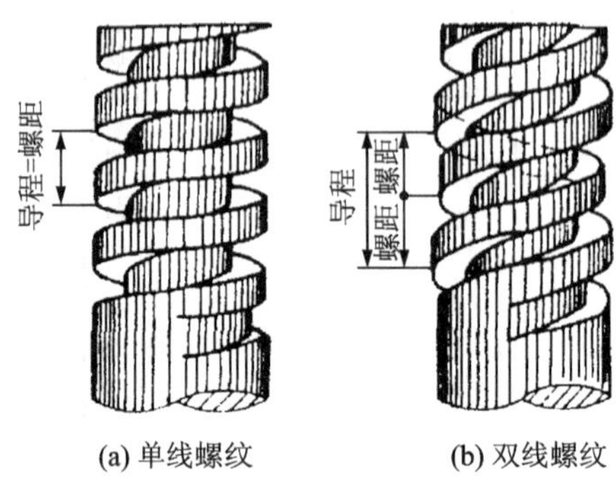


图 8.4　螺纹的线数

5. 旋向

螺纹有右旋和左旋之分。面对轴线竖直的外螺纹，螺纹自左向右上升的为右旋(符合右手定则)；反之为左旋，见图 8.5。

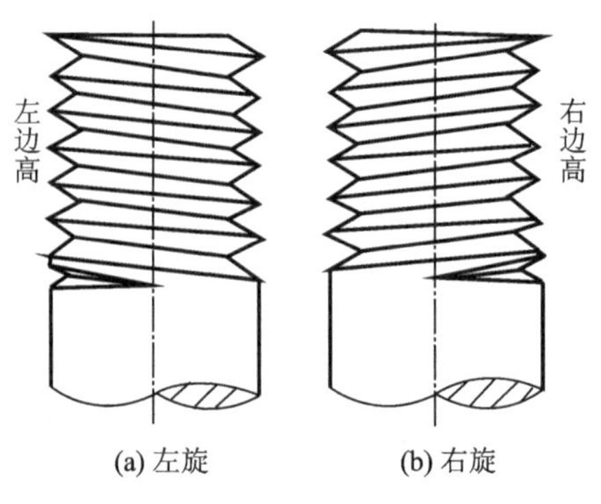


图 8.5　螺纹的旋向

螺纹五个要素完全相同的外螺纹和内螺纹才能相互旋合，从而实现螺纹的连接或传动。

(三) 螺纹的种类

按用途不同可将螺纹分为两大类，即连接螺纹和传动螺纹，见表 8.1。

螺纹牙型、大径和螺距是决定螺纹的最基本要素。国家标准规定：凡上述三要素符合标准的称为标准螺纹；牙型符合标准，其他二项不符合标准的称为特殊螺纹。牙型不符合标准的称为非标准螺纹。

普通螺纹分为粗牙普通螺纹和细牙普通螺纹。细牙普通螺纹多用于细小或精密零件的连接。管螺纹多用于管件的连接。

**表 8.1　标准螺纹的种类、牙型、代号**

| 螺纹分类 | 螺纹种类 | 外形及牙型图 | 牙型符号 | 螺纹种类 | 外形及牙型图 | 牙型符号 |
|---|---|---|---|---|---|---|
| 连接螺纹 | 粗牙普通螺纹 | 60° | M | 非螺纹密封的管螺纹 | 55° | G |
| | 细牙普通螺纹 | | | 用螺纹密封的锥管螺纹 | 55° | R(外)<br>Rc(内) |
| 传动螺纹 | 梯形螺纹 | 30° | Tr | 锯齿形螺纹 | 3° 30° | B |

传动螺纹是用来传递运动和动力的，常用的是梯形螺纹、锯齿形螺纹和矩形螺纹。

（四）螺纹的规定画法

1. 外螺纹的画法

外螺纹的牙顶（大径）及螺纹终止线用粗实线绘制，牙底（小径，约等于大径的 0.85 倍）用细实线绘制。在螺纹投影为圆的视图中，表示牙底的细实线圆只画约 3/4 圈，倒角圆省略不画；在非圆的视图中，细实线应画入螺杆的倒角，见图8.6(a)。

当外管螺纹剖开时，螺纹终止线只画出表示牙型高度的一小段，剖面线画到表示牙顶的粗实线处，见图 8.6(b)。

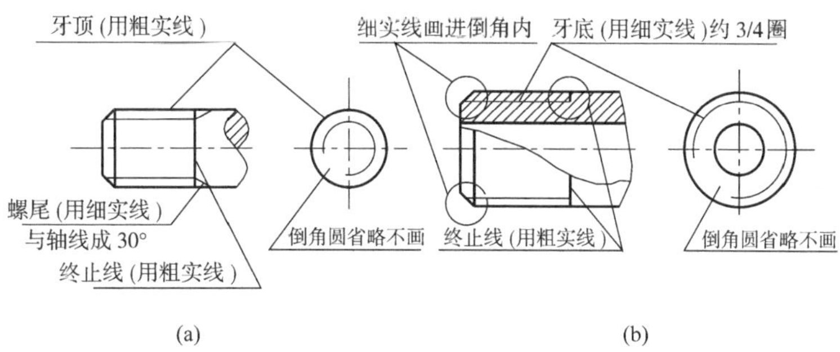


图 8.6　外螺纹的规定画法

2. 内螺纹的画法

内螺纹的牙顶（小径约等于大径的 0.85 倍）及螺纹终止线用粗实线绘制，牙底（大径）用细实线绘制。在投影为圆的视图中，表示牙底的细实线圆只画约 3/4 圈，倒角圆省略不画；在非圆的剖视图中，剖面线必须画到表示牙顶的粗实线处，见图 8.7。绘制不穿通的螺孔时，一般应将钻孔深度与螺纹的深度分别画出，锥顶角画成 120°，见图 8.8。

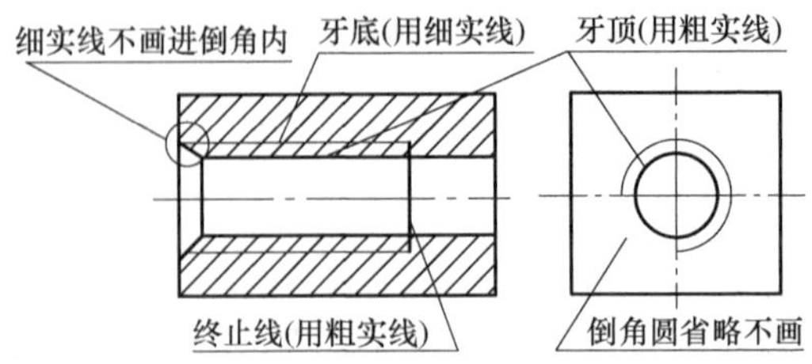


图 8.7　内螺纹的规定画法

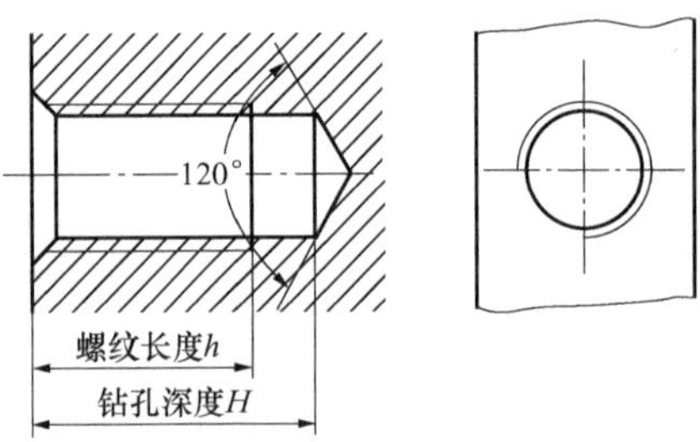


图 8.8　不穿通的螺孔画法

3. 螺纹连接画法

以剖视图表示内、外螺纹连接时，其旋合部分按外螺纹画法绘制，其余部分仍按各自的画法绘制，见图 8.9。

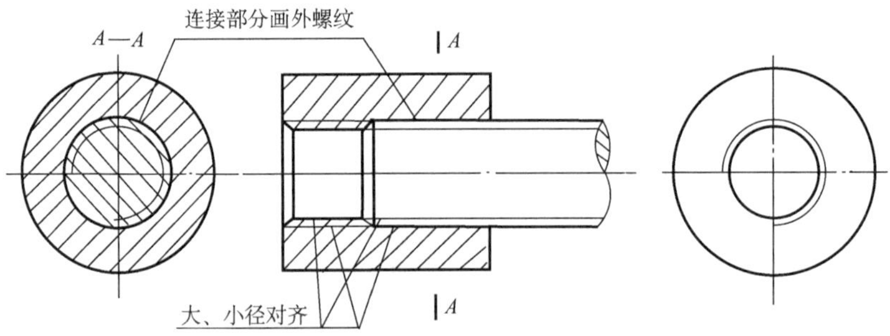


图 8.9　螺纹连接的画法

4. 螺纹的收尾一般不表示

当需要表示螺尾时，该部分的牙底线用与轴线成 30°角的细线绘制，见图 8.10(a)；如果螺纹结构需要有退刀槽时，可按图 8.10(b)、(c)结构绘制。

(五) 螺纹的标注

螺纹按国家标准的规定画法画出后，要对螺纹进行必要的标注。各种常见标准螺纹的标注方式及示例如表 8.2 所列。

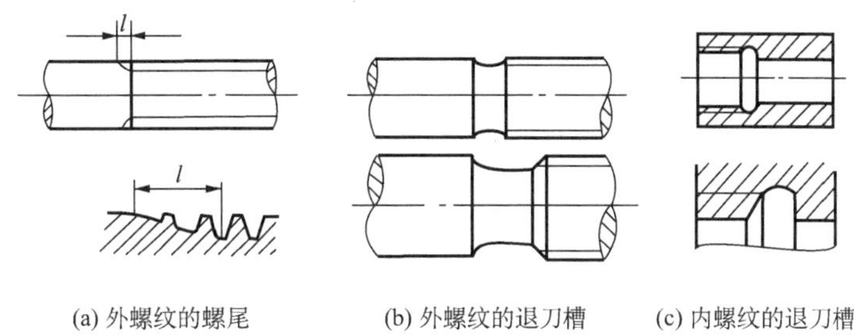


(a) 外螺纹的螺尾　　(b) 外螺纹的退刀槽　　(c) 内螺纹的退刀槽

图 8.10　螺尾和退刀槽

**表 8.2　常用标准螺纹标注示例**

| 螺纹种类 | 牙型符号 | 公称直径 | 螺距 | 导程 | 线数 | 旋向 | 标记、代号 | 标注示例 |
|---|---|---|---|---|---|---|---|---|
| 粗牙普通螺纹 | M | 24 | 3 |  | 1 | 右 | M24—6g<br>螺距、旋向省略不注 | M24—6g |
| 细牙普通螺纹 | M | 24 | 2 |  | 1 | 右 | M24×2—6h<br>旋向省略不注 | M24×2—6h |
| 梯形螺纹 | Tr | 20 | 4 | 8 | 2 | 左 | Tr20×8(P4)<br>LH—7e | Tr20×8(P4)LH—7e |
| 锯齿形螺　纹 | S | 40 | 7 | 14 | 2 | 右 | S40×14(P7)<br>旋向省略不注 | S40×14(P7) |
| 非螺纹密封的管螺纹 | G | 1 |  |  |  | 右 | G1A | G1A |

1. 普通螺纹

普通螺纹的完整的标注格式为

[特征代号] [公称直径] × [螺距] [旋向] — [中径公差带代号] [顶径公差带代号] — [旋合长度]

具体的标注规则如下：

（1）螺纹代号：普通螺纹的特征代号为 M；公称直径为螺纹的大径；粗牙普通螺纹不标螺距，细牙普通螺纹必须标注螺距；右旋螺纹的旋向省略，左旋螺纹的旋向要标“LH”。

（2）公差带代号：由公差等级数字和基本偏差代号组成。内螺纹的偏差代号用大写字母，外螺纹用小写字母，如 M16—5H6H。顶径指外螺纹的大径或内螺纹的小径。当中径和顶径公差带相同时只注一个代号，如 M10—6g。对于螺纹副，其公差带代号用斜线分开，左边表示内螺纹的公差带代号，右边为外螺纹的公差带代号，如 M20×2—6H/6g。

（3）旋合长度：旋合分短、中、长三种长度，分别用代号 S、N、L 表示。当旋合长度为中等时，可省略“N”。

2. 管螺纹

管螺纹的标注格式为

[特征代号] [公称直径] [中径公差级别] — [旋向]

具体的标注规则如下：

公称直径并不表示管螺纹的大径，而是略等于带有外螺纹的管子的孔径，且以英寸为单位。中径公差级别只是对特征代号为 G 的非螺纹密封的管螺纹而言，其中径公差级别有两种，分别用 A、B 表示，其他管螺纹不标，右旋螺纹的旋向省略，左旋螺纹加“LH”。

3. 梯形螺纹、锯齿形螺纹

标注格式为

[螺纹代号] — [中径公差带代号] — [旋合长度]

具体的标注规则如下：

（1）螺纹代号部分。

单线：　[特征代号] [公称直径]×[螺距] [旋向]

多线：　[特征代号] [公称直径]×[导程(P 螺距)] [旋向]

梯形螺纹的特征代号为 Tr，锯齿形螺纹的特征代号为 B，公称直径为螺纹的大径，左旋螺纹加旋向代号“LH”，右旋螺纹的旋向省略。

（2）中径公差带代号与普通螺纹的标注方法相同。

（3）按公称直径和螺距大小，旋合长度分为中、长两种，分别用 N 和 L 表示。当为中等旋合长度时，N 可省略。

标注示例：Tr40×14(P7)LH—8e—L。它表示公称直径为 40mm，导程为 14mm，螺距为 7mm 的双线左旋梯形螺纹，中径公差带代号为 8e，长旋合长度。

## 二、螺纹紧固件

(一) 螺纹紧固件标记

螺纹紧固件包括螺栓、双头螺柱、螺钉、螺母和垫圈等，其结构形式和技术要求均可根据标记从标准中查得。所以，在图样上只按规定标注即可。表 8.3 列举了一些常用螺纹紧固件的简图和标记。

**表 8.3　常用紧固件的简图和标记**

| 名 称 | 规定标记示例 | 名 称 | 规定标记示例 |
|---|---|---|---|
| 六角头螺栓 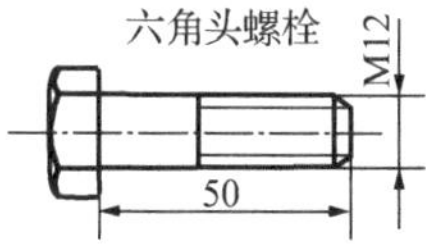 M12 50 | 螺栓 GB/T 5780—2000 M12×50 | 开槽长圆柱端紧定螺钉 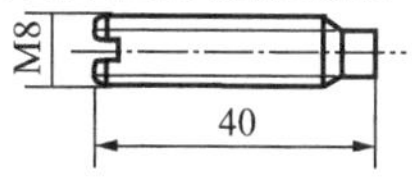 M8 40 | 螺钉 GB/T 75—1985 M8×40－14H |
| 双头螺柱A型 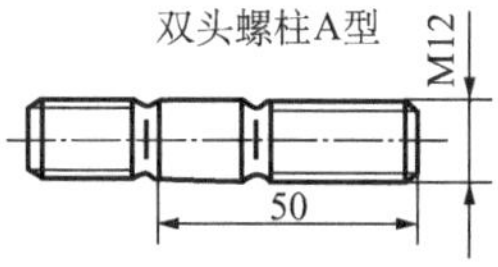 M12 50 | 螺柱 GB/T 897—1988 AM12×50 | 1型六角螺母-C级 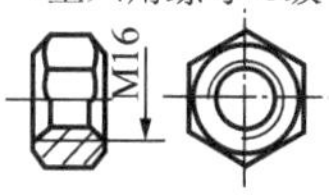 M16 | 螺母 GB/T 41—2000 M16 |
| 开槽圆柱头螺钉 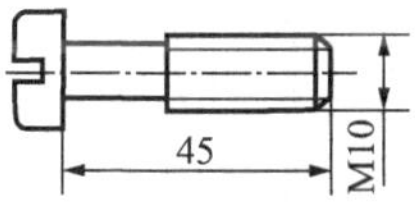 45 M10 | 螺钉 GB/T 65—2000 M10×45 | 垫圈 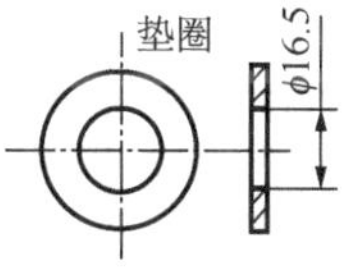 φ16.5 | 垫圈 GB/T 97.1—2002 16 |
| 开槽沉头螺钉 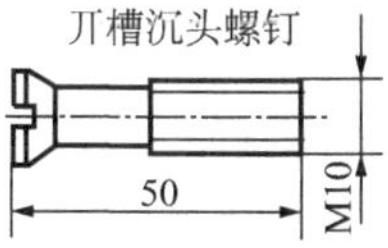 50 M10 | 螺钉 GB/T 68—2000 M10×50 | 标准型弹簧垫圈 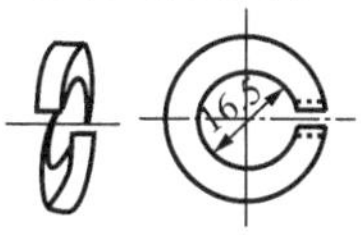 16.5 | 垫圈 GB/T 93—1987 16 |

(二) 螺纹紧固件的比例画法

根据国家标准规定，在绘制螺纹紧固件连接时采用比例画法。除了螺纹紧固件的有效长度需计算查表决定外，其他各部分尺寸都按与螺纹大径成一定的比例画法，见表 8.4。

(三) 螺纹紧固件连接的画法

螺纹紧固件有螺栓连接、双头螺柱连接和螺钉连接三种连接形式，见图 8.11。下面分别介绍这三种连接形式的画法。

1. 一般规定

(1) 当剖切平面通过螺纹紧固件的轴线或对称中心线时，其标准件如螺栓、螺柱、螺钉、螺母和垫圈等，均按不剖切绘制。

**表 8.4　各种螺纹连接件的比例画法**

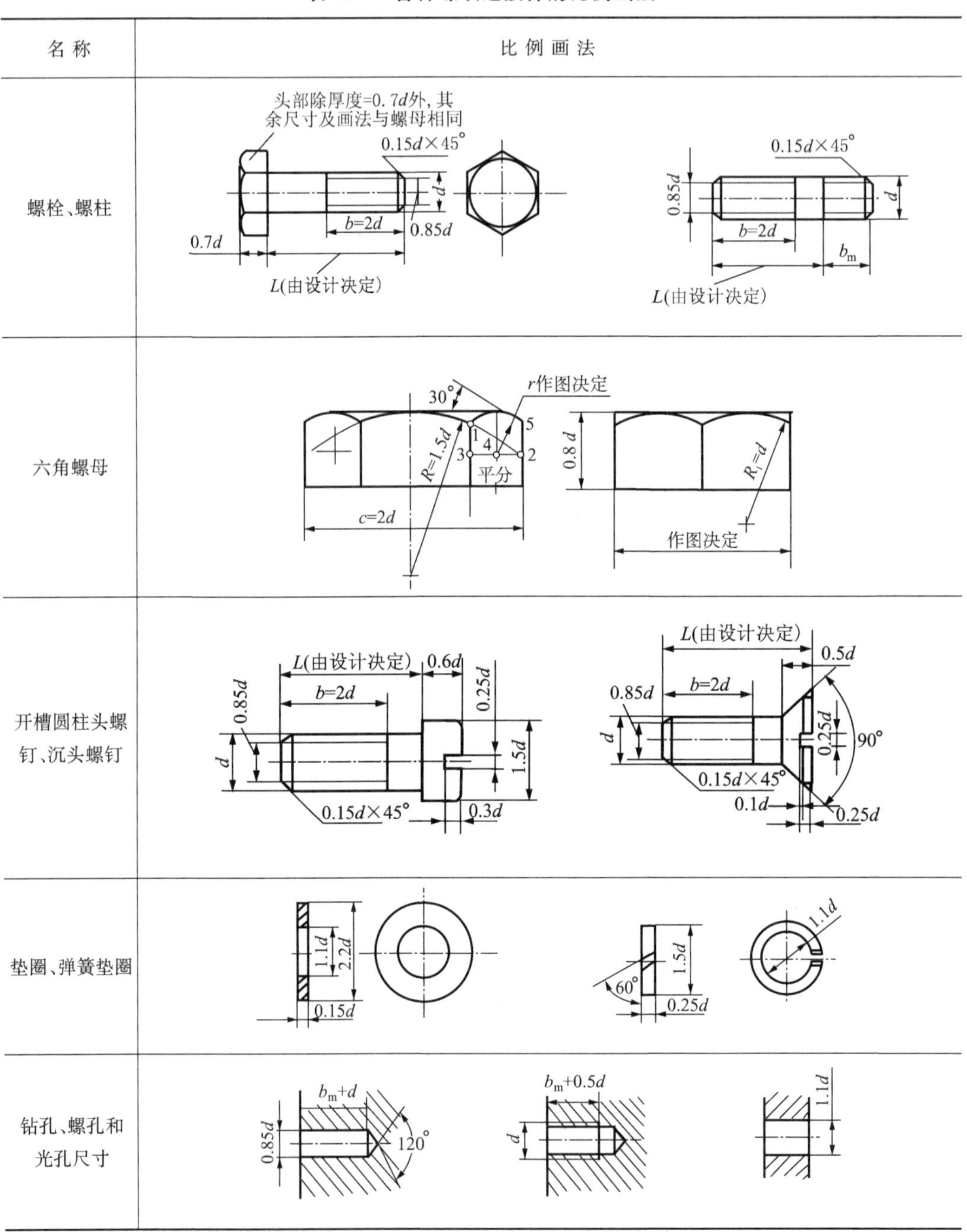


(2) 两个零件的接触面处画一条粗实线。

(3) 在剖视图中相邻两个零件的剖面线方向或间隔应不同，同一零件在各视图上的剖面线方向或间隔应一致。

2. 螺纹紧固件有效长度计算

螺栓、螺柱、螺钉的有效长度分别由下式计算：

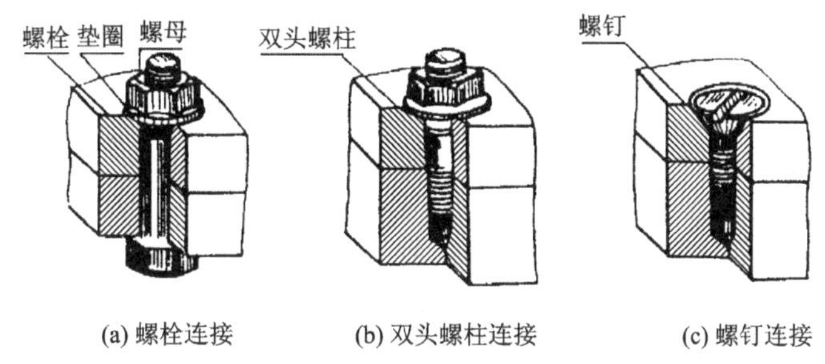

(a) 螺栓连接　(b) 双头螺柱连接　(c) 螺钉连接

图 8.11　螺纹紧固件的连接方式

1）螺栓：$L \geqslant \delta_1 + \delta_2 + h$(垫圈厚)$+0.8d$(螺母厚)$+0.3d$

2）螺柱：$L \geqslant \delta + h + 0.8d$(螺母厚)$+0.3d$

3）螺钉：$L \geqslant \delta + b_m$

其中，$0.3d$ 是螺栓或螺柱伸出螺母的长度。根据上述计算结果，在相应的标准中查出相接近的标准长度数值 $L$。

3. 螺纹紧固件连接的画法

1）螺栓连接

螺栓连接由螺栓、螺母、垫圈和被连接件组成。螺栓连接适用于被连接的两个零件紧固处的厚度较小，可以钻通孔的情况，见图 8.12(a)。

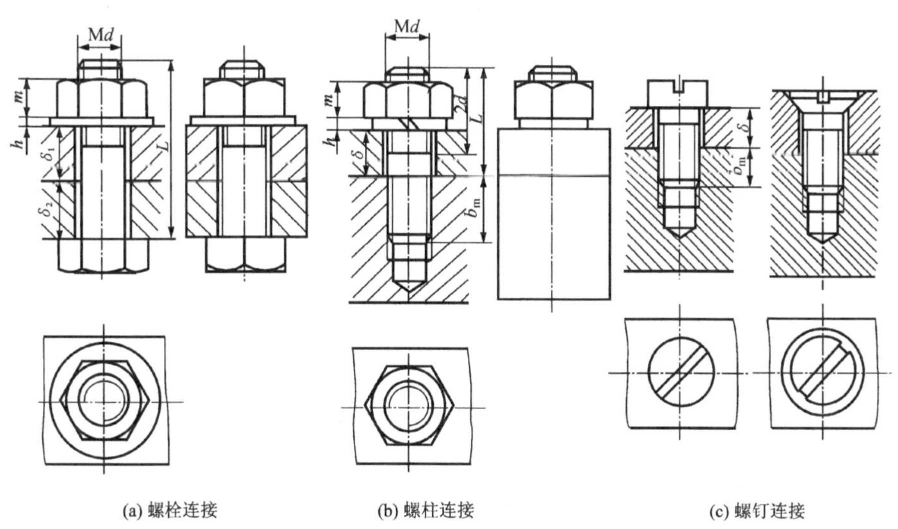

(a) 螺栓连接　(b) 螺柱连接　(c) 螺钉连接

图 8.12　螺纹紧固件的连接画法

2）螺柱连接

螺柱是一种两端均有螺纹的圆柱状连接件，通常用于被紧固处一个零件较薄，另一个零件较厚或不允许加工通孔的情况。双头螺柱连接，如图 8.12(b)所示，较薄的零件上加工出通孔，另一零件上加工出不穿通的螺纹孔。双头螺柱的旋入端（长度为 $b_m$）应旋紧于螺纹孔，另一端穿过通孔，再用垫圈和螺母紧固。

双头螺柱连接由螺柱、螺母、垫圈等组成。画图时应注意以下几点：

（1）螺柱的公称长度 $L$ 是指螺柱上无螺纹一段的长度与拧螺母一段的螺纹长度之和，而不是双头螺柱的总长。

（2）双头螺柱及螺钉的旋入端长度 $b_m$ 的数值，与底下部分零件的材料有关，见表 8.5。

**表 8.5　旋入端长度**

| 被旋入零件的材料 | 旋入端长度 $b_m$ |
|---|---|
| 钢、青铜 | $b_m=d$ |
| 铸铁 | $b_m=1.25d$（或 $1.5d$） |
| 铝 | $b_m=2d$ |

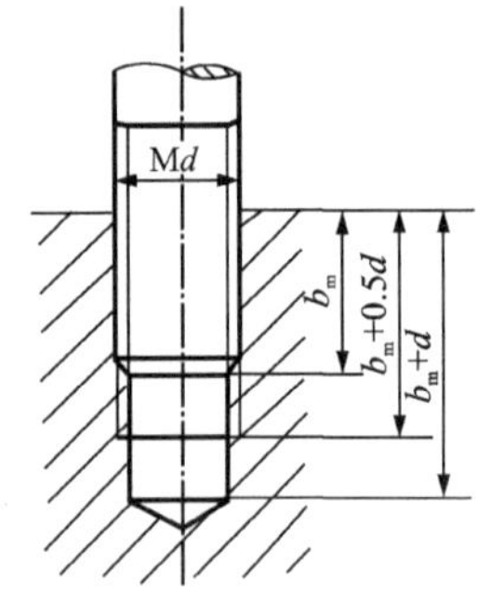


图 8.13　钻孔及螺孔深度

（3）螺孔深度一般取 $b_m+0.5d$，钻孔取 $b_m+d$，如图 8.13 所示。

（4）双头螺柱旋入端的螺纹终止线与被加工成螺孔的机件端面平齐；另一端的螺纹终止线要高于被加工成光孔的机件的下端面（在光孔中），按 $b=2d$ 画出。

（5）弹簧垫圈开口处应按图 8.12(b)所示绘出。

3）螺钉连接

螺钉通常用于受力小且不需经常拆卸的场合。连接时螺钉直接旋入螺纹孔，把被连接零件压紧，如图 8.12(c)所示。画图时应注意以下几点：

（1）螺钉旋入机件的深度与双头螺柱规定相同。

（2）螺钉的螺纹终止线应高出螺孔端面。

（3）在螺钉为圆的视图中，螺钉头部的开槽应画成与水平成 45°角。

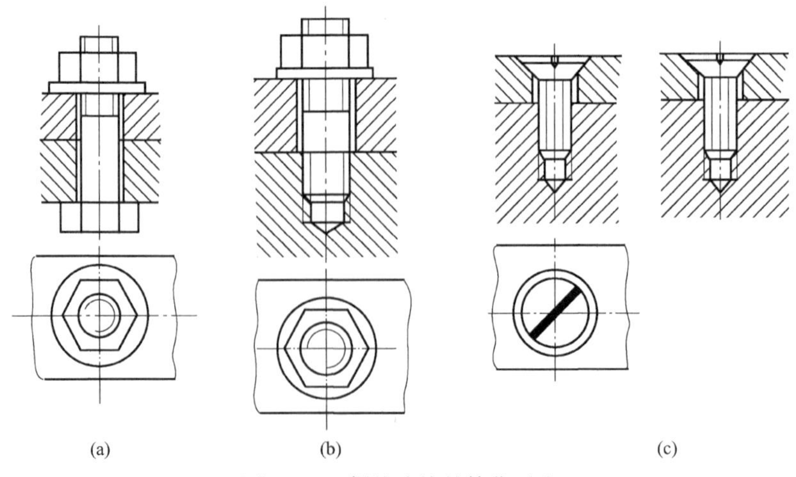


图 8.14　螺纹连接的简化画法

4）螺纹连接简化画法

装配图中螺纹紧固件常采用简化画法，其结构细节，如倒角、倒圆、螺尾等均可省略不画，只要能表达出连接情况即可。图 8.14 为以上三种螺纹连接的简化画法。

## 8.2　齿　　轮

齿轮是传动零件，它广泛应用于机械传动中。齿轮不仅能传递动力，还可以改变转速和转动方向。齿轮参数中的模数 $m$ 和压力角 $\alpha$ 已标准化，它属于常用件。常见的齿轮传动有三种方式，如图 8.15 所示。其中图(a)为圆柱齿轮传动，用于两平行轴间的传动；图(b)为圆锥齿轮传动，用于相交两轴间的传动；图(c)为蜗轮蜗杆传动，用于交叉两轴间的传动。

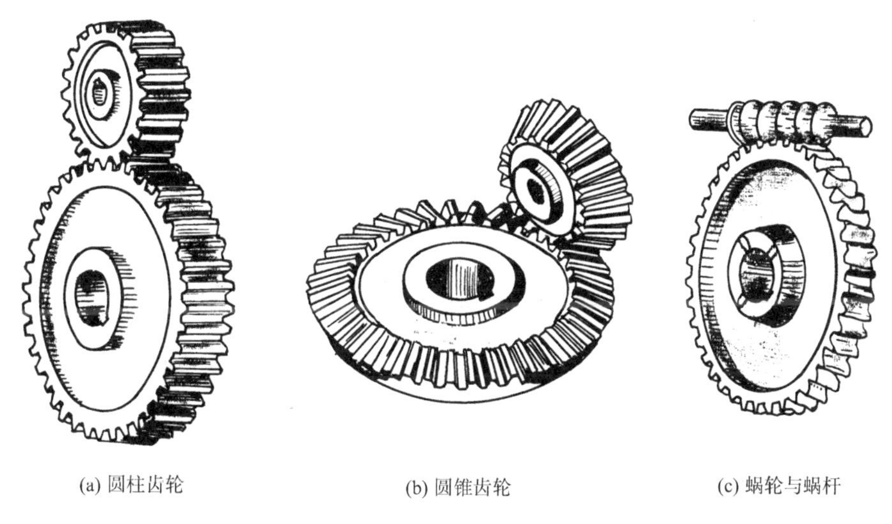

(a) 圆柱齿轮　　(b) 圆锥齿轮　　(c) 蜗轮与蜗杆

图 8.15　常见的传动齿轮

圆柱齿轮的轮齿有直齿、斜齿和人字齿三种，直齿圆柱齿轮应用最广，下面主要介绍直齿圆柱齿轮的基本知识。

### 一、直齿圆柱齿轮各部分名称和尺寸关系(图 8.16)

(1) 齿顶圆：轮齿顶部所在的圆，其直径用 $d_a$ 表示。

(2) 齿根圆：轮齿根部所在的圆，其直径用 $d_f$ 表示。

(3) 分度圆：在标准齿轮中，齿厚与齿间相等处的圆，其直径用 $d$ 表示。

(4) 齿顶高：齿顶圆和分度圆之间的径向距离，用 $h_a$ 表示。

(5) 齿根高：齿根圆和分度圆之间的径向距离，用 $h_f$ 表示。

(6) 齿高：齿顶圆到齿根圆之间的径向距离，用 $h$ 表示，$h=h_a+h_f$。

(7) 齿厚与槽宽：在分度圆上，相邻两齿同侧齿廓间的齿厚与槽宽弧长，用 $s$ 和 $w$ 表示。

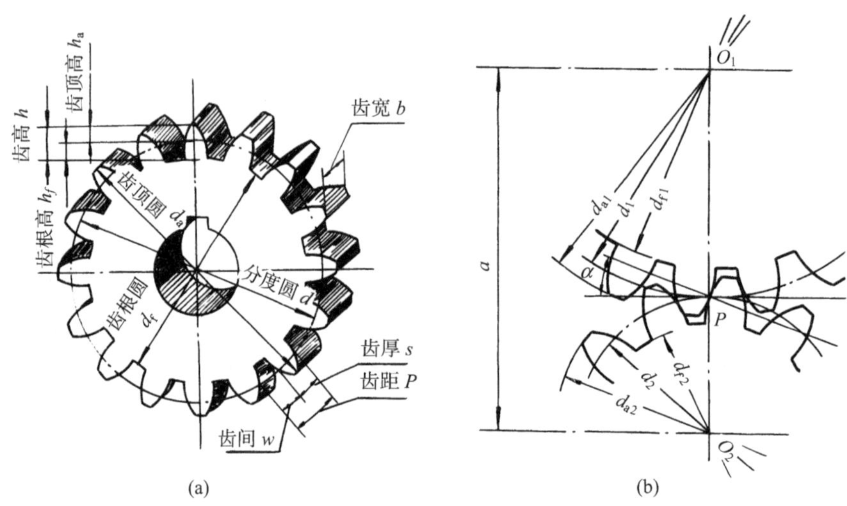


图 8.16　直齿圆柱齿轮各部分名称

(8) 压力角：齿轮在分度圆啮合点处的受力方向和该点瞬时速度方向的夹角，用 $\alpha$ 表示。

(9) 模数：齿距 $p$ 除以 $\pi$ 所得的商，用 $m$ 表示，即 $m=\frac{p}{\pi}$。

设齿轮的齿数为 $z$，则分度圆的周长 $=\pi d=pz$，即 $d=\frac{zp}{\pi}$，于是 $d=mz$。

模数与压力角均相同的两齿轮才能正确啮合。为便于设计与制造，国家标准规定了模数标准系列值，见表 8.6。

**表 8.6　标准模数**(优先选用第一系列)　　(单位：mm)

| | |
|---|---|
| 第一系列 | 0.5, 0.6, 0.8, 1, 1.25, 2, 2.5, 3, 4, 5, 6, 8, 10, 12, 16, 20, 25, 32, 40, 50 |
| 第二系列 | 0.35, 0.7, 0.9, 1.75, 2.25, 2.75, 3.5, 4.5, 5.5, 7, 9, 14, 18, 22, 28, 30, 36, 45 |

模数和齿数是齿轮的基本参数，它们的大小是按相关标准通过设计计算确定的。直齿圆柱齿轮的尺寸关系见表 8.7。

**表 8.7　直齿圆柱齿轮各部分尺寸计算公式**

| 名 称 | 符 号 | 计 算 公 式 |
|---|---|---|
| 齿顶高 | $h_a$ | $h_a=m$ |
| 齿根高 | $h_f$ | $h_f=1.25m$ |
| 齿 高 | $h$ | $h=2.25m$ |
| 分度圆直径 | $d$ | $d=mz$ |
| 齿顶圆直径 | $d_a$ | $d_a=m(z+2)$ |
| 齿根圆直径 | $d_f$ | $d_f=m(z-2.5)$ |
| 中心距 | $a$ | $a=\frac{1}{2}m(z_1+z_2)$ |

## 二、圆柱齿轮的规定画法

### （一）单个圆柱齿轮的画法

单个圆柱齿轮通常用两个视图表示。在表示外形的两个视图中，齿顶圆和齿顶线用粗实线绘制；分度圆和分度线用细点画线绘制；齿根圆和齿根线用细实线绘制，也可省略不画，如图 8.17(a)所示。

齿轮的非圆视图一般采用半剖或全剖视图。这时，轮齿按不剖处理，齿根线用粗实线绘制，如图 8.17(b)所示。

当需要表示斜齿轮或人字齿轮的轮齿方向时，可在外形视图上画出与轮齿方向一致的三条细实线或三条折线，如图 8.17(c)所示。

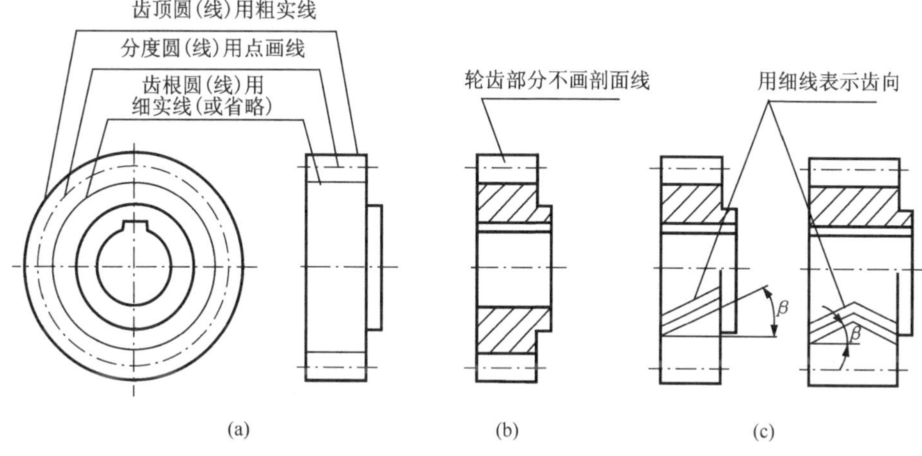


图 8.17　单个圆柱齿轮的规定画法

### （二）圆柱齿轮的啮合画法

图 8.18 示出一对啮合的直齿圆柱齿轮，在投影为圆的视图上，两分度圆应相切，在啮合

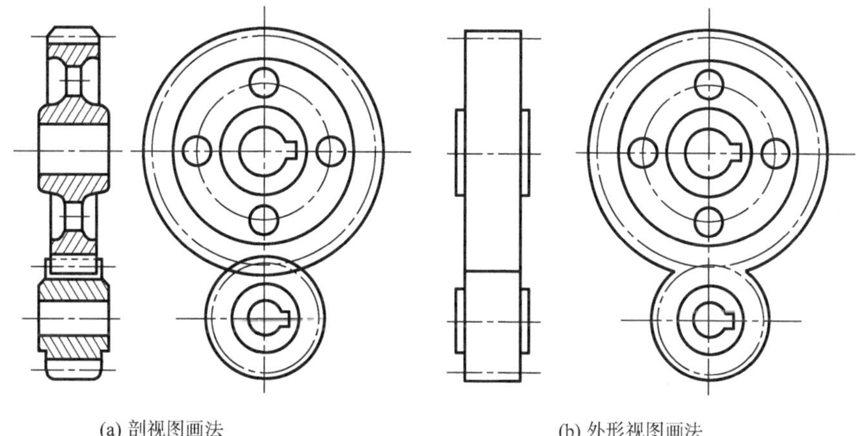


图 8.18　圆柱齿轮的啮合画法

区内,齿顶圆用粗实线画出,如图 8.18(a),或省略不画,如图 8.18(b)所示。在投影为非圆的视图上,啮合区内的齿顶线、齿根线不画出,而分度线则用粗实线绘制,如图 8.18(b)。

在平行于两齿轮轴线的投影的剖视图中,轮齿仍作不剖处理,在啮合区中,两齿轮的分度线重合为一条点画线;两齿轮的齿顶线,一条画成粗实线,另一条被遮挡的画成虚线;两齿轮的齿根线都画成粗实线,如图 8.18(a)所示。齿顶线与齿根线之间,应有 $0.25m$ 的间隙。如图 8.19 所示。

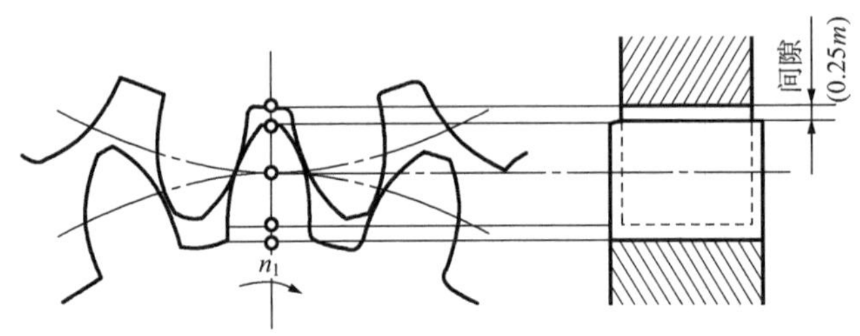


图 8.19　啮合区的投影

## 8.3　键、销、滚动轴承和弹簧

### 一、键

键是标准件,通常用来连接轴和装在轴上的转动零件(如齿轮、皮带轮等),使它们一起转动。常用的键有普通平键、半圆键和钩头楔键等,如图 8.20 所示。其中普通平键最常见。普通平键的形式有 A、B、C 三种,在标记时,A 型平键省略 A 字,而 B 型、C 型应写出 B 或 C 字。例如 A 型普通平键,$b=16$mm,$h=10$mm,$L=100$mm,其标记为:GB/T 1096—2003 键 16×100。

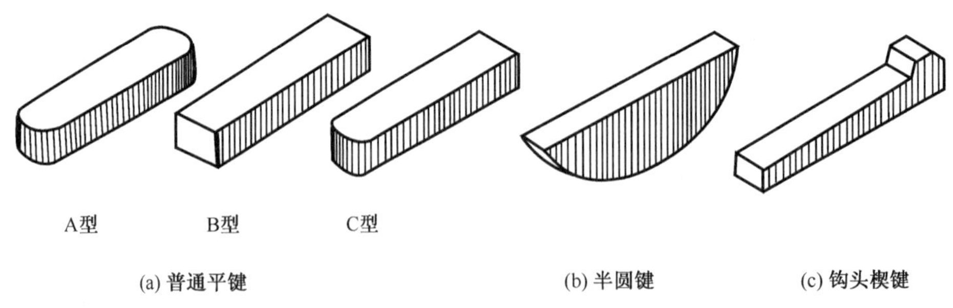


图 8.20　常用的键

键连接轴和轮时,首先根据轴的直径 $d$ 查表确定键的截面尺寸 $b$ 和 $h$、轴和轮上的键槽尺寸,选定键的长度。图 8.21 分别表示键及轴和轮上键槽的画法及尺寸注法。轴上的键槽应标注键槽的宽度 $b$、长度 $L$ 和深度$(d-t)$。轮上的键槽应标注键槽的宽 $b$ 和深度$(d+t_1)$。

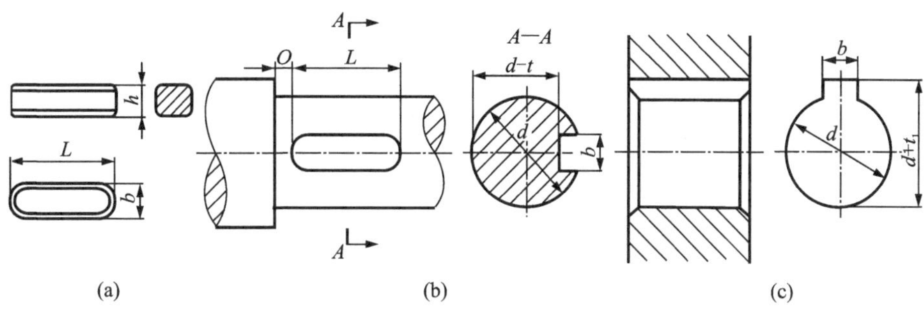


图 8.21　键槽的画法及尺寸注法

图 8.22 为普通平键连接轴和轮时的装配画法。画图应注意，键的两侧和下底面与轴和轮上键槽的相应表面接触，此处应画一条线。而键的上底面和轮上键槽的底面有间隙，应画两条线。当剖切平面垂直于轴线时，键应画剖面线。当剖切平面通过轴的轴线以及键的对称平面时，轴和键均按不剖处理，为了表示键与轴的连接关系，可采用局部剖视表达。

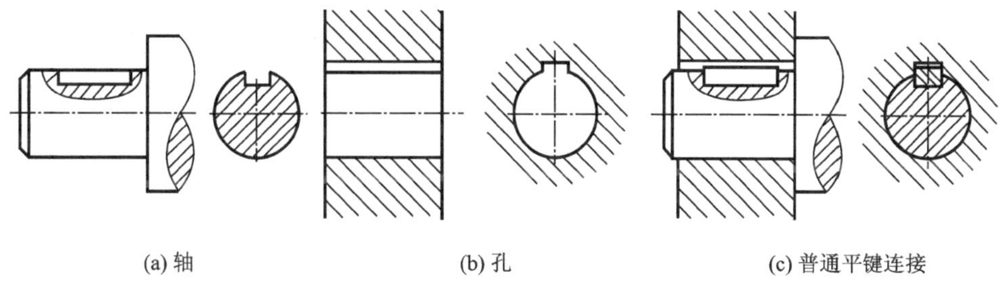

(a) 轴　(b) 孔　(c) 普通平键连接

图 8.22　普通平键连接画法

## 二、销

销连接属于可拆的连接，通常用于零件间的连接、定位或防松。销是标准件，常用的销有圆柱销、圆锥销、开口销等，如图 8.23 所示。常用销的类型及规格尺寸，可查本书附表。图 8.24 为销连接的画法。

圆柱销　圆锥销　开口销

图 8.23　常用的销

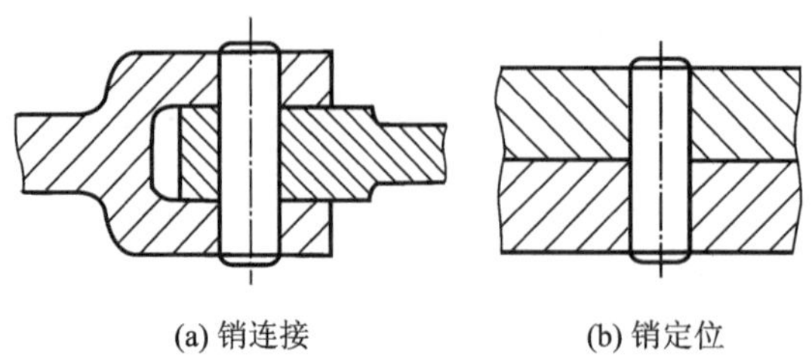

(a) 销连接　　　　(b) 销定位

图 8.24　销连接的画法

在销连接的视图上，当剖切平面通过销孔轴线剖切时，销按不剖处理。为了保证销孔与销的配合要求，一般两个零件上的销孔是一起加工的，因此在零件图中销孔的尺寸要加注“配作”。

圆锥销以小端直径 $d$ 作为标准，因此圆锥销孔应标小端尺寸。

## 三、滚动轴承

滚动轴承是一种支撑旋转轴的组件。它由内圈、外圈、滚动体和保持架组成，具有结构紧凑、摩擦阻力小等优点，其类型见表 8.8。滚动轴承是标准件，因此在画图时不必画出它的零件图，只在装配图中，根据外径 $D$、内径 $d$、宽度 $B$ 等尺寸按国标规定的画法绘制，如表 8.8 所示。

**表 8.8　常用滚动轴承的类型和画法**

| 名称 | 标准号、结构、代号 | 简化画法 | 示意画法 |
|---|---|---|---|
| 深沟球轴承 | GB/T 276–94 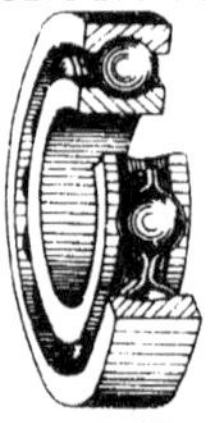<br>0000型 | 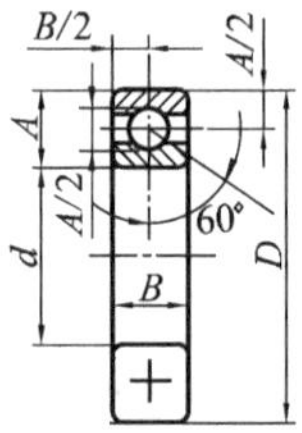 (1)由 $D$、$B$ 画出外轮廓；<br>(2)由 $(D-d)/2=A$，画出内、外圈剖面；<br>(3)由 $(A/2, B/2)$ 定出滚珠球心，以 $A/2$ 为直径画圆；<br>(4)由球心向上、向下作 60° 斜线，交滚珠圆两点；<br>(5)自所求两点作出外(内)圈的内(外)轮廓 | 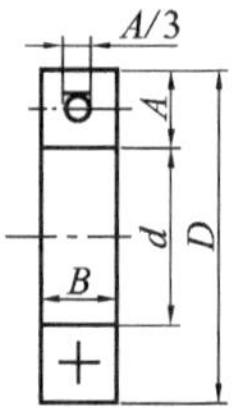 |
| 圆锥滚子轴承 | GB/T 294–94 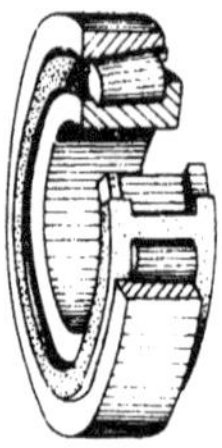<br>7000型 | 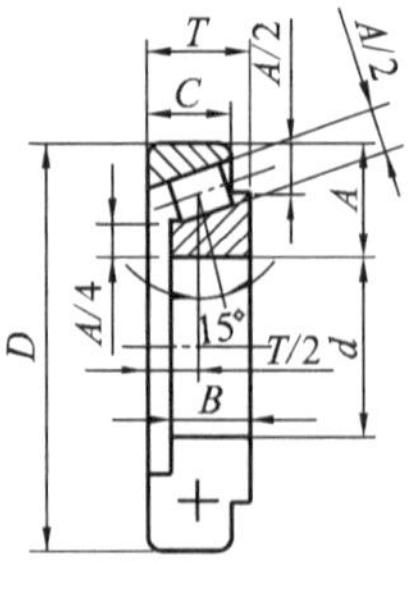 (1)由 $D$、$d$、$T$、$B$、$C$ 画出外轮廓；<br>(2)由 $(D-d)/2=A$，画出内、外圈剖面；<br>(3)由 $(A/2, T/2)$ 定出滚锥中心，再作倾斜15°线画出滚子轴线；<br>(4)由 $(A/2, A/4)$，$C$ 作出滚锥外形线；<br>(5)作出内、外圈轮廓 | 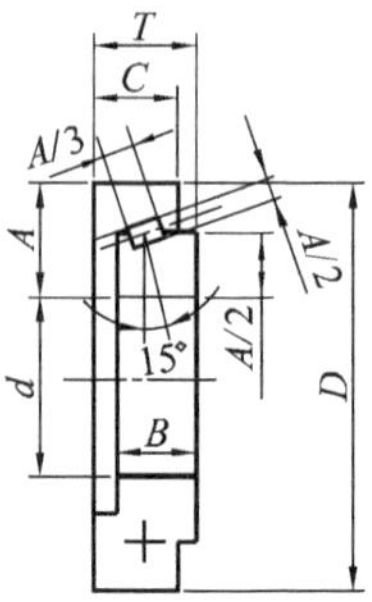 |

续表

| 名称 | 标准号、结构、代号 | 简化画法 | 示意画法 |
|---|---|---|---|
| 平底推力球轴承 | GB/T 301–95<br>8000 型 | (1)由 $D$、$T$ 画出外轮廓；<br>(2)由 $(D-d)/2=A$，画内、外圈剖面；<br>(3)由 $(A/2, T/2)$ 定出滚珠中心，以 $T/2$ 为直径画圆；<br>(4)由珠中心向上、向下作 60°斜线，交滚珠圆两点；<br>(5)自所求两点，作左、右圈的轮廓线 | |

国家标准规定了滚动轴承的代号，并打印在轴承端上，以便识别。常用滚动轴承的代号一般由四位数组成。代号数字从右边数起：第一、二位数字表示轴承内径，数字为 00，01，02，03 时，分别表示内径 $d=10, 12, 15, 17$mm；数字为 04～99 时，代号数字乘以 5，即为轴承内径。第三位数字表示轴承外径。第四位数字表示轴承类型。

## 四、弹簧

弹簧是一种储能的零件。主要用于减震、测力、夹紧等装置。弹簧的种类很多，常见的有螺旋压缩弹簧、拉伸弹簧、扭转弹簧和涡卷弹簧等，如图 8.25 所示。下面主要介绍圆柱螺旋压缩弹簧的尺寸计算和规定画法。

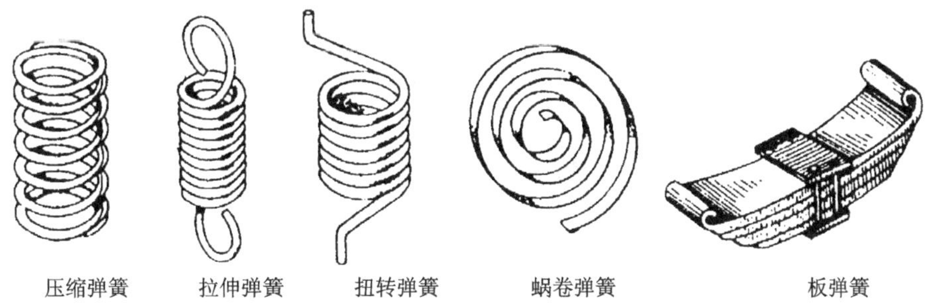


图 8.25　常用的弹簧

### (一) 圆柱螺旋压缩弹簧各部分名称及其尺寸关系(图 8.26)

1）簧丝直径 $d$——制造弹簧的钢丝直径。

2）弹簧外径 $D$——弹簧外圈直径。

3）弹簧内径 $D_1$——弹簧内圈直径，$D_1=D-2d$。

4）弹簧中径 $D_2$——弹簧的平均直径，$D_2=\frac{1}{2(D+D_1)}$。

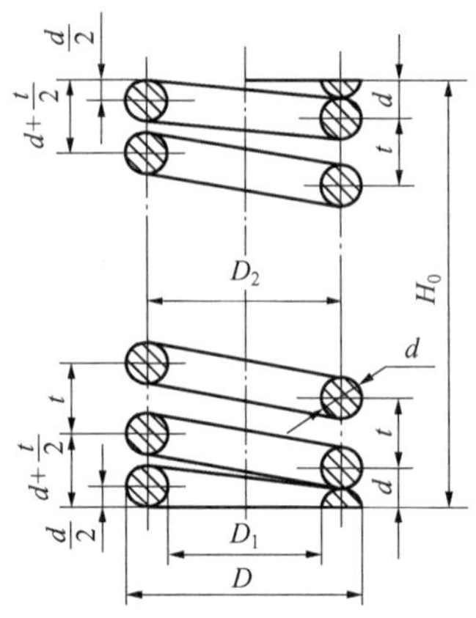


图 8.26　螺旋弹簧各部分名称

5）有效圈数 $n$、支承圈数 $n_2$ 和总圈数 $n_1$—保持相等螺距的圈数称为有效圈数 $n$。为了使压缩弹簧工作时受力均匀，增加稳定性，制造时将弹簧两端并紧磨平，且仅起支承作用的各圈称为支承圈，$n_2$ 一般为 1.5、2、2.5。有效圈数和支承圈数之和即为总圈数，$n_1=n+n_2$。

6）节距 $t$——除支承圈外，相邻两圈相应点间的轴向距离。

7）自由高度 $H_0$——弹簧不受外力时的高度。$H_0=nt+(n_2-0.5)d$。

8）展开长高 $L$——弹簧钢丝胚料长度。$L\approx n_1\sqrt{(\pi D_2)^2+t^2}$。

9）旋向——有左、右旋之分，常用右旋。

（二）圆柱螺旋压缩弹簧的规定画法

（1）在平行于螺旋弹簧轴线的投影面的视图中，其各圈的投影转向轮廓线画成直线，如图 8.27 所示。

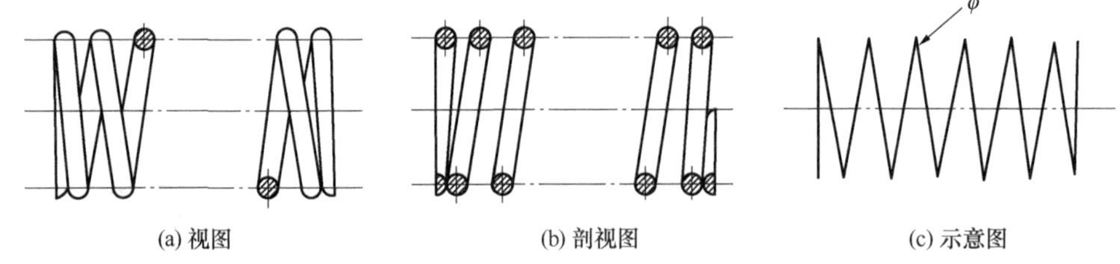


图 8.27　圆柱螺旋压缩弹簧画法

（2）有效圈数在 4 圈以上的螺旋弹簧，其中间部分可以省略不画，并允许适当缩短图形的长度。

（3）螺旋弹簧均可画成右旋。左旋螺旋弹簧不论画成左旋或右旋，在图上均要加注。

（4）在装配图中，弹簧作剖视时被弹簧挡住的结构不画出，可见部分应从弹簧的外轮廓线或从弹簧钢丝剖面的中心线画起，如图 8.28(a)所示。如弹簧钢丝剖面的直径在图形上小于或等于 2mm 时，剖面可以涂黑表示如图 8.28(b)所示，也可用示意图绘制，如图 8.28(c)所示。

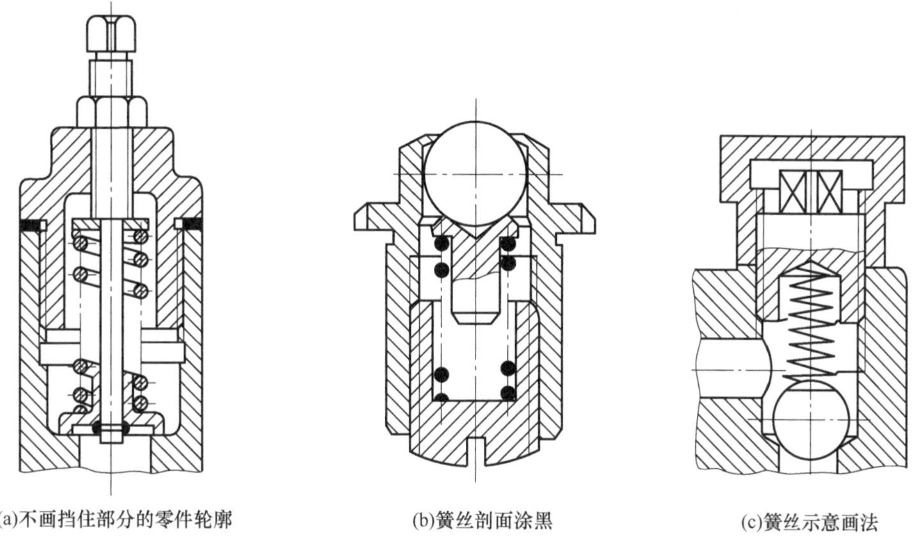


图 8.28　装配图中弹簧的规定画法

图 8.29 为圆柱螺旋弹簧的画图步骤。

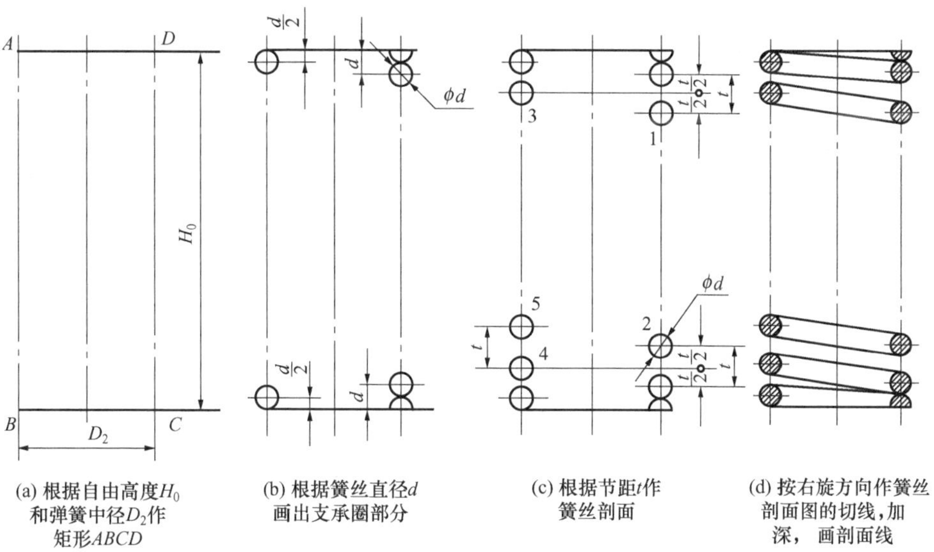


图 8.29　圆柱螺旋弹簧的画图步骤

# 第 9 章　零　件　图

任何机器或部件都是由各种零件装配而成的，所以制造机器或部件时必须先制造零件。生产和检验这些零件所依据的图样就称为零件图。本章主要介绍绘制和阅读零件图的方法，以及设计和制造零件时的一些工艺知识。

## 9.1　零件图的内容

零件图必须包含制造和检验零件的全部技术资料。图 9.1 是手轮零件图，从图中可见有如下内容：

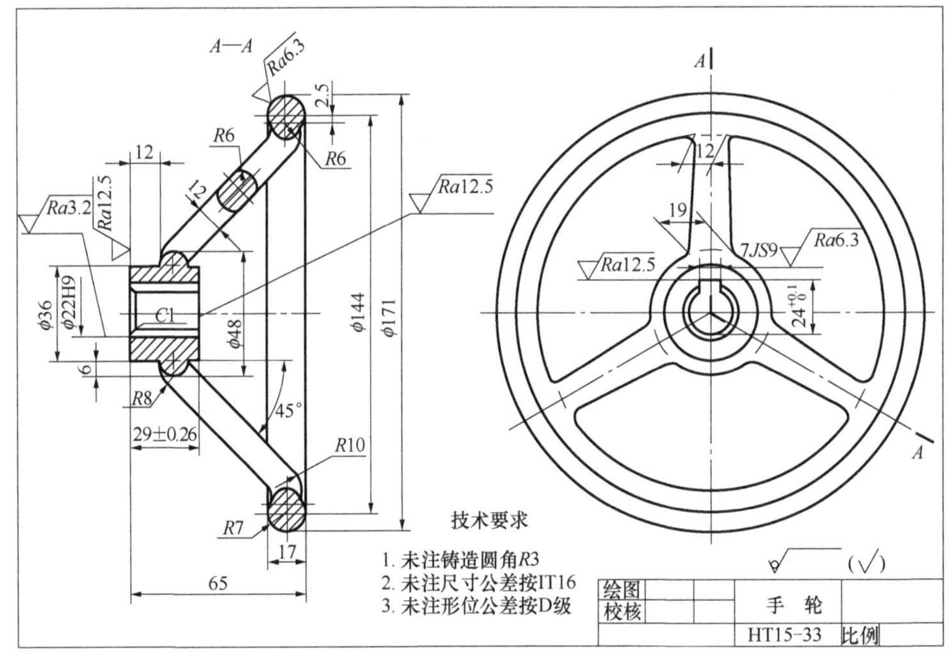


图 9.1　手轮零件图

(1) 视图：用一组图形(包括视图、剖视图、断面图等)正确、完整、清楚地表达零件的结构形状。

(2) 尺寸：完整、清晰、合理地表达零件的真实大小。

(3) 技术要求：用文字或符号标注零件性能和制造、检验的要求，如表面结构、公差、毛坯要求、热处理等。

(4) 标题栏：列出零件的名称、材料、比例、件数、图号等。

## 9.2 零件的工艺结构

零件的结构形状是由它在机器中的功用决定的，即由设计要求决定的。为了使零件的毛坯制造、加工和测量方便，在设计零件时，应该使零件的结构既要满足使用上的要求，还要方便制造。下面介绍零件的一些常见工艺结构。

### 一、铸造工艺结构

1. 铸造圆角

铸件表面的相交处应设计成圆角，以便利于造型时取出木模并防止砂型尖角处落砂和避免冷却时铸件在尖角处产生裂纹和缩孔，见图 9.2。

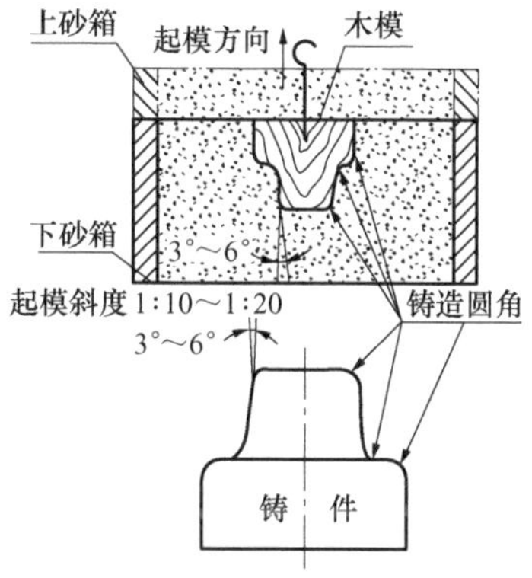


图 9.2 铸造圆角与起模斜度

2. 起模斜度

在铸造零件时，为了便于起模，应将零件沿起模方向设计成一定的斜度，见图 9.2。如无特殊要求，图上不必画出。一般铸件的起模斜度为 1∶10～1∶20。

3. 铸件壁厚

铸件壁厚不均匀时，会因浇铸时冷却速度不同而在厚壁处产生缩孔，或在断面突变处产生裂纹。因此，设计时应使铸件壁厚均匀，或在壁厚不同处逐渐过渡，如图 9.3 所示。

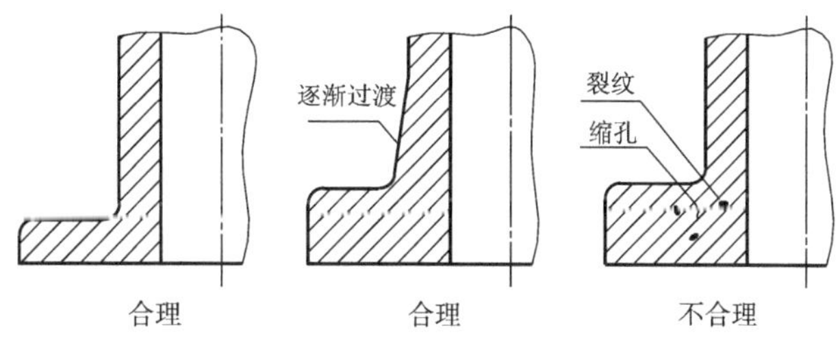


图 9.3 铸件壁厚

## 二、机械加工工艺结构

1. 倒角和倒圆

为了便于装配和操作安全，常在轴端和孔端处加工出高度不大的锥台，称为倒角，如图 9.4(a)所示。在阶梯轴(或孔)中，直径不等的两段交接处，常加工成圆环面过渡，称为倒圆，如图 9.4(b)所示。

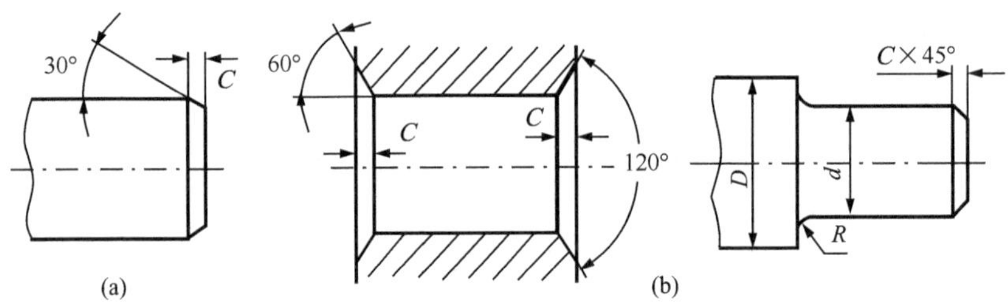


图 9.4 倒角和倒圆

2. 退刀槽和越程槽

为了在车磨加工中便于退出刀具或使砂轮加工完成后退出加工位置，并且与相关零件装配时易于靠紧，常在加工部位终端预先加工出退刀槽或砂轮越程槽，见图 9.5。

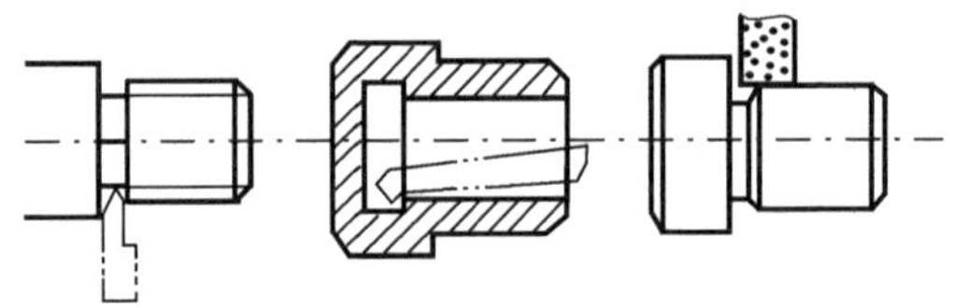

图 9.5 退刀槽和越程槽

3. 凸台与凹坑

零件上与其他零件接触或配合的表面一般应切削加工。为了减少加工面、保证零件接触面间良好的装配和安装质量，可在铸件上铸出凸台或凹坑，如图 9.6 所示。

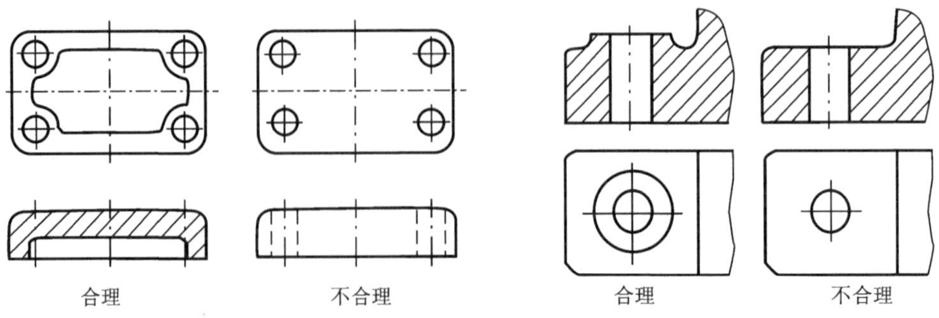


图 9.6 凸台和凹坑

4. 钻孔结构

钻孔时开钻表面和钻透表面应与钻头轴线垂直，这样才能加工出位置准确的孔，并避免钻头折断，如图 9.7 所示。

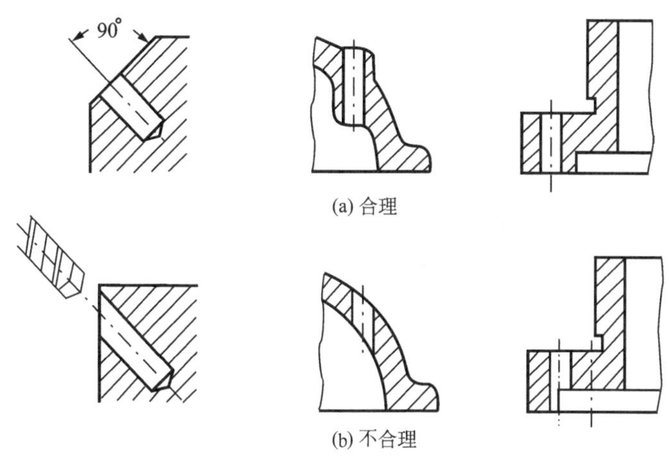


图 9.7 钻孔结构

# 9.3 零件的视图选择和尺寸标注

## 一、零件的视图选择

零件图的视图选择与组合体视图选择总体原则相同，首先选择主视图，同样应考虑投影方向和安放位置两个原则。投影方向以尽可能反映零件的形状特征为原则，安放位置从零件的加工位置和工作位置中选择。

在选择主视图的同时，应针对零件的具体结构形状及工艺过程等选择相应的其他视图来补充主视图表达的不足，从而完整清晰地表达出零件的内外结构。

## 二、零件的尺寸标注

在零件图上标注尺寸除了要正确、完整、清晰外，还要尽量考虑标注的合理性。所谓合理性，即所标注的尺寸能满足设计要求和加工的工艺要求，也就是要使零件在机器中很好的工作，又能使零件便于制造、测量和检验。

为了做到合理标注尺寸，应该对零件进行必要的形体分析、结构分析和工艺分析，恰当地选择好尺寸基准和选择合理的标注形式。

在标注零件长、宽、高三个方向的尺寸时，每个方向至少要确定一个尺寸基准，称为主要基准。常将零件的对称面、主要轴线和重要端面作为尺寸基准。考虑到加工、测量、检验的方便，往往在一个方向上再增加一些基准，称为辅助基准。辅助基准与主要基准之间应有尺寸相联系。从主要尺寸基准出发，先标注重要尺寸、定位尺寸及配合尺寸，然后再标注定形尺寸。

显然要做到尺寸标注的合理，需要较多机械设计和实际加工工艺方面的知识，仅学习本课程是不够的。

### 三、典型零件的视图选择及表达方案分析

零件视图数量和表达方案的选择，主要依据零件的结构形状，而结构形状相近的零件在表达方法上具有共同的特点。一般机械零件按结构形状大致可分为轴套、轮盘、叉架和箱体等类型零件。下面分别对这几类零件进行表达分析。

1. 轴套类零件

通常是指细长的圆柱或空心圆柱体，如各种轴、丝杆、衬套等。通常这些零件上有螺纹、销孔、键槽、中心孔及倒角等结构，如图 9.8 所示。如图 9.9 中的主动轴即为一例，它是按加工位置和工作位置选择主视图的。右端键槽朝前反映实形，左端销孔处作局部剖视表达销孔的形状和大小。另外，采用移出断面表达键槽的深度。

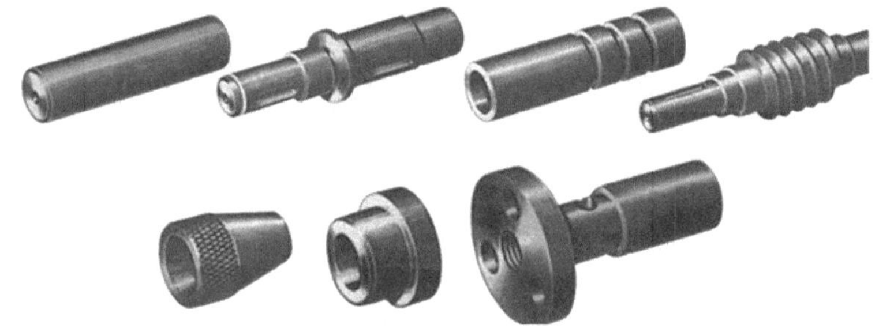

图 9.8　轴套类零件

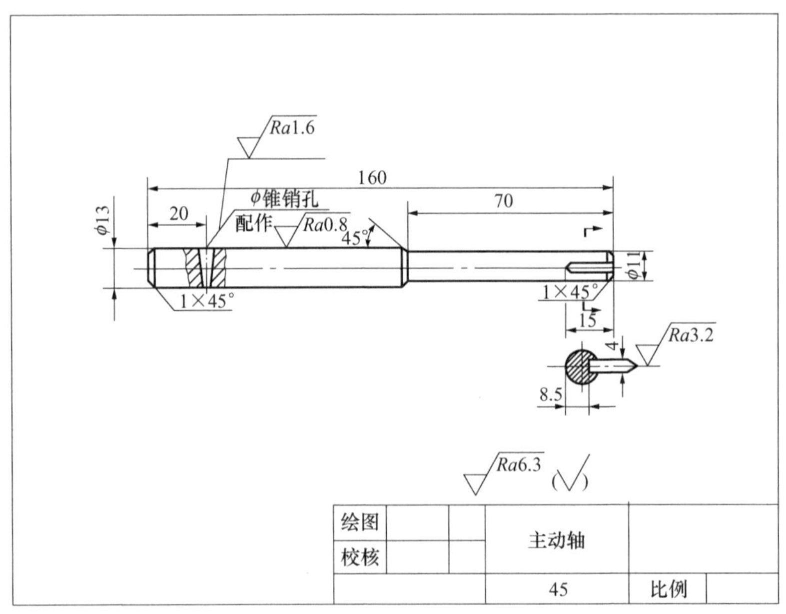


图 9.9　轴类零件图

2. 轮盘类零件

如皮带轮、齿轮、盘、端盖等。这类零件的主体部分是回转体，往往有肋、轮辐、孔、凸台、凹坑、键槽等结构，如图 9.10 所示。如图 9.11 所示是一盘的零件图。主视图轴线水平放，符合加工位置。主视图画成 $A$—$A$ 剖视（盘盖类零件的主视图常用旋转剖视图），表达盘上各通孔情况。左视图表达盘的外形及其上面孔的分布。另外还有 $B$ 向局部视图，表达腰鼓形连接板的实形。

图 9.10　轮盘类零件

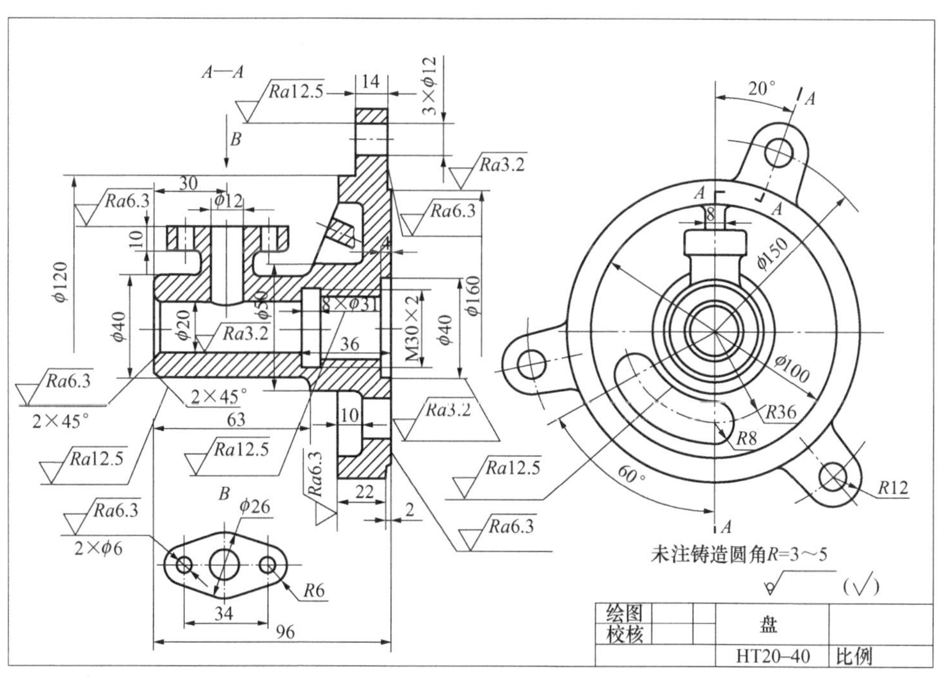


图 9.11　盘类零件

3. 叉架类零件

如杠杆、连杆、支架、拨叉等。这类零件形状比较复杂，一般都为铸件或锻件毛坯，加工位置难以分出主次，如图 9.12 所示。图 9.13 所示是托架的零件图。主视图符合工作位置，并在两处采用局部剖视，分别表达上下两个孔是通孔。左视图上部也为局部剖视，表达前后通孔。$A$ 向局部视图表达了顶部凸台的形状。移出断面，表达托架中部结构的断面形状。

图 9.12　叉架类零件

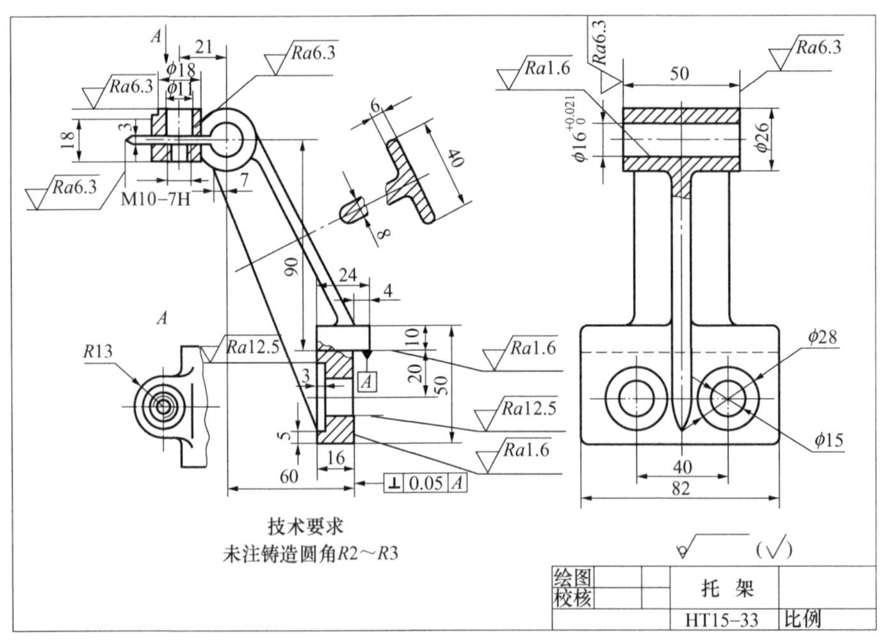


图 9.13　叉架类零件图

4. 箱体类零件

如箱体、机座、床身、阀体、泵体等。这类零件是机器中主要零件或大件，起联系、支承、包容其他零件的作用，常有空腔、轴孔、内支承壁、肋、底板、凸台、沉孔等结构，毛坯多数是铸件，内外形状比较复杂，如图 9.14 所示。一般采用三个或三个以上的基本视图和一定数量的辅助视图来表达。其安放位置常根据零件的形状特征和工作位置来考虑。图 9.15为泵体的视图表达方案。

图 9.14　箱体类零件

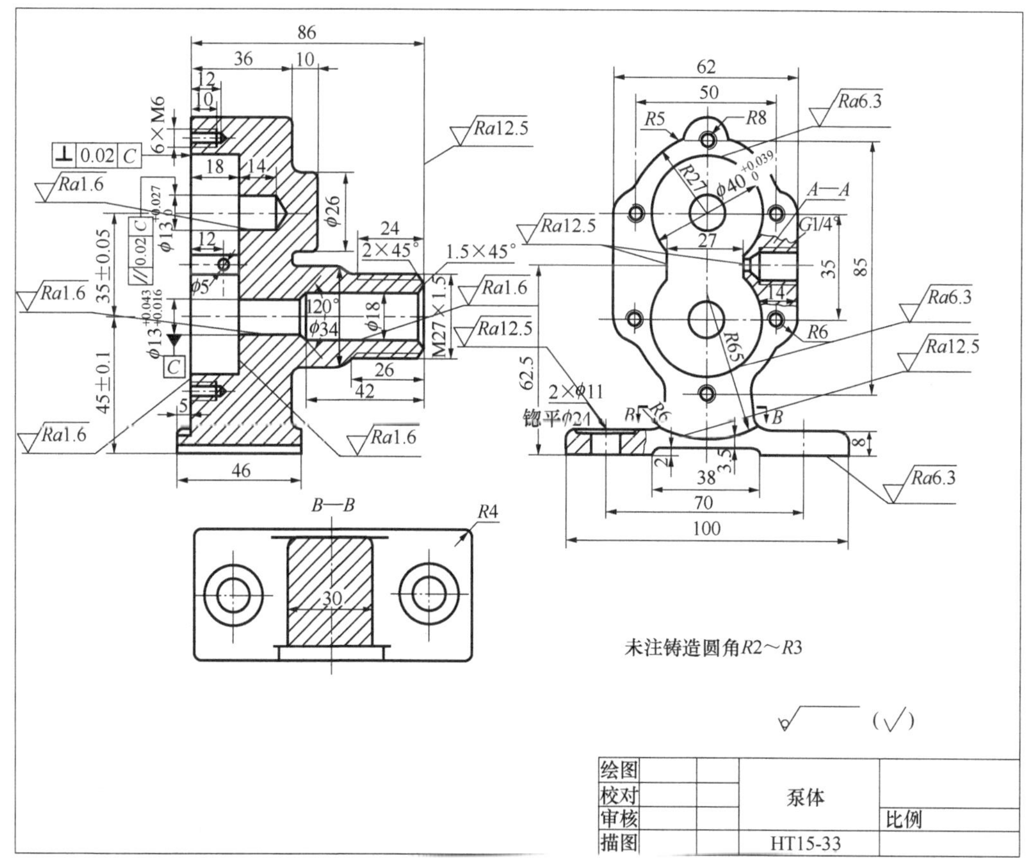


图 9.15　箱体类零件图

## 四、零件上常见结构的尺寸注法

表 9.1 和表 9.2 列举了一些典型结构的尺寸标注方法。

**表 9.1　零件上常见结构的尺寸注法**

| 序号 | 类型 | 旁注法 | | 普通注法 |
|---|---|---|---|---|
| 1 | 光孔 | 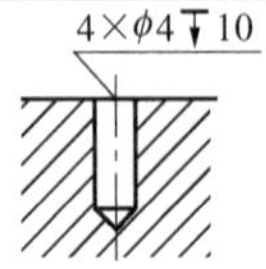 4×φ4↧10 | 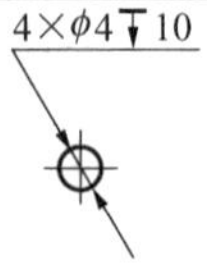 4×φ4↧10 | 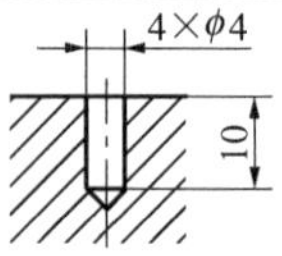 4×φ4<br>10 |
| 2 | 光孔 | 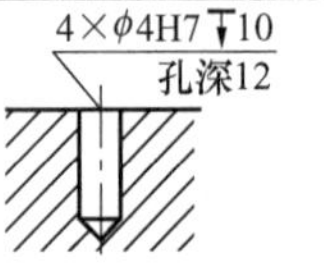 4×φ4H7↧10<br>孔深12 |  4×φ4H7↧10<br>孔深12 | 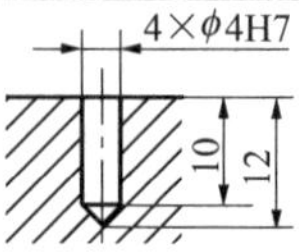 4×φ4H7<br>10<br>12 |
| 3 | 螺孔 | 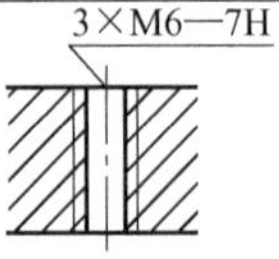 3×M6—7H | 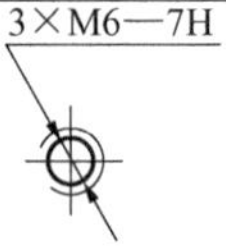 3×M6—7H | 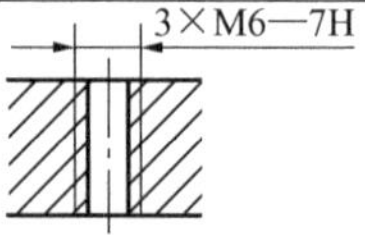 3×M6—7H |
| 4 | 螺孔 | 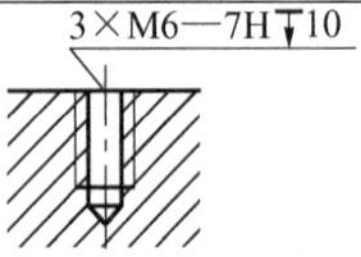 3×M6—7H↧10 | 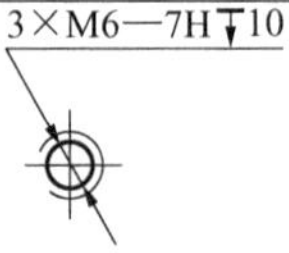 3×M6—7H↧10 | 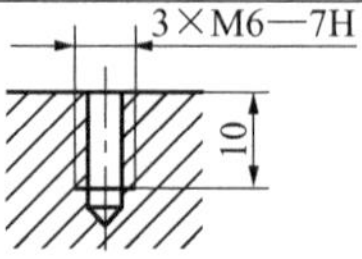 3×M6—7H<br>10 |
| 5 | 螺孔 | 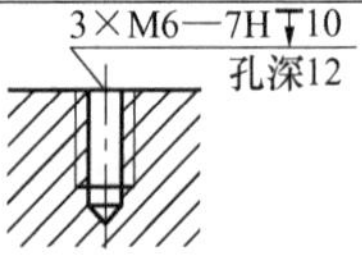 3×M6—7H↧10<br>孔深12 | 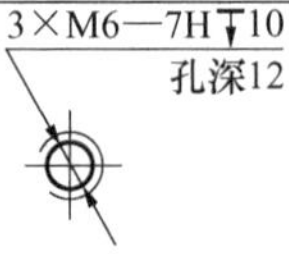 3×M6—7H↧10<br>孔深12 | 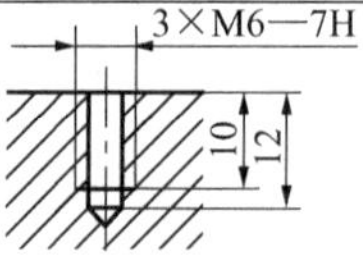 3×M6—7H<br>10<br>12 |
| 6 | 沉孔 | 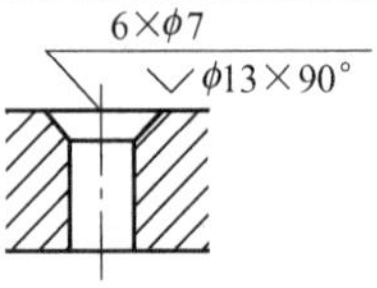 6×φ7<br>⌵φ13×90° | 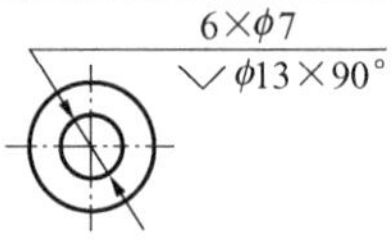 6×φ7<br>⌵φ13×90° | 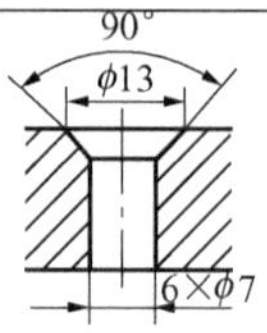 90°<br>φ13<br>6×φ7 |
| 7 | 沉孔 | 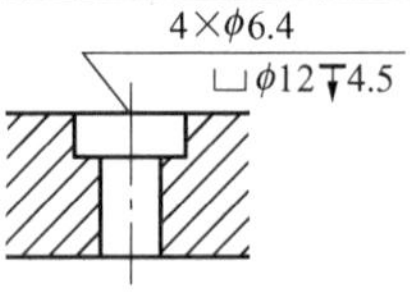 4×φ6.4<br>⌴φ12↧4.5 | 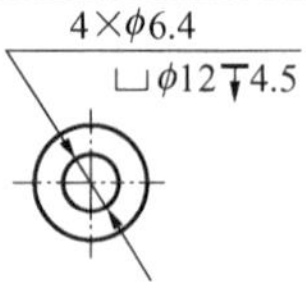 4×φ6.4<br>⌴φ12↧4.5 | 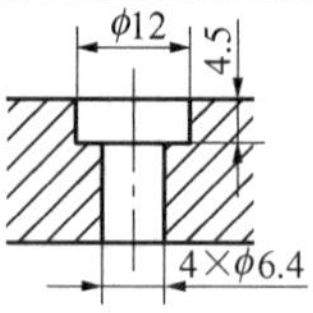 φ12<br>4.5<br>4×φ6.4 |
| 8 | 沉孔 | 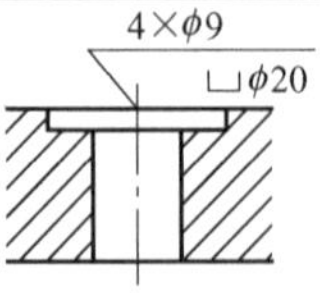 4×φ9<br>⌴φ20 | 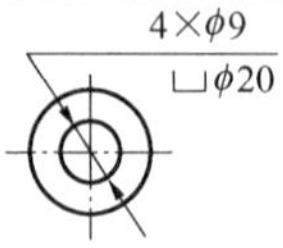 4×φ9<br>⌴φ20 | 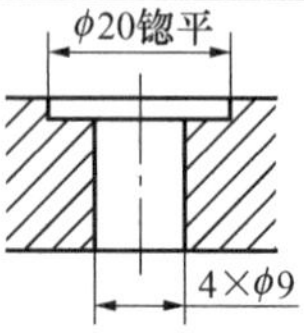 φ20锪平<br>4×φ9 |

**表 9.2 零件上常见结构的尺寸注法**

| | | |
|---|---|---|
| 倒角 | 45°倒角注法 | 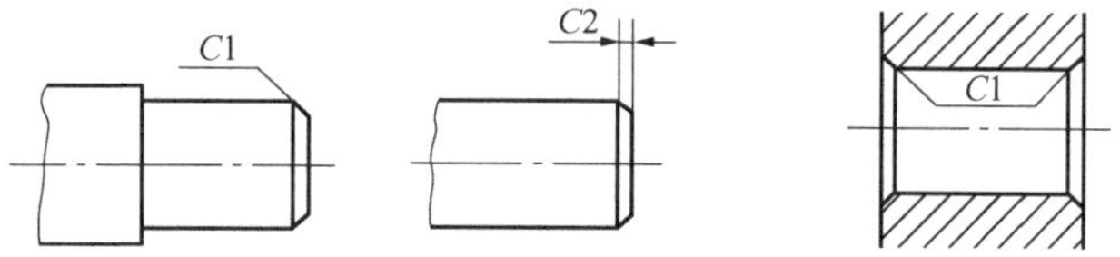 C1 C2 C1 |
| | 30°倒角注法 | 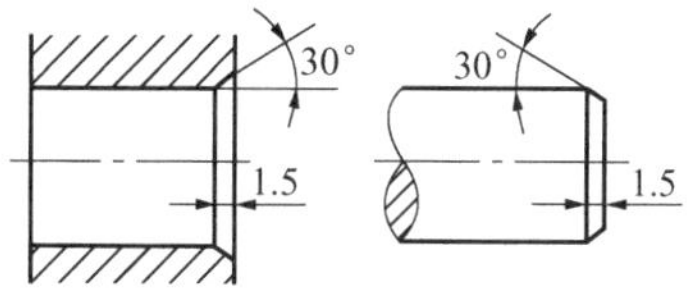 30° 1.5 30° 1.5 |
| 退刀槽、越程槽注法 | | 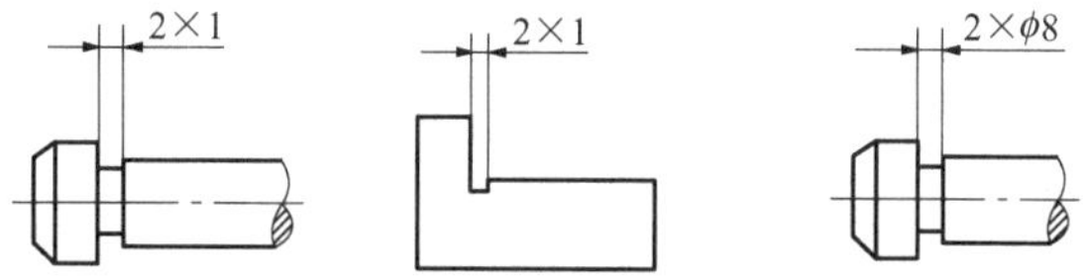 2×1 2×1 2×$\phi$8 |

## 9.4 零件图中的技术要求

零件图是制造零件的技术文件,它除了有图形和尺寸之外,还应在图样中注出设计、制造、检验等方面的技术要求,它是图样中不可缺少的内容。本章仅介绍其中的表面结构和极限与配合。

### 一、表面结构

经机械加工后的零件表面,看起来好像是光滑的,但用放大镜观察时,就可发现在零件表面上存在着凸凹不平的加工痕迹。零件表面这种微观不平的程度,叫做表面结构。

表面结构反映零件表面的加工质量,直接关系到机器的使用寿命。但因较高的表面质量会使生产成本增加,所以,在设计中适当地选择零件的表面结构是非常重要的。

*(一)表面结构的评定参数*

零件表面结构的评定参数有:评定轮廓的算术平均偏差 $Ra$ 和轮廓最大高度 $Rz$。轮廓算术平均偏差 $Ra$ 最能反映表面几何状况高度方面的特征,并可用电动轮廓仪测量,因此在生产中推荐选用 $Ra$ 作为表面结构的检测参数。

评定轮廓的算术平均偏差 $Ra$ 是指在取样长度 $l$ 内,轮廓偏距 $y$ 绝对值的算术平均值,如图 9.16 所示。

用公式表示为

$$Ra = \frac{1}{l}\int_0^l |\, y(x) \,|\, \mathrm{d}x$$

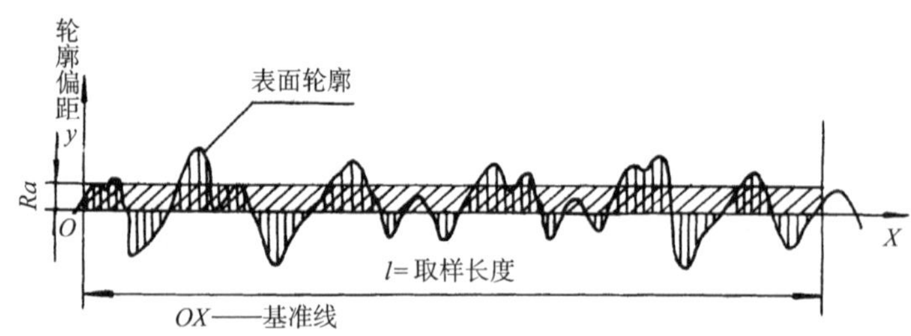


图 9.16　轮廓算术平均偏差

或近似表示为

$$Ra = \frac{1}{n}\sum_{i=1}^{n} | y_i |$$

式中：$y_i$——峰谷任一测点到基准线的偏距；

$n$——测点数。

(二) 表面结构的选用

轮廓算术平均偏差 $Ra$ 的数值系列如表 9.3 所示，设计时一般应优先选用第一系列。

1) 在满足零件功用的前提下，尽量选用较大的表面结构参数值，以降低生产成本。

2) 在同一零件上，接触表面的结构参数值要小于非接触表面的结构参数值。

3) 运动速度高、单位压力大的表面，表面结构数值应小一些。

4) 一般来说，尺寸精度高，表面结构数值小；尺寸精度低，表面结构数值大。

**表 9.3　轮廓算术平均偏差 *Ra* 的数值**　　(单位：μm)

| | |
|---|---|
| 第一系列 | 100，50，25，12.5，6.3，3.2，1.6，0.8，0.4，0.2，0.1，0.05，0.025，0.012 |
| 第二系列 | 80，63，40，32，20，16，10，8，5，4，2.5，2.0，1.25，1.0，0.63，0.5，0.32，0.25，0.16，0.125，0.08，0.063，0.04，0.032，0.02，0.016，0.01，0.008 |

(三) 表面结构的符号及意义

表面结构符号及表示意义如表 9.4 所列。

**表 9.4　表面结构符号**

| 符　号 | 意　义 |
|---|---|
| | 基本符号，单独使用这符号是没有意义的 |
| | 基本符号上加一短划，表示表面结构是用去除材料的方法获得，例如：车、铣、钻、磨、剪切、抛光、腐蚀、电火花加工等 |
| | 基本符号上加一小圆，表示表面结构是用不去除材料的方法获得，例如：铸、锻、冲压变形、热轧、冷轧、粉末冶金等<br>或者是用于保持原供应状况的表面(包括保持上道工序的状况) |

续表

| 符　　号 | 意　　义 |
| --- | --- |
|  | 在上述三个符号的长边上均可加一横线，用于标注有关参数和说明 |
|  | 在上述三个符号的长边上均可加一小圆，表示所有表面具有相同的表面结构要求 |

表面结构高度参数轮廓算术平均偏差 $Ra$ 的标注方法，如表 9.5 所列。$Ra$ 在代号中用数值表示，单位为微米（μm）。

**表 9.5　*Ra* 值的标注**

| 符　号 | 意　义 | 符　号 | 意　义 |
| --- | --- | --- | --- |
| 3.2 | 用任何方法获得的表面，$Ra$ 的最大允许值为 3.2μm | Ra 25 | 用不去除材料的方法获得的表面，$Ra$ 的最大允许值为 25μm |
| Ra 1.6　Ra 1.6 | 所有表面 $Ra$ 的最大允许值为 1.6μm | Ra 1.6 | 用去除材料的方法获得的表面，$Ra$ 的最大允许值为 1.6μm |

表面结构符号的画法如图 9.17 所示。

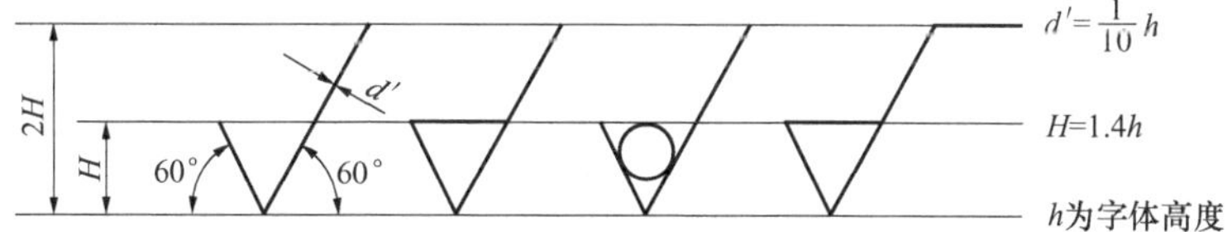


图 9.17　表面结构符号画法

（四）表面结构在图样上的标注

在同一张图上的每一个表面的表面结构一般只标注一次代（符）号，并尽可能靠近有关尺寸线，表面结构的代（符）号应注在可见轮廓线、尺寸线、尺寸界线或它们的延长线上，符号的尖端由材料外指向被注表面。具体标注方法见表 9.6。

## 二、极限与配合

（一）零件的互换性

从一批相同的零件中任取一件，不经修配就能立即装到机器上去，并能保证使用要

**表 9.6　表面结构的标注方法(摘录)**

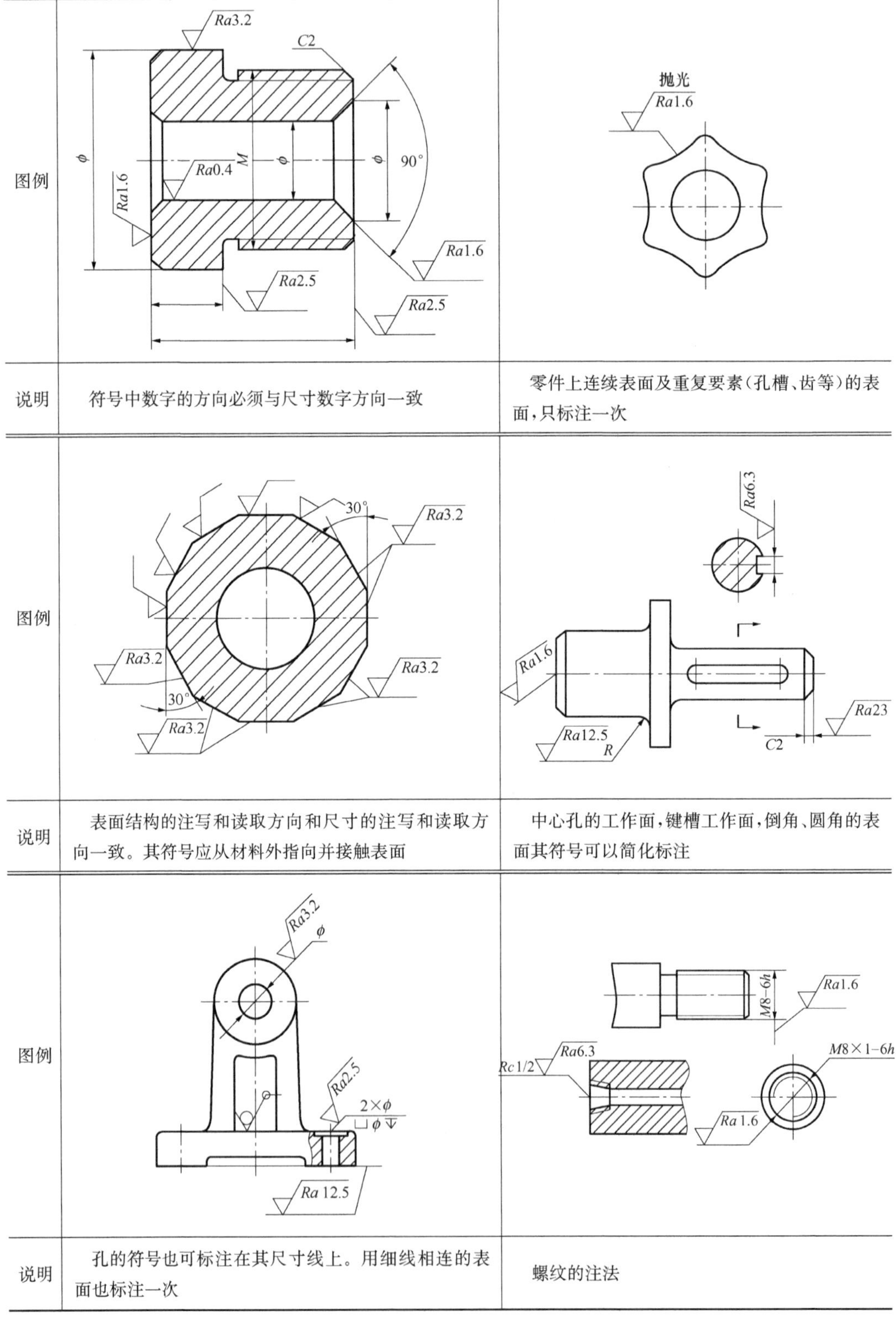


| | | |
|---|---|---|
| 说明 | 符号中数字的方向必须与尺寸数字方向一致 | 零件上连续表面及重复要素(孔槽、齿等)的表面,只标注一次 |
| 说明 | 表面结构的注写和读取方向和尺寸的注写和读取方向一致。其符号应从材料外指向并接触表面 | 中心孔的工作面,键槽工作面,倒角、圆角的表面其符号可以简化标注 |
| 说明 | 孔的符号也可标注在其尺寸线上。用细线相连的表面也标注一次 | 螺纹的注法 |

| | | |
|---|---|---|
| 图例 | 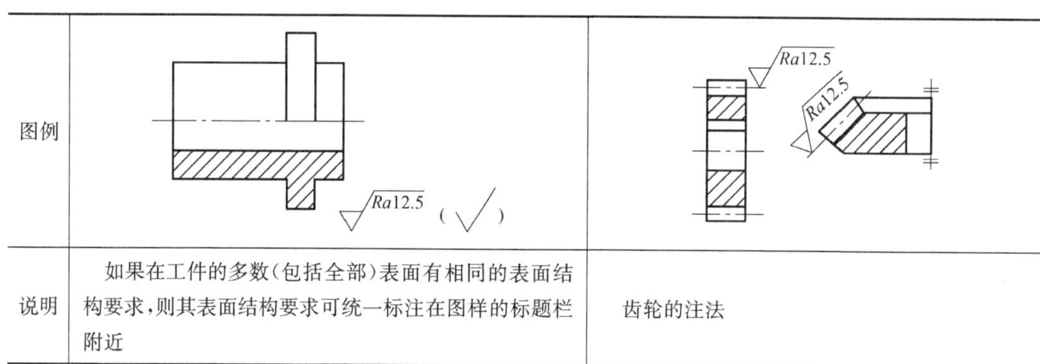 | |
| 说明 | 如果在工件的多数(包括全部)表面有相同的表面结构要求,则其表面结构要求可统一标注在图样的标题栏附近 | 齿轮的注法 |

求,就称这批零件具有互换性。零件具有互换性,便于装配和维修,也有利于组织生产协作,提高生产率。

(二)名词术语(图9.18)

1.公称尺寸

设计给定的尺寸。$\phi30$ 是根据计算和结构上需要,选用标准尺寸定出的。

2.极限尺寸

允许尺寸变化的两个极限值,它是以基本尺寸为基数来确定的。其中大的一个是上极限尺寸 $\phi30.010$;小的一个是下极限尺寸 $\phi29.990$。

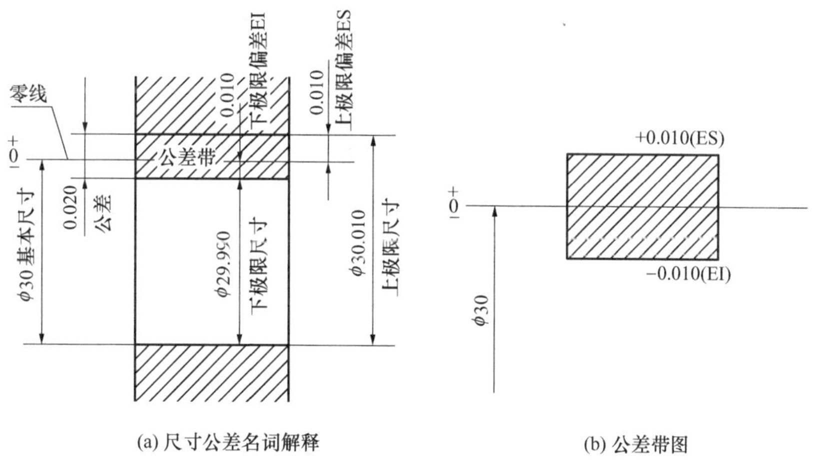


(a) 尺寸公差名词解释　　(b) 公差带图

图9.18　极限与配合的术语图解

3.尺寸偏差(简称偏差)

某一尺寸减其基本尺寸所得的代数差。上极限尺寸和下极限尺寸减其基本尺寸所得的代数差,分别称为上极限偏差和下极限偏差,统称极限偏差。国标规定偏差代号:孔的上极限偏差用ES、下极限偏差用EI表示;轴的上、下极限偏差分别用es和ei表示。在图9.18(a)中上极限偏差 $ES=30.010-30=+0.010$;下极限偏差 $EI=29.990-30=-0.010$。

4.尺寸公差(简称公差)

上极限尺寸减下极限尺寸之差,或上极限偏差减下极限偏差之差。它是允许尺寸的变动量。如图 9.18(a)中,30.010－29.990＝0.020,0.010－(－0.010)＝0.020。

5.零线

在极限与配合图解中,表示基本尺寸的一条直线,以其为基准确定偏差和公差。正偏差位于其上,负偏差位于其下。

6.公差带和公差带图

在公差带图解中,由代表上、下极限偏差或上极限尺寸和下极限尺寸的两条直线所限定的一个区域。它由公差大小和公差带相对零线的位置来确定。为了简化,在实用中常不画出孔和轴,而只画出放大的孔和轴公差带来表示,这就是极限与配合的图解,简称公差带图解,如图 9.18(b)所示。

7.标准公差

标准公差是用以确定公差带大小的任一公差,见图 9.19,用 IT 表示。标准公差分为 20 个等级,即 IT01,IT0,IT1,…,IT18。IT 表示公差,数字表示公差等级,IT01 公差数值最小,精度最高;IT18 公差数值最大,精度最低。各级标准公差的数值,可查后面的附录。

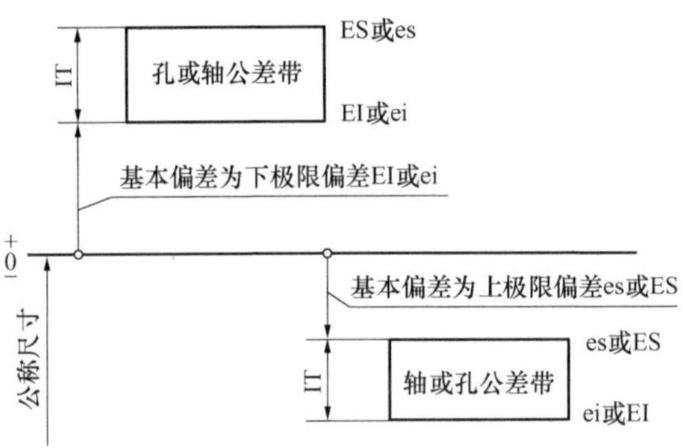


图 9.19　标准公差和基本偏差

8.基本偏差

在极限与配合国家标准中,确定公差带相对零线位置的那个极限偏差,一般为靠近零线的那个偏差,见图 9.19。

国家标准规定,孔和轴各有 28 个基本偏差,其代号用拉丁字母表示。大写字母为孔的基本偏差,小写字母为轴的基本偏差。

基本偏差系列见图 9.20,其中 A～H(a～h)用于间隙配合;J～ZC(j～zc)用于过盈配合和过渡配合,从图 9.20 中可见:孔的基本偏差 A～H 为下极限偏差,J～ZC 为上极限偏差;轴的基本偏差 a～h 为上极限偏差,j～zc 为下极限偏差;JS 和 js 的公差带对称分布于零线两边,孔和轴的上、下极限偏差分别都是＋IT/2,－IT/2。基本偏差系列图只表示公差带的位置,不表示公差的大小,此外公差带一端是开口的,开口的另一端由标准公差限定。

孔和轴的公差带代号用基本偏差代号与公差等级代号组成。例如:

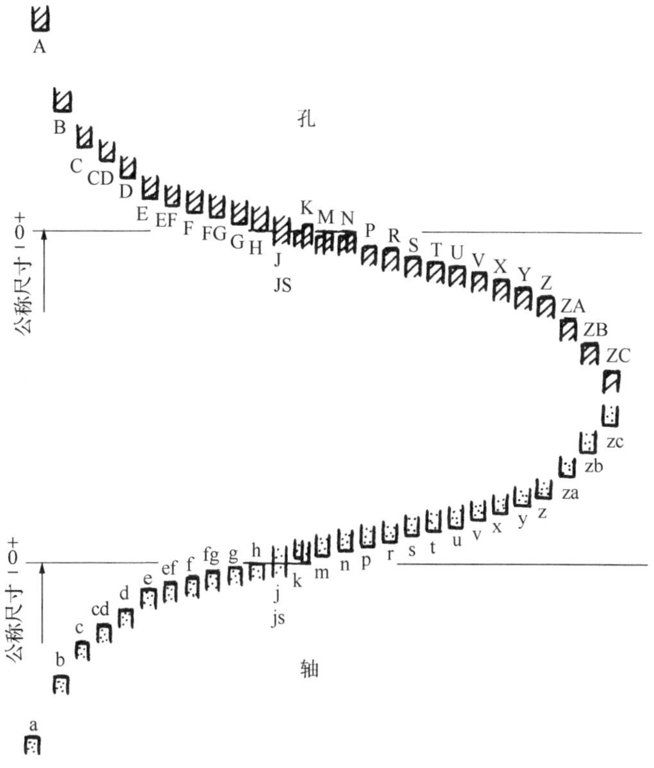


图 9.20 基本偏差系列图

（三）配合

配合是指基本尺寸相同、互相结合的孔和轴公差带之间的关系。根据使用要求的不同，孔和轴之间的配合有松有紧，配合分为三类：间隙配合、过盈配合和过渡配合。

1. 间隙配合

孔的公差带完全在轴的公差带上方，孔与轴装配时，一定有间隙（包括最小间隙等于零）的配合，如图 9.21(a)所示。

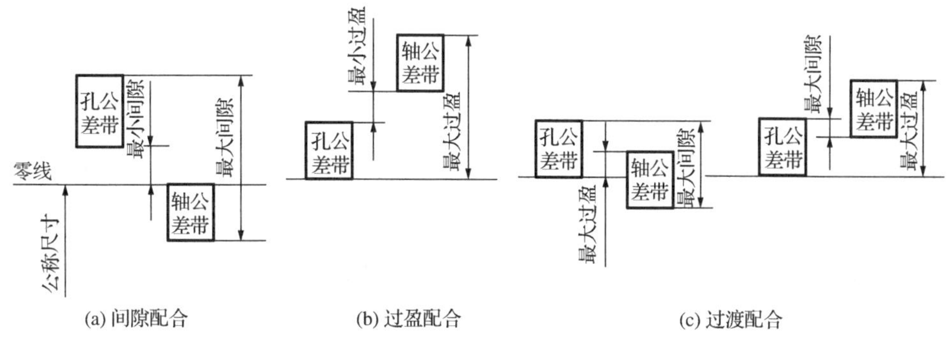


图 9.21 三类配合中孔、轴公差带的关系

2. 过盈配合

孔的公差带完全在轴的公差带下方，孔与轴装配时，一定有过盈（包括最小过盈等于零）的配合，如图 9.21(b)所示。

3. 过渡配合

孔的公差带与轴的公差带相互交叠，孔与轴装配时，可能有间隙，也可能有过盈的配合，如图 9.21(c)所示。

（四）配合的基准制

1. 基孔制

基孔制是指基本偏差为一定的孔公差带与各种不同基本偏差的轴公差带形成各种配合的一种制度，见图 9.22(a)。基孔制的孔为基准孔，以符号 H 表示，基准孔的下极限偏差为零。

2. 基轴制

基轴制是指基本偏差为一定的轴公差带与各种不同基本偏差的孔公差带形成各种配合的一种制度，见图 9.22(b)。基轴制的轴为基准轴，以小写字母 h 表示，基准轴的上极限偏差为零。

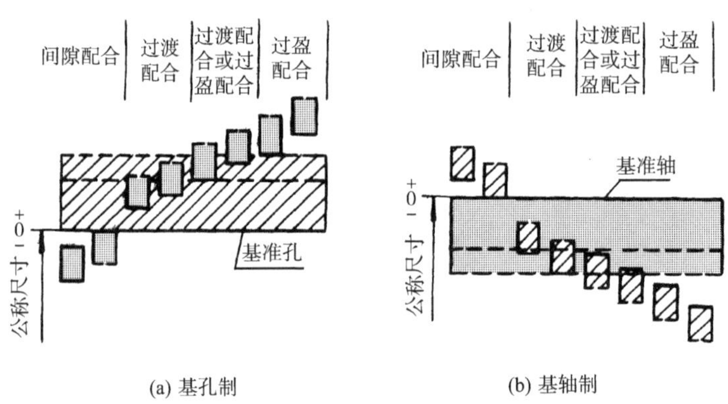


图 9.22　基孔制和基轴制

（五）极限与配合在图样中的标注

(1) 在装配图上标注时，采用组合式注法，如图 9.23(a)所示。

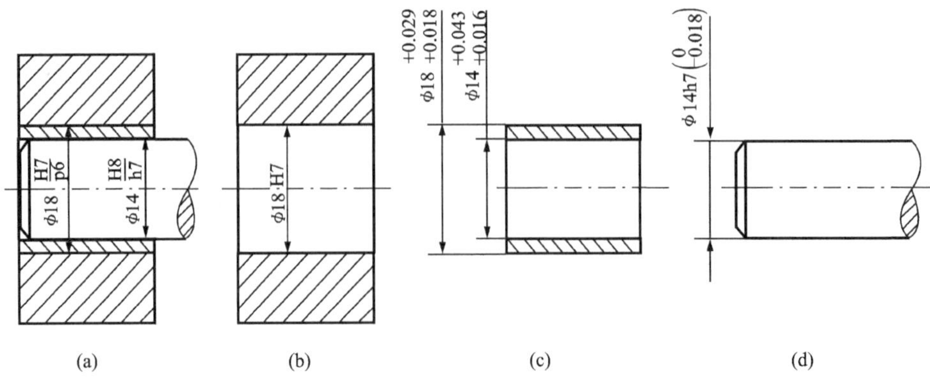


图 9.23　极限与偏差在图样上的标注示例

(2) 在零件图上有三种标注形式:只注公差带代号,如图 9.23(b)所示;只注极限偏差数值,如图 9.23(c)所示;注出公差带代号及极限偏差数值,如图 9.23(d)所示。

## 9.5 看零件图

在机械制造中,审查、校核设计图纸,加工制造机械零件均须看懂零件图。现就图 9.24所示零件图介绍看图的方法和步骤。

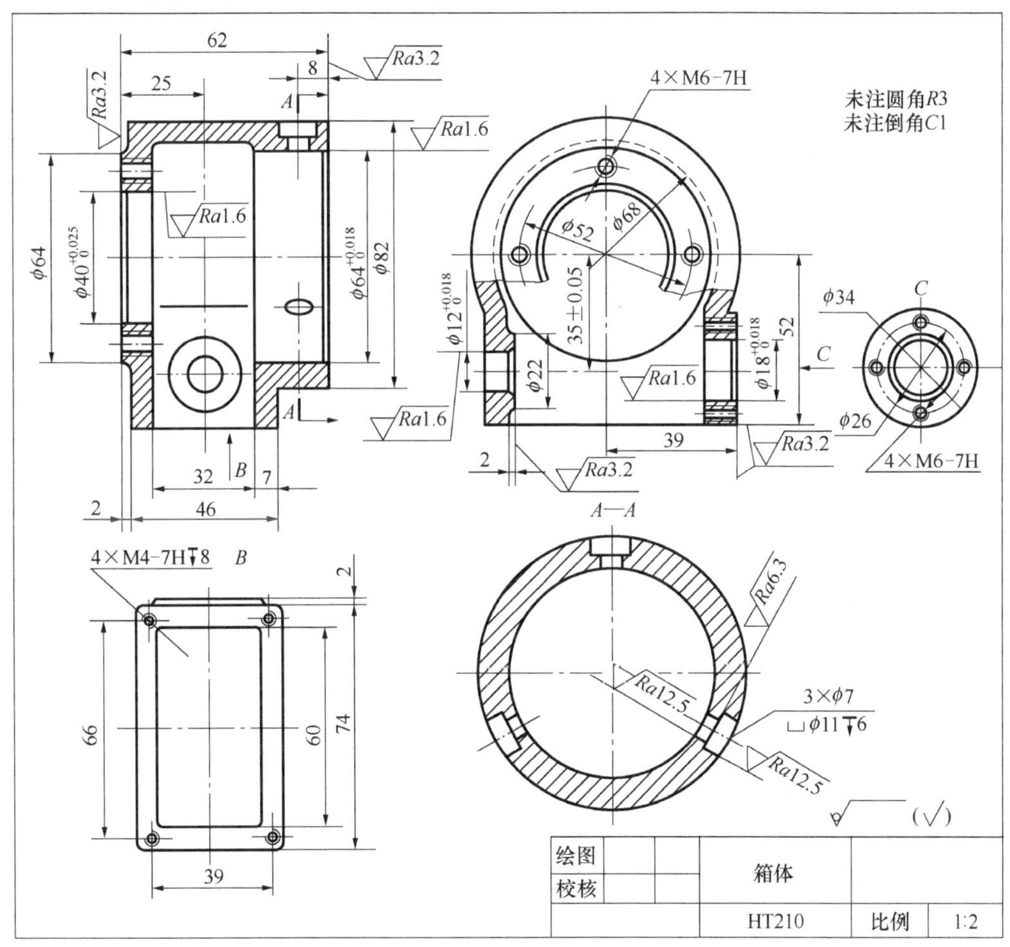


图 9.24　箱体零件图

### 一、看标题栏

零件图的名称是箱体,画图比例为 1∶2。它是蜗轮蜗杆减速箱中的主体零件。由材料 HT210 可知是铸件,其上应该有铸件的各种工艺结构。

### 二、分析视图,想像零件形状

该箱体采用了两个基本视图和两个局部视图加一个断面来表达。主视图是根据箱体的形状特征和工作位置来确定的,并采用全剖来表达。左视图表达箱体左端面的形状,并采用局部剖来表达蜗杆轴孔的结构。$B$ 向视图表达了底板底面的形状及四个安装螺孔的位置。$C$ 向视图表达蜗杆轴孔端面形状及螺孔的分布情况。

通过形体分析可知，箱体由三部分组成：主体部分为倒 U 形壳体，下部为安装底板，右部为套筒。左端凸缘上均布四个 M6 的螺孔。安装蜗杆轴孔的端面均设置凸台，前端凸台上均布四个 M4 的螺孔，底板上有四个 M4 的螺纹孔。右部套筒沿外圆均布着三个沉孔。此外还有铸造圆角、倒角等工艺结构。通过上述分析，即可想象出箱体的结构形状。

## 三、分析尺寸和技术要求

长度方向的尺寸基准为蜗杆轴孔的竖直中心线，高度方向的尺寸基准为套筒轴线，宽度方向的尺寸基准为前后对称面。

该零件的重要尺寸有 $\phi40^{+0.025}_{0}$、$\phi64^{+0.018}_{0}$、$\phi12^{+0.018}_{0}$、$\phi18^{+0.018}_{0}$、$\phi35\pm0.05$，其中最后一个尺寸为定位尺寸。

该零件的表面粗糙度 $Ra$ 值为 1.6～3.2，其余面为不加工面。

## 四、综合考虑

把以上各项内容综合起来，就能得出箱体的总体概念。

# 第 10 章　装　配　图

表达机器或部件的图样称为装配图。其中表示部件的图样，称为部件装配图；表示一台完整机器的图样，称为总装配图或总图。

## 10.1　装配图的作用和内容

### 一、装配图的作用

在设计过程中，装配图可用来表达装配体的工作原理、零件之间的装配关系与相对位置、各零件的基本结构。一般是先设计总体结构并画出装配图，然后再根据装配图，设计零件的具体结构，绘制零件图。

在生产过程中，装配图是制订装配工艺规程，进行装配、检验、安装及维修的技术依据。

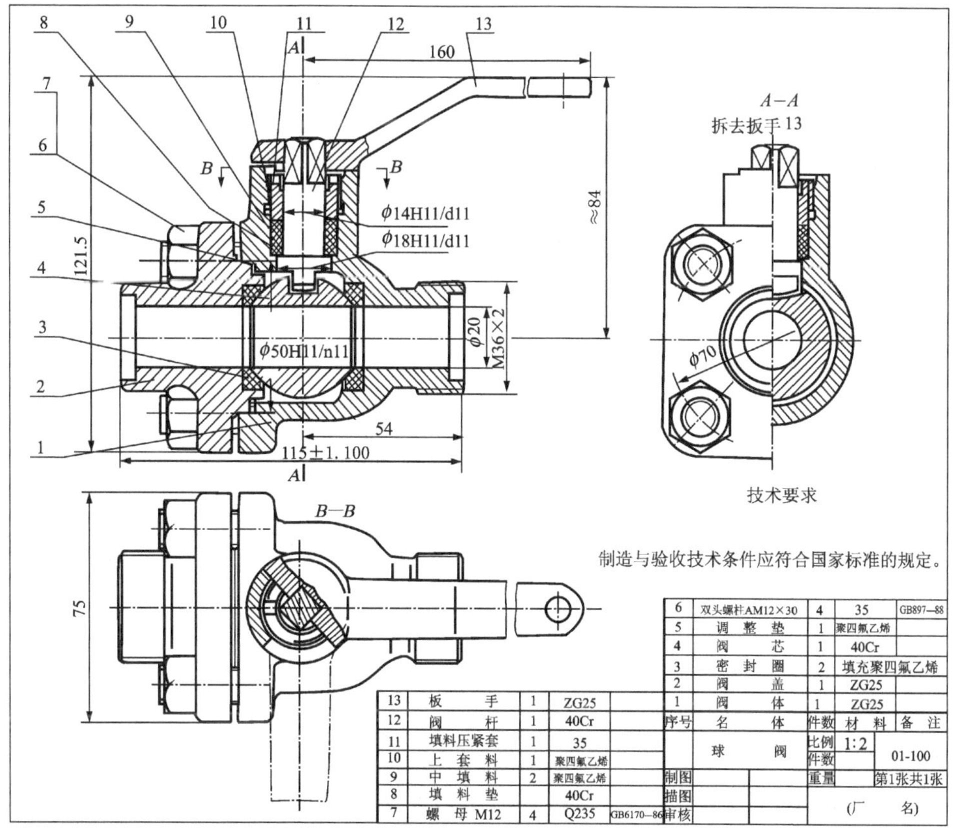


图 10.1　球阀装配图

## 二、装配图的内容

装配图包括以下内容(如图 10.1 所示,图 10.2 是球阀的轴测装配图):

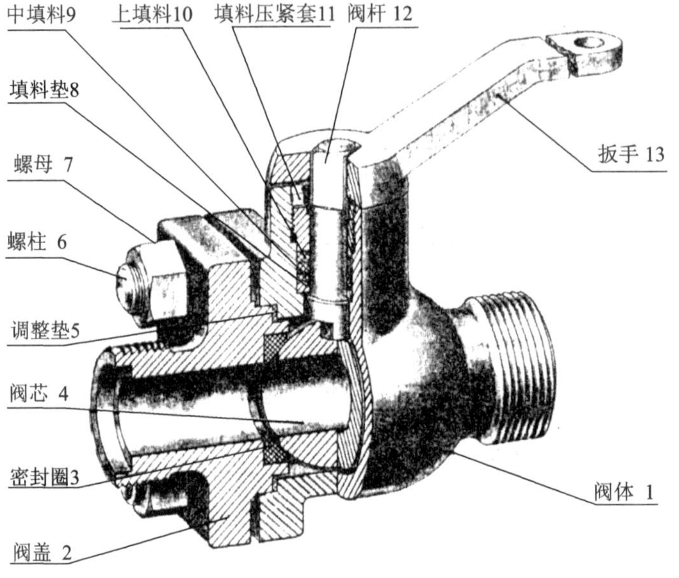


图 10.2　球阀的轴测装配图

(1) 一组视图:用一组视图完整、清晰地表达机器或部件的工作原理、各零件间的装配关系和主要零件的基本结构。

(2) 几种尺寸:包括表示机器或部件性能、规格以及与装配、安装有关的尺寸。

(3) 技术要求:用文字或符号说明机器或部件的性能、装配和调试要求、验收条件、试验和使用规则等。

(4) 零件序号、明细表及标题栏。

# 10.2　装配图的表达方法

装配图的表达方法除第 6 章介绍的图样画法外,根据装配图表达内容的需要,还有以下规定画法和特殊表达方法。

## 一、规定画法

(1) 两零件的接触面和配合面只画一条线,而不接触面和非配合面需画两条线,如图 10.1中的阀杆与填料压紧套接触处只画一条线。

(2) 剖视图中,为了区分不同的零件,两个相邻零件的剖面线应画成倾斜方向相反或间隔不同,但同一零件的剖面线在各视图中的方向和间隙应一致。当零件的厚度小于或等于 2mm 时,允许用涂黑代替剖面符号,如图 10.1 球阀装配图中的 5 号件。

(3) 当剖切平面通过标准件及实心杆件(如轴、手柄、球等)的轴线时,这些零件均按不剖绘制,如图10.1中的阀杆12。

## 二、特殊画法

1.沿结合面剖切画法

为了表达内部结构,可采用沿结合面剖切画法。在零件结合面上不画剖面线。

2.拆卸画法

拆卸画法就是假想拆去装配图中的某些零件,只画出所表达部分的视图。如图10.1中的左视图,就是拆去了扳手之后画出的。

3.假想画法

与本部件有关但不属于本部件的相邻零(部)件,可用双点画线画出该零(部)件的轮廓,如图10.3中与车床尾座导向板相邻的床身导轨就是用双点画线画出的。部件上某些运动零件,在图上只能画出它的一个极限位置,另一极限位置可用双点画线画出,如图10.4所示。

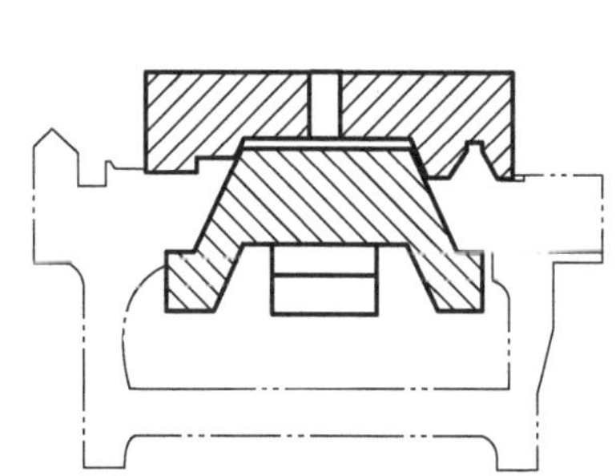

图10.3　假想画法(1)

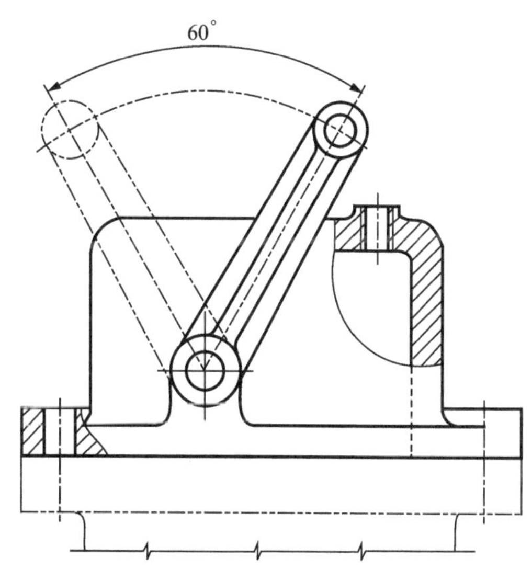


图10.4　假想画法(2)

4.夸大画法

对薄的垫片,细丝弹簧,微小间隙等,按其实际尺寸绘制不能表达清楚时,可不按比例而夸大画出。

5.简化画法

在装配图中,零件的工艺结构,如圆角、倒角、退刀槽等允许不画。当遇到螺纹连接件等相同的零件组时,在不影响理解的前提下,允许只画一处,其余可只用点画线表示其中位置。如图10.5所示。

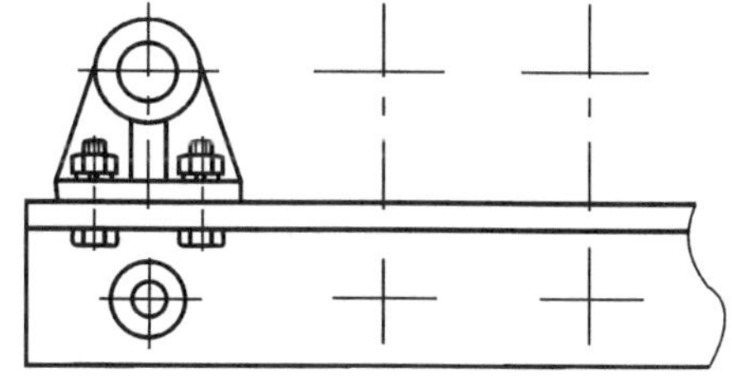

图10.5　简化画法

## 10.3 装配图的尺寸注法

由于装配图不直接用于制造零件，所以装配图中只标注与部件装配、检验、安装、运输及使用等有关的尺寸。

1. 性能(规格)尺寸

表示机器性能的尺寸，在设计时就已确定，它是设计和使用该机器或部件的依据。如图 10.1 中的 $\phi$20 是球阀的直径，决定了流量的大小。

2. 装配尺寸

包括保证有关零件间配合性质的尺寸、保证零件间相对位置的尺寸、装配时进行加工的有关尺寸等。如图 10.1 中阀盖和阀体的配合尺寸 $\phi$50H11/h11 等。

3. 安装尺寸

机器或部件安装时所需的尺寸。如图 10.1 中与安装有关的尺寸，M36×2 等。

4. 外形尺寸

机器或部件外形轮廓的大小，即总长、总宽和总高。它为包装、运输和安装过程所占的空间大小提供了数据。如图 10.1 中的长、宽、高为 115±1.100、75 和 121.5。

5. 其他重要尺寸

在设计中经计算而确定的尺寸，但又未包括在上述几类中的重要尺寸。如运动零件的极限尺寸，主体零件的重要尺寸等。

## 10.4 装配图中的编号、明细表和标题栏

为了便于读图和进行图样管理，在装配图中对所有零件(或部件)都必须编写序号，并填写标题栏和明细表。

### 一、零件编号

1. 一般规定

装配图中一个零件只编写一个序号，同一装配图中相同的零件一般只标注一个序号。装配图中，零件序号应与明细表中序号一致。

2. 序号的编排方法

零件序号的注写形式如图 10.6 所示。序号注写在细实线画出的指引线的水平线上或圆内，字高比图中的尺寸数字大一号或两号。同一装配图中，编注序号的形式应一致。

指引线从零件的可见轮廓内引出，并在末端画一小圆点。若所指部分很薄或为涂黑的断面，当不便于画圆点时，可在指引线的末端画箭头指向该部分轮廓，如图 10.6(c)所示。

两零件的指引线不能相交，当通过剖面线区域时，也不应与剖面线平行。必要时指引线可以画成折线，但只可曲折一次。

一组紧固件以及装配关系清楚的零件组，可采用公共指引线，如图 10.7 所示。

零件序号应沿水平或垂直方向按顺时针或逆时针方向顺次排列整齐，并尽可能均匀分布。

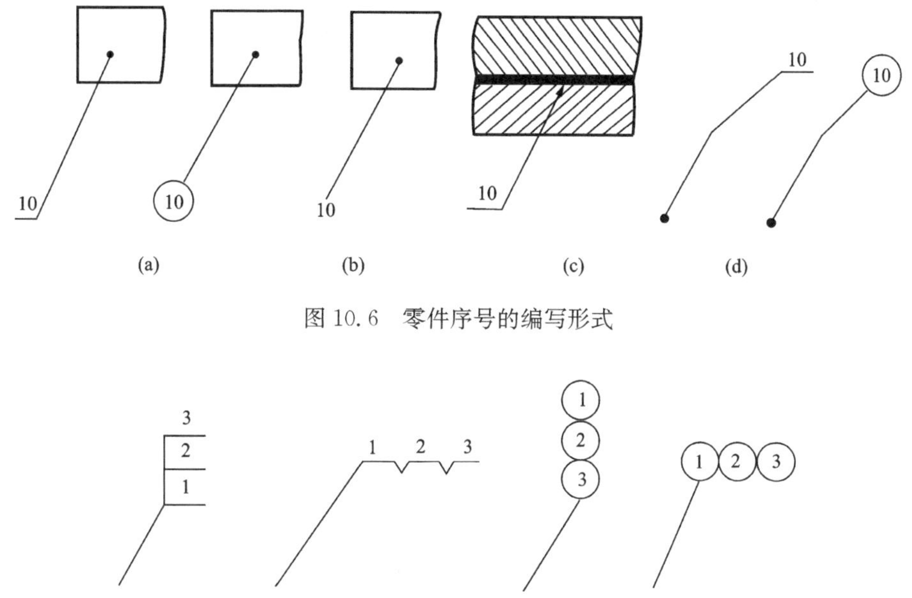


图 10.6 零件序号的编写形式

图 10.7 零件组的编号形式

## 二、标题栏和明细表

图样上的标题栏格式一般由各部门或企业根据本单位的情况自定的。标题栏的格式，国家标准未作统一规定。明细表是全部零件的详细目录。明细表画在标题栏上方，如位置不够，可在标题栏左边接着填写，或另外用纸填写。明细表中零件序号编写顺序是从下往上，以便增加零件时，可以继续向上画格。图 10.8 是一种标题栏和明细表的内容和格式。

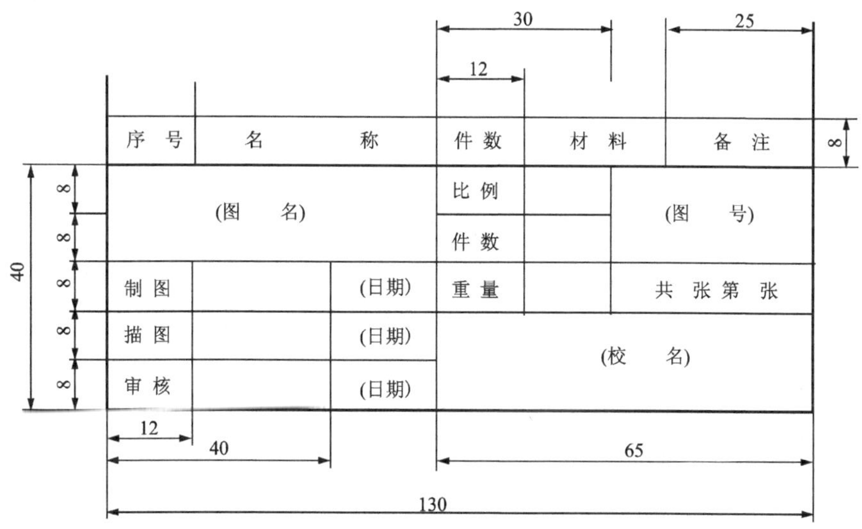


图 10.8 装配图的标题栏和明细表

## 10.5　画装配图的方法步骤

在设计新机器时需要画出装配图，对现有机器或部件进行测绘，也需要画出装配图。

设计时，要根据设计任务书的要求进行调查研究，确定结构，进行计算，然后即可画图。在画图过程中，还要对各部分的详细结构不断完善，使之趋向合理。

对于测绘，首先要搞清机器或部件的工作原理、用途，确定各零件间的装配关系和相互位置，然后开始画图。一般是先画装配示意图，再画零件草图，最后画装配图。球阀的装配示意图如图 10.9 所示。

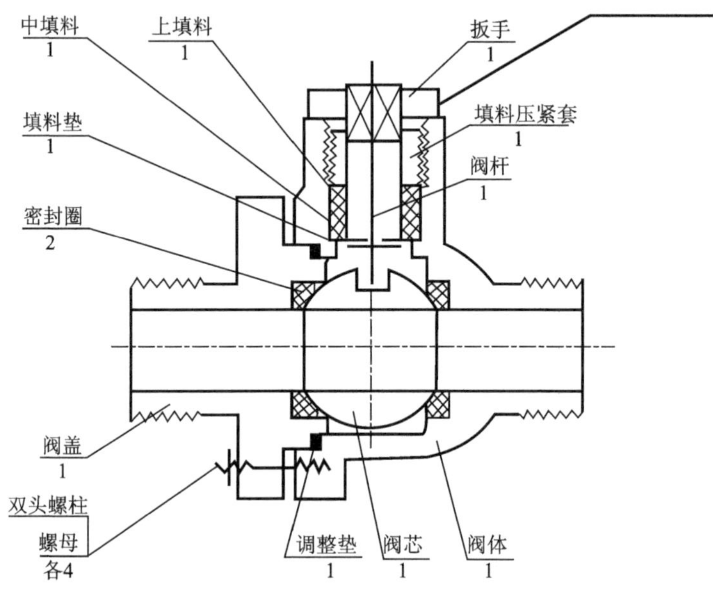


图 10.9　球阀装配示意图

### 一、拟定表达方法

根据机件的各种表达方法及装配图的表达方法，确定表达方案。首先选定机器或部件的安放位置和选择主视图，然后再选配其他视图。

1. 主视图的选择

主视图应能较好地表达机器或部件的工作原理，装配关系和零件的相对位置。应符合机器或部件的工作位置。图 10.1 中球阀的主视图选择，就体现了上述原则。

2. 其他视图的选择

根据主视图，再选择能反映其他装配关系、外形及局部结构的视图。如图 10.1 所示，沿球阀前后对称面剖开的主视图，清楚地反映了各零件间主要装配关系和球阀的工作原理，左视图反映了它的外形结构，$B—B$ 局部剖的俯视图，反映了扳手与定位凸块之间的关系。

## 二、画装配图的步骤

(1) 定比例,选图幅。按照确定的表达方案及所画部件的大小,确定比例,选定图幅。画图框、标题栏,注意留有供编序号、明细表及技术要求的位置。

(2) 布置视图,画出基线。画各视图的主要基线,如轴线、对称中心线或主要端面的轮廓线等。

(3) 画底稿。一般从主视图画起,几个视图配合一起画。画每个视图时,应先从主要装配关系部分画起,由内向外逐渐扩展,亦可由外向内画,视画图方便而定。

(4) 检查描深、画剖面线、注尺寸等。

(5) 编注零件序号、填写标题栏、明细表和技术要求等。

图 10.10 为球阀装配图的画图步骤。完成后的球阀装配图,如图 10.1 所示。

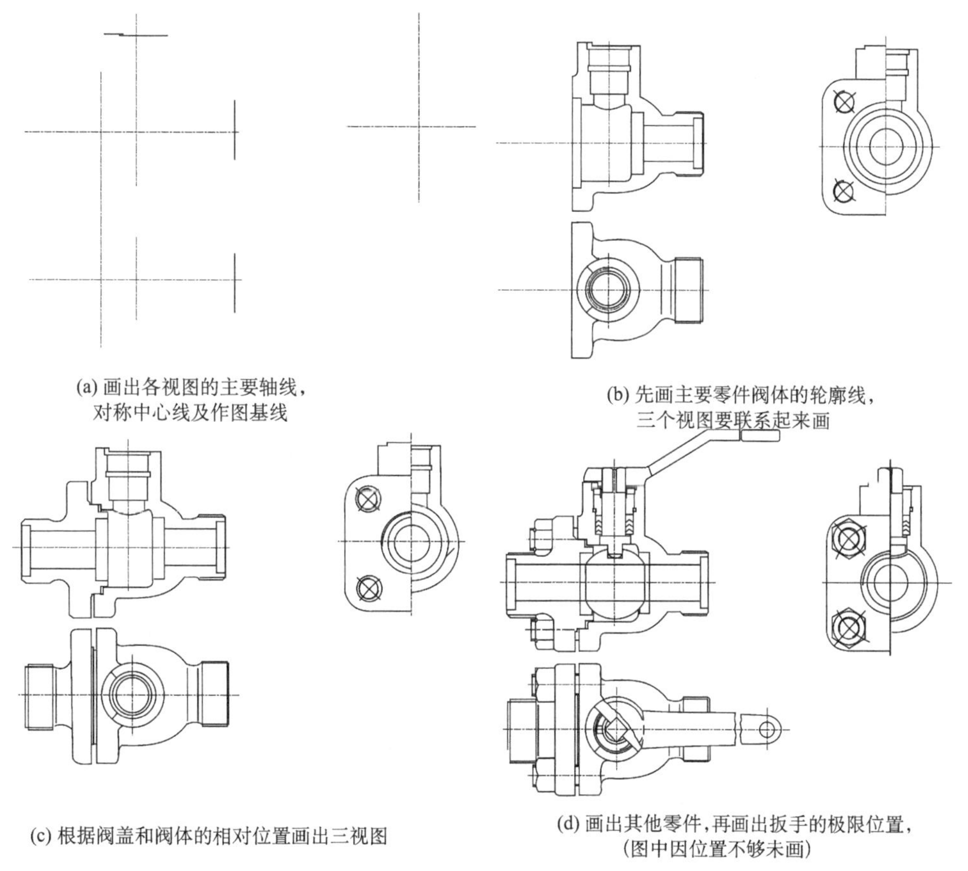


图 10.10　装配图的画图步骤

# 10.6　读装配图并由装配图拆画零件图

在装配、安装、使用和维修机器设备,学习先进技术以及讨论设计方案和由装配图拆画零件图时,都要看装配图,因此必须掌握看装配图的方法。

## 一、看装配图的方法和步骤

1. 概括了解

(1) 了解部件的名称和用途,可以通过调查研究、查阅明细表及说明书来获知。

(2) 了解标准零部件和非标准零部件的名称及数量,对照零部件序号,在装配图中找出它们的位置。

(3) 根据装配图上视图的表达情况,找出各个视图、剖视、断面等配置的位置,弄清各视图的表达重点。通过以上内容的初步了解,并参阅有关尺寸,可以对部件的大体轮廓与内容有一个大概的了解。

2. 了解工作原理和装配关系

对照视图研究部件的工作原理和装配关系,这是读装配图的一个重要环节。分析各条装配干线,弄清各零件间相互配合的要求,以及零件间的连接、定位方式,弄清运动零件与非运动零件的相对运动关系。

3. 分析零件看懂零件的结构形状

分析零件,弄清每个零件的结构形状及其作用。一般先从主要零件着手,然后是其他零件。当零件在装配图中表达不完整时,可对有关的其他零件分析后,再进行结构分析,从而确定该零件的内外形状。

4. 分析尺寸

分析装配图上的尺寸,有助于进一步了解部件的规格,零件间的装配要求、外形大小及部件的安装方法。

5. 由装配图拆画零件图

根据装配图拆画零件图,简称拆图。拆图时应对所拆零件的功能进行分析,然后分离出该零件。具体方法是在各视图的投影轮廓中画出该零件的范围,结合分析,补齐所缺的轮廓线。有时还需要根据零件图视图表达的要求,重新安排视图。选定和画出视图以后,应按零件图的要求注写尺寸及技术要求。

## 二、读装配图和拆画零件图举例

读控制阀装配图,并拆画阀体零件图,如图 10.11 所示。

1. 概括了解

控制阀是安装在管路中控制流体流量的一种装置。从标题栏和明细表中可以看出,该部件由 15 种零件组成,其中标准件有 5 件。采用了三个基本视图和两个辅助视图来表达。主视图全剖,集中表达了工作原理和零件间的装配连接关系;俯视图采用拆卸画法,左视图为外形视图,两者都着重表达主要零件的结构形状。$A$ 向视图补充表达了零件 1 的形状,$B$ 向局部视图,主要表达零件 10 的形状。

2. 分析工作原理和装配关系

控制阀在管路中的状态共有两种,即关闭和开启,图示为关闭状态。当手轮 1 逆时针旋转时,螺杆 9 上升,通过锁母 10 的锁紧作用将阀门 12 一起带动上升,流体即由阀体左边的入口流入,流过阀门与衬套 11 所形成的空隙上升至上部空腔,并从右边的出口流出。

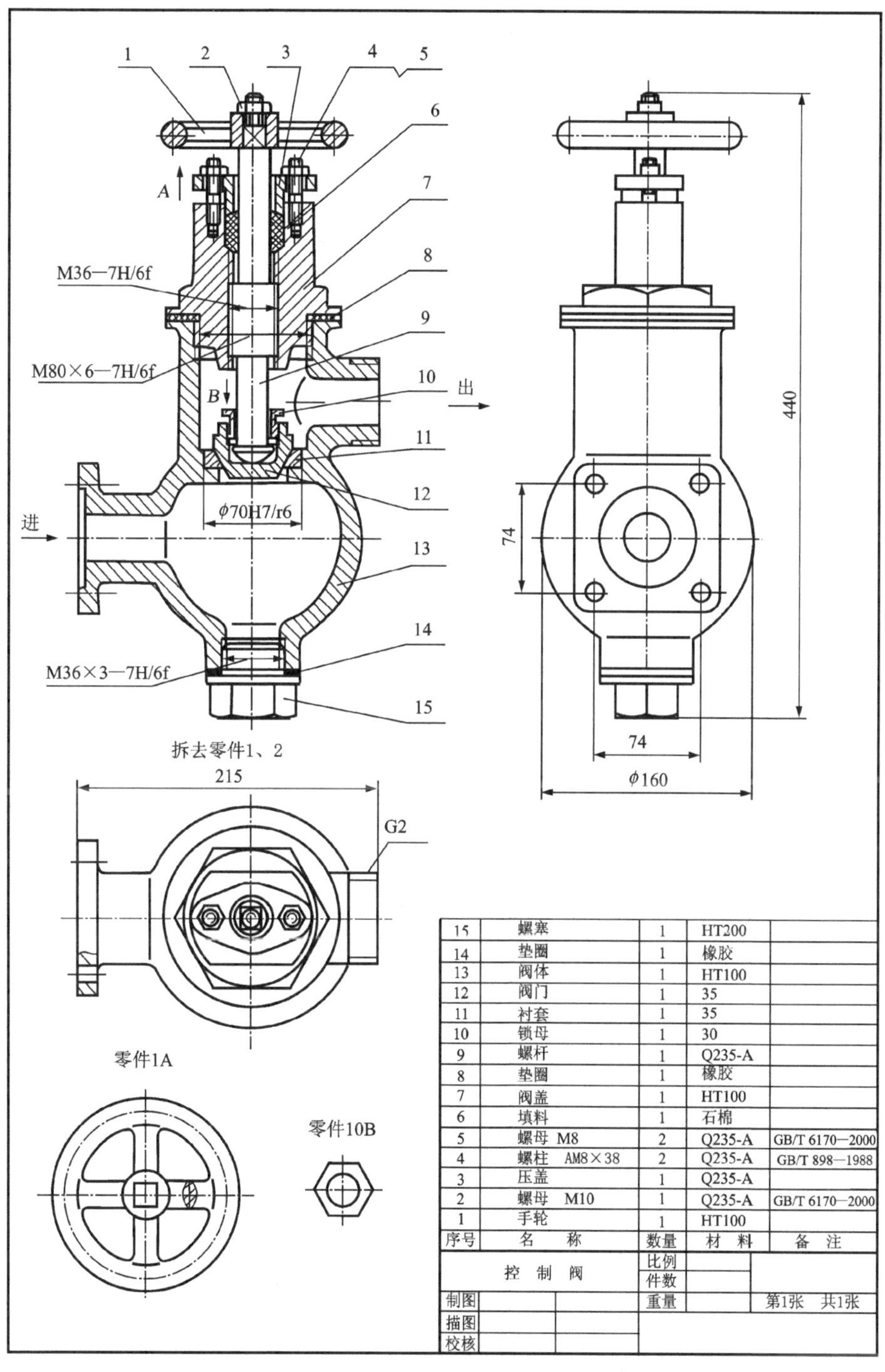


| 序号 | 名 称 | 数量 | 材 料 | 备 注 |
|---|---|---|---|---|
| 15 | 螺塞 | 1 | HT200 | |
| 14 | 垫圈 | 1 | 橡胶 | |
| 13 | 阀体 | 1 | HT100 | |
| 12 | 阀门 | 1 | 35 | |
| 11 | 衬套 | 1 | 35 | |
| 10 | 锁母 | 1 | 30 | |
| 9 | 螺杆 | 1 | Q235-A | |
| 8 | 垫圈 | 1 | 橡胶 | |
| 7 | 阀盖 | 1 | HT100 | |
| 6 | 填料 | 1 | 石棉 | |
| 5 | 螺母 M8 | 2 | Q235-A | GB/T 6170—2000 |
| 4 | 螺柱 AM8×38 | 2 | Q235-A | GB/T 898—1988 |
| 3 | 压盖 | 1 | Q235-A | |
| 2 | 螺母 M10 | 1 | Q235-A | GB/T 6170—2000 |
| 1 | 手轮 | 1 | HT100 | |

| 控 制 阀 | | 比例 | | |
|---|---|---|---|---|
| | | 件数 | | |
| 制图 | | 重量 | | 第1张 共1张 |
| 描图 | | | | |
| 校核 | | | | |

图 10.11 控制阀装配图

阀杆是一个实心零件，其中部 M36 的螺纹与阀盖 7 的内螺纹旋合。当阀杆转动时，由于阀盖固定不动，迫使阀杆做上下运动，带动阀门开启或关闭。阀杆的旋转是通过其上部的方头与手轮上的方孔结合，旋转手轮即可带动阀杆。填料 6，压盖 3，螺柱 4 和螺母 5

组成密封装置。阀体与阀盖由螺纹连接固定。阀体底部有一个排放孔，以螺塞 15 堵塞，排污时拧下即可。

3. 分析零件，拆画零件图

阀体零件图的拆画过程如图 10.12 所示。

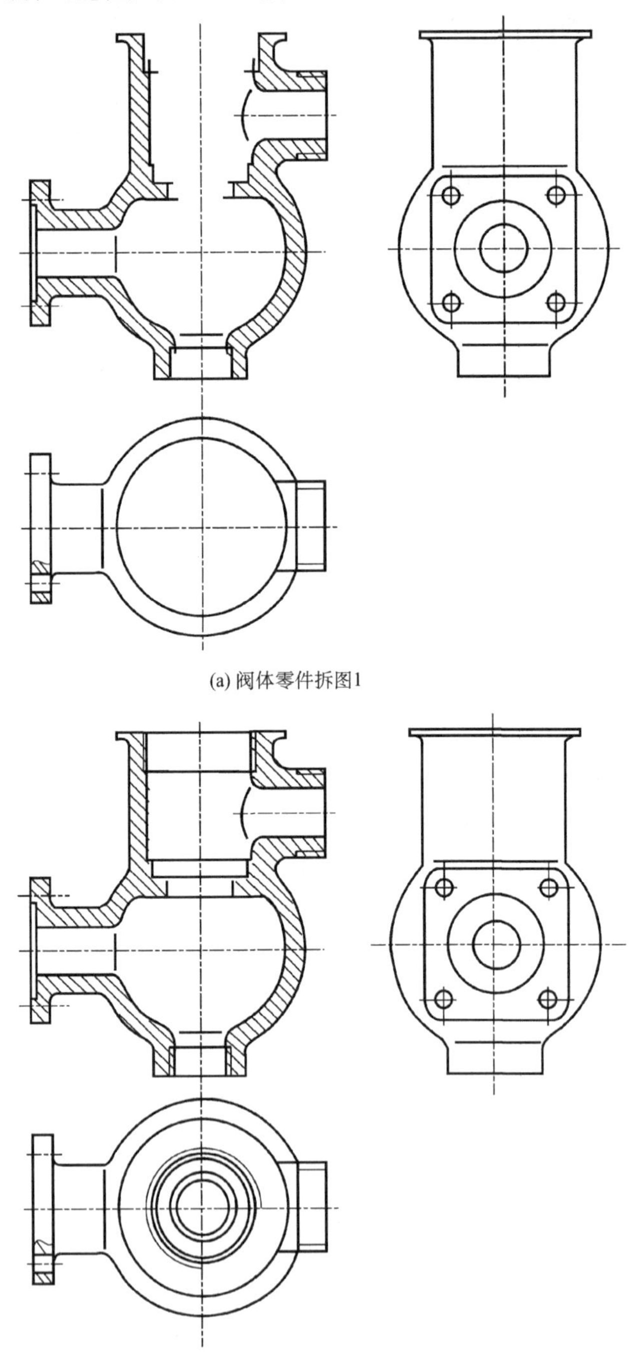

(a) 阀体零件拆图1

(b) 阀体零件拆图2

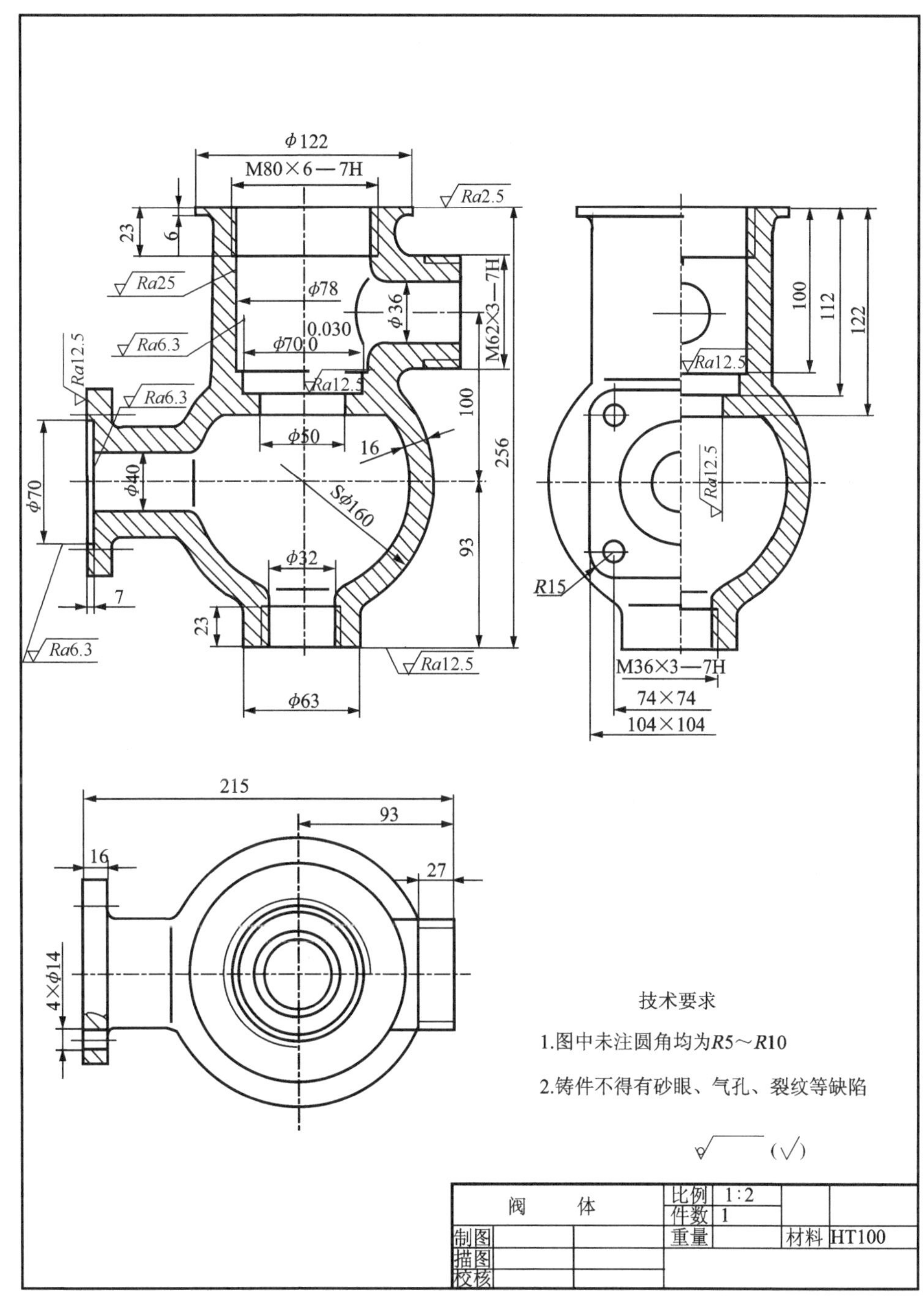


(c) 阀体零件拆图3

图 10.12 拆画阀体零件图的过程

从装配图可以看到，阀体是三通管式的壳体零件，主要部分由球和圆柱同轴组成。上部为圆柱形空腔，下部为球形空腔，左端进口有方形法兰盘，右边通孔则是通过螺纹与管道连接。至此，对阀体的结构状态及其作用有了较全面的了解。

# 附录 常用相关国家标准选编

## 一、极限与配合

**附表1.1 标准公差数值**(GB/T 1800.1—2009)

| 公称尺寸/mm | | 标准公差等级 | | | | | | | | | | | | | | | | | |
|---|---|---|---|---|---|---|---|---|---|---|---|---|---|---|---|---|---|---|---|
| | | IT1 | IT2 | IT3 | IT4 | IT5 | IT6 | IT7 | IT8 | IT9 | IT10 | IT11 | IT12 | IT13 | IT14 | IT15 | IT16 | IT17 | IT18 |
| 大于 | 至 | μm | | | | | | | | | | | mm | | | | | | |
| — | 3 | 0.8 | 1.2 | 2 | 3 | 4 | 6 | 10 | 14 | 25 | 40 | 60 | 0.1 | 0.14 | 0.25 | 0.4 | 0.6 | 1 | 1.4 |
| 3 | 6 | 1 | 1.5 | 2.5 | 4 | 5 | 8 | 12 | 18 | 30 | 48 | 75 | 0.12 | 0.18 | 0.3 | 0.48 | 0.75 | 1.2 | 1.8 |
| 6 | 10 | 1 | 1.5 | 2.5 | 4 | 6 | 9 | 15 | 22 | 36 | 58 | 90 | 0.15 | 0.22 | 0.36 | 0.58 | 0.9 | 1.5 | 2.2 |
| 10 | 18 | 1.2 | 2 | 3 | 5 | 8 | 11 | 18 | 27 | 43 | 70 | 110 | 0.18 | 0.27 | 0.43 | 0.7 | 1.1 | 1.8 | 2.7 |
| 18 | 30 | 1.5 | 2.5 | 4 | 6 | 9 | 13 | 21 | 33 | 52 | 84 | 130 | 0.21 | 0.33 | 0.52 | 0.84 | 1.3 | 2.1 | 3.3 |
| 30 | 50 | 1.5 | 2.5 | 4 | 7 | 11 | 16 | 25 | 39 | 62 | 100 | 160 | 0.25 | 0.39 | 0.62 | 1 | 1.6 | 2.5 | 3.9 |
| 50 | 80 | 2 | 3 | 5 | 8 | 13 | 19 | 30 | 46 | 74 | 120 | 190 | 0.3 | 0.46 | 0.74 | 1.2 | 1.9 | 3 | 4.6 |
| 80 | 120 | 2.5 | 4 | 6 | 10 | 15 | 22 | 35 | 54 | 87 | 140 | 220 | 0.35 | 0.54 | 0.87 | 1.4 | 2.2 | 3.5 | 5.4 |
| 120 | 180 | 3.5 | 5 | 8 | 12 | 18 | 25 | 40 | 63 | 100 | 160 | 250 | 0.4 | 0.63 | 1 | 1.6 | 2.5 | 4 | 6.3 |
| 180 | 250 | 4.5 | 7 | 10 | 14 | 20 | 29 | 46 | 72 | 115 | 185 | 290 | 0.46 | 0.72 | 1.15 | 1.85 | 2.9 | 4.6 | 7.2 |
| 250 | 315 | 6 | 8 | 12 | 16 | 23 | 32 | 52 | 81 | 130 | 210 | 320 | 0.52 | 0.81 | 1.3 | 2.1 | 3.2 | 5.2 | 8.1 |
| 315 | 400 | 7 | 9 | 13 | 18 | 25 | 36 | 57 | 89 | 140 | 230 | 360 | 0.57 | 0.89 | 1.4 | 2.3 | 3.6 | 5.7 | 8.9 |
| 400 | 500 | 8 | 10 | 15 | 20 | 27 | 40 | 63 | 97 | 155 | 250 | 400 | 0.63 | 0.97 | 1.55 | 2.5 | 4 | 6.3 | 9.7 |
| 500 | 630 | 9 | 11 | 16 | 22 | 32 | 44 | 70 | 110 | 175 | 280 | 440 | 0.7 | 1.1 | 1.75 | 2.8 | 4.4 | 7 | 11 |
| 630 | 800 | 10 | 13 | 18 | 25 | 36 | 50 | 80 | 125 | 200 | 320 | 500 | 0.8 | 1.25 | 2 | 3.2 | 5 | 8 | 12.5 |
| 800 | 1000 | 11 | 15 | 21 | 28 | 40 | 56 | 90 | 140 | 230 | 360 | 560 | 0.9 | 1.4 | 2.3 | 3.6 | 5.6 | 9 | 14 |
| 1000 | 1250 | 13 | 18 | 24 | 33 | 47 | 66 | 105 | 165 | 260 | 420 | 660 | 1.05 | 1.65 | 2.6 | 4.2 | 6.6 | 10.5 | 16.5 |
| 1250 | 1600 | 15 | 21 | 29 | 39 | 55 | 78 | 125 | 195 | 310 | 500 | 780 | 1.25 | 1.95 | 3.1 | 5 | 7.8 | 12.5 | 19.5 |
| 1600 | 2000 | 18 | 25 | 35 | 46 | 65 | 92 | 150 | 230 | 370 | 600 | 920 | 1.5 | 2.3 | 3.7 | 6 | 9.2 | 15 | 23 |
| 2000 | 2500 | 22 | 30 | 41 | 55 | 78 | 110 | 175 | 280 | 440 | 700 | 1100 | 1.75 | 2.8 | 4.4 | 7 | 11 | 17.5 | 28 |
| 2500 | 3150 | 26 | 36 | 50 | 68 | 96 | 135 | 210 | 330 | 540 | 860 | 1350 | 2.1 | 3.3 | 5.4 | 8.6 | 13.5 | 21 | 33 |

注：1. 基本尺寸大于500mm的IT1至IT15的标准公差数值为试行的。

2. 基本尺寸小于或等于1mm时，无IT14至IT18。

3. IT01和IT0的标准公差未列入。

**附表1.2　轴的基本偏差数值**(GB/T 1800.1—2009)　　　　(单位：μm)

| 公称尺寸/mm | | 上极限偏差es | | | | | | | | | | | | 下极限偏差ei | | | | |
|---|---|---|---|---|---|---|---|---|---|---|---|---|---|---|---|---|---|---|
| | | 所有标准公差等级 | | | | | | | | | | | | IT5和IT6 | IT7 | IT8 | IT4至IT7 | ≤IT3 >IT7 |
| 大于 | 至 | a | b | c | cd | d | e | ef | f | fg | g | h | js | j | | | k | |
| — | 3 | −270 | −140 | −60 | −34 | −20 | −14 | −10 | −6 | −4 | −2 | 0 | | −2 | −4 | −6 | 0 | 0 |
| 3 | 6 | −270 | −140 | −70 | −46 | −30 | −20 | −14 | −10 | −6 | −4 | 0 | 偏差=±$\frac{ITn}{2}$ | −2 | −4 | | +1 | 0 |
| 6 | 10 | −280 | −150 | −80 | −56 | −40 | −25 | −18 | −13 | −8 | −5 | 0 | | −2 | −5 | | +1 | 0 |
| 10 | 14 | −290 | −150 | −95 | | −50 | −32 | | −16 | | −6 | 0 | | −3 | −6 | | +1 | 0 |
| 14 | 18 | | | | | | | | | | | | | | | | | |
| 18 | 24 | −300 | −160 | −110 | | −65 | −40 | | −20 | | −7 | 0 | | −4 | −8 | | +2 | 0 |
| 24 | 30 | | | | | | | | | | | | | | | | | |
| 30 | 40 | −310 | −170 | −120 | | −80 | −50 | | −25 | | −9 | 0 | | −5 | −10 | | +2 | 0 |
| 40 | 50 | −320 | −180 | −130 | | | | | | | | | | | | | | |
| 50 | 65 | −340 | −190 | −140 | | −100 | −60 | | −30 | | −10 | 0 | | −7 | −12 | | +2 | 0 |
| 65 | 80 | −360 | −200 | −150 | | | | | | | | | | | | | | |
| 80 | 100 | −380 | −220 | −170 | | −120 | −72 | | −36 | | −12 | 0 | | −9 | −15 | | +3 | 0 |
| 100 | 120 | −410 | −240 | −180 | | | | | | | | | | | | | | |
| 120 | 140 | −460 | −260 | −200 | | −145 | −85 | | −43 | | −14 | 0 | | −11 | −18 | | +3 | 0 |
| 140 | 160 | −520 | −280 | −210 | | | | | | | | | | | | | | |
| 160 | 180 | −580 | −310 | −230 | | | | | | | | | | | | | | |
| 180 | 200 | −660 | −340 | −240 | | −170 | −100 | | −50 | | −15 | 0 | | −13 | −21 | | +4 | 0 |
| 200 | 225 | −740 | −380 | −260 | | | | | | | | | | | | | | |
| 225 | 250 | −820 | −420 | −280 | | | | | | | | | | | | | | |
| 250 | 280 | −920 | −480 | −300 | | −190 | −110 | | −56 | | −17 | 0 | | −16 | −26 | | +4 | 0 |
| 280 | 315 | −1050 | −540 | −330 | | | | | | | | | | | | | | |
| 315 | 355 | −1200 | −600 | −360 | | −210 | −125 | | −62 | | −18 | 0 | | −18 | −28 | | +4 | 0 |
| 355 | 400 | −1350 | −680 | −400 | | | | | | | | | | | | | | |
| 400 | 450 | −1500 | −760 | −440 | | −230 | −135 | | −68 | | −20 | 0 | | −20 | −32 | | +5 | 0 |
| 450 | 500 | −1650 | −840 | −480 | | | | | | | | | | | | | | |

续表

| 公称尺寸/mm | | 下极限偏差ei | | | | | | | | | | | | | |
|---|---|---|---|---|---|---|---|---|---|---|---|---|---|---|---|
| | | 所有标准公差等级 | | | | | | | | | | | | | |
| 大于 | 至 | m | n | p | r | s | t | u | v | x | y | z | za | zb | zc |
| — | 3 | +2 | +4 | +6 | +10 | +14 | | +18 | | +20 | | +26 | +32 | +40 | +60 |
| 3 | 6 | +4 | +8 | +12 | +15 | +19 | | +23 | | +28 | | +35 | +42 | +50 | +80 |
| 6 | 10 | +6 | +10 | +15 | +19 | +23 | | +28 | | +34 | | +42 | +52 | +67 | +97 |
| 10 | 14 | +7 | +12 | +18 | +23 | +28 | | +33 | | +40 | | +50 | +64 | +90 | +130 |
| 14 | 18 | | | | | | | | +39 | +45 | | +60 | +77 | +108 | +150 |
| 18 | 24 | +8 | +15 | +22 | +28 | +35 | | +41 | +47 | +54 | +63 | +73 | +98 | +136 | +188 |
| 24 | 30 | | | | | | +41 | +48 | +55 | +64 | +75 | +88 | +118 | +160 | +218 |
| 30 | 40 | +9 | +17 | +26 | +34 | +43 | +48 | +60 | +68 | +80 | +94 | +112 | +148 | +200 | +274 |
| 40 | 50 | | | | | | +54 | +70 | +81 | +97 | +114 | +136 | +180 | +242 | +325 |
| 50 | 65 | +11 | +20 | +32 | +41 | +53 | +66 | +87 | +102 | +122 | +14 | +172 | +226 | +300 | +405 |
| 65 | 80 | | | | +43 | +59 | +75 | +102 | +120 | +146 | +174 | +210 | +274 | +360 | +480 |
| 80 | 100 | +13 | +23 | +37 | +51 | +71 | +91 | +124 | +146 | +178 | +214 | +258 | +335 | +445 | +585 |
| 100 | 120 | | | | +54 | +79 | +104 | +144 | +172 | +210 | +254 | +310 | +400 | +525 | +690 |
| 120 | 140 | +15 | +27 | +43 | +63 | +92 | +122 | +170 | +202 | +248 | +300 | +365 | +470 | +620 | +800 |
| 140 | 160 | | | | +65 | +100 | +134 | +190 | +228 | +280 | +340 | +415 | +535 | +700 | +900 |
| 160 | 180 | | | | +68 | +108 | +146 | +210 | +252 | +310 | +380 | +465 | +600 | +780 | +1000 |
| 180 | 200 | +17 | +31 | +50 | +77 | +122 | +166 | +236 | +284 | +350 | +425 | +520 | +670 | +880 | +1150 |
| 200 | 225 | | | | +80 | +130 | +180 | +258 | +310 | +385 | +470 | +575 | +740 | +960 | +1250 |
| 225 | 250 | | | | +84 | +140 | +196 | +284 | +340 | +425 | +520 | +640 | +820 | +1050 | +1350 |
| 250 | 280 | +20 | +34 | +56 | +94 | +158 | +218 | +315 | +385 | +475 | +580 | +710 | +920 | +1200 | +1550 |
| 280 | 315 | | | | +98 | +170 | +240 | +350 | +425 | +525 | +650 | +790 | +1000 | +1300 | +1700 |
| 315 | 355 | +21 | +37 | +62 | +108 | +190 | +268 | +390 | +475 | +590 | +730 | +900 | +1150 | +1500 | +1900 |
| 355 | 400 | | | | +114 | +208 | +294 | +435 | +530 | +660 | +820 | +1000 | +1300 | +1650 | +2100 |
| 400 | 450 | +23 | +40 | +68 | +126 | +232 | +330 | +490 | +595 | +740 | +920 | +1100 | +1450 | +1850 | +2400 |
| 450 | 500 | | | | +132 | +252 | +360 | +540 | +660 | +820 | +1000 | +1250 | +1600 | +2100 | +2600 |

注：1. 基本尺寸小于或等于 1mm 时，基本偏差 a 和 b 均不采用。

2. 公差带 js7 至 js11，若 IT$n$数值是奇数，则取偏差$=\pm\frac{\mathrm{IT}n-1}{2}$。

**附表1.3 孔的基本偏差数值**(GB/T 1800.1—2009) (单位:μm)

| 公称尺寸/mm | | 下极限偏差EI | | | | | | | | | | | | 上极限偏差ES | | | | | | | | |
|---|---|---|---|---|---|---|---|---|---|---|---|---|---|---|---|---|---|---|---|---|---|---|
| | | 所有标准公差等级 | | | | | | | | | | | | IT6 | IT7 | IT8 | ≤IT8 | >IT8 | ≤IT8 | >IT8 | ≤IT8 | >IT8 |
| 大于 | 至 | A | B | C | CD | D | E | EF | F | FG | G | H | JS | J | | | K | | M | | N | |
| — | 3 | +270 | +140 | +60 | +34 | +20 | +14 | +10 | +6 | +4 | +2 | 0 | 偏差=±$\frac{ITn}{2}$ | +2 | +4 | +6 | 0 | 0 | −2 | −2 | −4 | −4 |
| 3 | 6 | +270 | +140 | +70 | +46 | +30 | +20 | +14 | +10 | +6 | +4 | 0 | | +5 | +6 | +10 | −1+Δ | | −4+Δ | −4 | −8+Δ | 0 |
| 6 | 10 | +280 | +150 | +80 | +56 | +40 | +25 | +18 | +13 | +8 | +5 | 0 | | +5 | +8 | +12 | −1+Δ | | −6+Δ | −6 | −10+Δ | 0 |
| 10 | 14 | +290 | +150 | +95 | | +50 | +32 | | +16 | | +6 | 0 | | +6 | +10 | +15 | −1+Δ | | −7+Δ | −7 | −12+Δ | 0 |
| 14 | 18 | | | | | | | | | | | | | | | | | | | | | |
| 18 | 24 | +300 | +160 | +110 | | +65 | +40 | | +20 | | +7 | 0 | | +8 | +12 | +20 | −2+Δ | | −8+Δ | −8 | −15+Δ | 0 |
| 24 | 30 | | | | | | | | | | | | | | | | | | | | | |
| 30 | 40 | +310 | +170 | +120 | | +80 | +50 | | +25 | | +9 | 0 | | +10 | +14 | +24 | −2+Δ | | −9+Δ | −9 | −17+Δ | 0 |
| 40 | 50 | +320 | +180 | +130 | | | | | | | | | | | | | | | | | | |
| 50 | 65 | +340 | +190 | +140 | | +100 | +60 | | +30 | | +10 | 0 | | +13 | +18 | +28 | −2+Δ | | −11+Δ | −11 | −20+Δ | 0 |
| 65 | 80 | +360 | +200 | +150 | | | | | | | | | | | | | | | | | | |
| 80 | 100 | +380 | +220 | +170 | | +120 | +72 | | +36 | | +12 | 0 | | +16 | +22 | +34 | −3+Δ | | −13+Δ | −13 | −23+Δ | 0 |
| 100 | 120 | +410 | +240 | +180 | | | | | | | | | | | | | | | | | | |
| 120 | 140 | +460 | +260 | +200 | | +145 | +85 | | +43 | | +14 | 0 | | +18 | +26 | +41 | −3+Δ | | −15+Δ | −15 | −27+Δ | 0 |
| 140 | 160 | +520 | +280 | +210 | | | | | | | | | | | | | | | | | | |
| 160 | 180 | +580 | +310 | +230 | | | | | | | | | | | | | | | | | | |
| 180 | 200 | +660 | +310 | +240 | | +170 | +100 | | +50 | | +15 | 0 | | +22 | +30 | +47 | −4+Δ | | −17+Δ | −17 | −31+Δ | 0 |
| 200 | 225 | +740 | +380 | +260 | | | | | | | | | | | | | | | | | | |
| 225 | 250 | +820 | +420 | +280 | | | | | | | | | | | | | | | | | | |
| 250 | 280 | +920 | +480 | +300 | | +190 | +110 | | +56 | | +17 | 0 | | +25 | +36 | +55 | −4+Δ | | −20+Δ | −20 | −34+Δ | 0 |
| 280 | 315 | +1050 | +540 | +330 | | | | | | | | | | | | | | | | | | |
| 315 | 355 | +1200 | +600 | +360 | | +210 | +125 | | +62 | | +18 | 0 | | +29 | +39 | +60 | −4+Δ | | −21+Δ | −21 | −37+Δ | 0 |
| 355 | 400 | +1350 | +680 | +400 | | | | | | | | | | | | | | | | | | |
| 400 | 450 | +1500 | +760 | +440 | | +230 | +135 | | +68 | | +20 | 0 | | +33 | +43 | +66 | −5+Δ | | −23+Δ | −23 | −40+Δ | 0 |
| 450 | 500 | +1650 | +840 | +480 | | | | | | | | | | | | | | | | | | |

续表

| 公称尺寸/mm | | 上极限偏差ES | | | | | | | | | | | | | Δ值 | | | | | |
|---|---|---|---|---|---|---|---|---|---|---|---|---|---|---|---|---|---|---|---|---|
| | | ≤IT7 | 标准公差等级大于IT7 | | | | | | | | | | | | 标准公差等级 | | | | | |
| 大于 | 至 | P至ZC | P | R | S | T | U | V | X | Y | Z | ZA | AB | ZC | IT3 | IT4 | IT5 | IT6 | IT7 | IT8 |
| — | 3 | 在大于IT7的相应数值上增加一个Δ值 | −6 | −10 | −14 | | −18 | | −20 | | −26 | −32 | −40 | −40 | −60 | 0 | 0 | 0 | 0 | 0 |
| 3 | 6 | | −12 | −15 | −19 | | −23 | | −28 | | −35 | −42 | −50 | −80 | 1 | 1.5 | 1 | 3 | 4 | 6 |
| 6 | 10 | | −15 | −19 | −23 | | −28 | | −34 | | −42 | −52 | −67 | −97 | 1 | 1.5 | 2 | 3 | 6 | 7 |
| 10 | 14 | | −18 | −23 | −28 | | −33 | | −40 | | −50 | −64 | −90 | −130 | 1 | 2 | 3 | 3 | 7 | 9 |
| 14 | 18 | | | | | | | −39 | −45 | | −60 | −77 | −108 | −150 | | | | | | |
| 18 | 24 | | −22 | −28 | −35 | | −41 | −47 | −54 | −63 | −73 | −98 | −136 | −188 | 1.5 | 2 | 3 | 4 | 8 | 12 |
| 24 | 30 | | | | | −41 | −48 | −55 | −64 | −75 | −88 | −118 | −160 | −218 | | | | | | |
| 30 | 40 | | −26 | −34 | −43 | −48 | −60 | −68 | −80 | −94 | −112 | −148 | −200 | −274 | 1.5 | 3 | 4 | 5 | 9 | 14 |
| 40 | 50 | | | | | −54 | −70 | −81 | −97 | −114 | −136 | −180 | −242 | −325 | | | | | | |
| 50 | 65 | | −32 | −41 | −53 | −66 | −87 | −102 | −122 | −144 | −172 | −226 | −300 | −405 | 2 | 3 | 5 | 6 | 11 | 16 |
| 65 | 80 | | | −43 | −59 | −75 | −102 | −120 | −146 | −174 | −210 | −274 | −360 | −480 | | | | | | |
| 80 | 100 | | −37 | −51 | −71 | −91 | −124 | −146 | −178 | −214 | −258 | −335 | −445 | −585 | 2 | 4 | 5 | 7 | 13 | 19 |
| 100 | 120 | | | −54 | −79 | −104 | −144 | −172 | −210 | −254 | −310 | −400 | −525 | −690 | | | | | | |
| 120 | 140 | | −43 | −63 | −92 | −122 | −170 | −202 | −248 | −300 | −365 | −470 | −620 | −800 | 3 | 4 | 6 | 7 | 15 | 23 |
| 140 | 160 | | | −65 | −100 | −134 | −190 | −228 | −280 | −340 | −415 | −535 | −700 | −900 | | | | | | |
| 160 | 180 | | | −68 | −108 | −146 | −210 | −252 | −310 | −380 | −465 | −600 | −780 | −1000 | | | | | | |
| 180 | 200 | | −50 | −77 | −122 | −166 | −236 | −284 | −350 | −425 | −520 | −670 | −880 | −1150 | 3 | 4 | 6 | 9 | 17 | 26 |
| 200 | 225 | | | −80 | −130 | −180 | −258 | −310 | −385 | −470 | −575 | −740 | −960 | −1250 | | | | | | |
| 225 | 250 | | | −84 | −140 | −196 | −284 | −340 | −425 | −520 | −640 | −820 | −1050 | −1350 | | | | | | |
| 250 | 280 | | −56 | −94 | −158 | −218 | −315 | −385 | −475 | −580 | −710 | −920 | −1200 | −1550 | 4 | 4 | 7 | 9 | 20 | 29 |
| 280 | 315 | | | −98 | −170 | −240 | −350 | −425 | −525 | −650 | −790 | −1000 | −1300 | −1700 | | | | | | |
| 315 | 355 | | −62 | −108 | −190 | −268 | −390 | −475 | −590 | −730 | −900 | −1150 | −1500 | −1900 | 4 | 5 | 7 | 11 | 21 | 32 |
| 355 | 400 | | | −114 | −208 | −294 | −435 | −530 | −660 | −820 | −1000 | −1300 | −1650 | −2100 | | | | | | |
| 400 | 450 | | −68 | −126 | −232 | −330 | −490 | −595 | −740 | −920 | −1100 | −1450 | −1850 | −2400 | 5 | 5 | 7 | 13 | 23 | 34 |
| 450 | 500 | | | −132 | −252 | −360 | −540 | −660 | −820 | −1000 | −1250 | −1600 | −2100 | −2600 | | | | | | |

注：1. 基本尺寸小于或等于1mm时，基本偏差A和B及大于IT8的N均不采用。

2. 公差带JS7至JS11，若IT$n$数值是奇数，则取偏差$=\pm\frac{\mathrm{IT}n-1}{2}$。

3. 对小于或等于IT8的K、M、N和小于或等于IT7的P至ZC，所需Δ值从表内右侧选取，例如：18～30mm段的K7，$\Delta-8\mu m$，所以$ES=-2+8=+6(\mu m)$；18～30mm段的S6，$\Delta=4\mu m$，所以$ES=-35+4=-31(\mu m)$。

4. 特殊情况：250～315mm段的M6，$ES=-9\mu m$（代替$-11\mu m$）。

**附表1.4　优先配合轴的极限偏差**　　（单位：μm）

| 公称尺寸/mm | | 公差带 | | | | | | | | | | | | |
|---|---|---|---|---|---|---|---|---|---|---|---|---|---|---|
| | | c | d | f | g | h | | | | k | n | p | s | u |
| 大于 | 至 | 11 | 9 | 7 | 6 | 6 | 7 | 9 | 11 | 6 | 6 | 6 | 6 | 6 |
| — | 3 | −60<br>−120 | −20<br>−45 | −6<br>−16 | −2<br>−8 | 0<br>−6 | 0<br>−10 | 0<br>−25 | 0<br>−60 | +6<br>0 | +10<br>+4 | +12<br>+6 | +20<br>+14 | +24<br>+18 |
| 3 | 6 | −70<br>−145 | −30<br>−60 | −10<br>−22 | −4<br>−12 | 0<br>−8 | 0<br>−12 | 0<br>−30 | 0<br>−75 | +9<br>+1 | +16<br>+8 | +20<br>+12 | +27<br>+19 | +31<br>+23 |
| 6 | 10 | −80<br>−170 | −40<br>−76 | −13<br>−28 | −5<br>−14 | 0<br>−9 | 0<br>−15 | 0<br>−36 | 0<br>−90 | +10<br>+1 | +19<br>+10 | +24<br>+15 | +32<br>+23 | +37<br>+28 |
| 10 | 14 | −95<br>−205 | −50<br>−93 | −16<br>−34 | −6<br>−17 | 0<br>−11 | 0<br>−18 | 0<br>−43 | 0<br>−110 | +12<br>+1 | +23<br>+12 | +29<br>+18 | +39<br>+28 | +44<br>+33 |
| 14 | 18 | | | | | | | | | | | | | |
| 18 | 24 | −110<br>−240 | −65<br>−117 | −20<br>−41 | −7<br>−20 | 0<br>−13 | 0<br>−21 | 0<br>−52 | 0<br>−130 | +15<br>+2 | +28<br>+15 | +35<br>+22 | +48<br>+35 | +54<br>+41 |
| 24 | 30 | | | | | | | | | | | | | +61<br>+48 |
| 30 | 40 | −120<br>−280 | −80<br>−142 | −25<br>−50 | −9<br>−25 | 0<br>−16 | 0<br>−25 | 0<br>−62 | 0<br>−160 | +18<br>+2 | +33<br>+17 | +42<br>+26 | +59<br>43 | +76<br>+60 |
| 40 | 50 | −130<br>−290 | | | | | | | | | | | | +86<br>+70 |
| 50 | 65 | −140<br>−330 | −100<br>−174 | −30<br>−60 | −10<br>−29 | 0<br>−19 | 0<br>−30 | 0<br>−74 | 0<br>−190 | +21<br>+2 | +39<br>+20 | +51<br>+32 | +72<br>+53 | +106<br>+87 |
| 65 | 80 | −150<br>−340 | | | | | | | | | | | +78<br>+59 | +121<br>+102 |
| 80 | 100 | −170<br>−390 | −120<br>−207 | −36<br>−71 | −12<br>−34 | 0<br>−22 | 0<br>−35 | 0<br>−87 | 0<br>−220 | +25<br>+3 | +45<br>+23 | +59<br>+37 | +93<br>+71 | +146<br>+124 |
| 100 | 120 | −180<br>−400 | | | | | | | | | | | +101<br>+79 | +146<br>+144 |
| 120 | 140 | −200<br>−450 | | | | | | | | | | | +117<br>+92 | +195<br>+170 |
| 140 | 160 | −210<br>−460 | −145<br>−245 | −43<br>−83 | −14<br>−39 | 0<br>−25 | 0<br>−40 | 0<br>−100 | 0<br>−250 | +28<br>+3 | +52<br>+27 | +68<br>+43 | +125<br>+100 | +215<br>+210 |
| 160 | 180 | −230<br>−480 | | | | | | | | | | | +133<br>+108 | +235<br>+210 |
| 180 | 200 | −240<br>−530 | | | | | | | | | | | +151<br>+122 | +265<br>+236 |
| 200 | 225 | −260<br>−550 | −170<br>−285 | −50<br>−96 | −15<br>−44 | 0<br>−29 | 0<br>−46 | 0<br>−115 | 0<br>−290 | +33<br>+4 | +60<br>+31 | +79<br>+50 | +159<br>+130 | +287<br>+257 |
| 225 | 250 | −280<br>−570 | | | | | | | | | | | +169<br>+140 | +313<br>+284 |
| 250 | 280 | −300<br>−620 | −190<br>−320 | −56<br>−108 | −17<br>−49 | 0<br>−32 | 0<br>−52 | 0<br>−130 | 0<br>−320 | +36<br>+4 | +66<br>+34 | +88<br>+56 | +190<br>+158 | +347<br>+315 |
| 280 | 315 | −330<br>−650 | | | | | | | | | | | +202<br>+170 | +382<br>+350 |
| 315 | 355 | −360<br>−720 | −210<br>−350 | −62<br>−119 | −18<br>−54 | 0<br>−36 | 0<br>−57 | 0<br>−140 | 0<br>−360 | +40<br>+4 | +73<br>+37 | +98<br>+62 | +226<br>+190 | +426<br>+390 |
| 355 | 400 | −400<br>−760 | | | | | | | | | | | +244<br>+208 | +471<br>+435 |
| 400 | 450 | −440<br>−840 | −230<br>−385 | −68<br>−131 | −20<br>−60 | 0<br>−40 | 0<br>−63 | 0<br>−155 | 0<br>−400 | +45<br>+5 | +80<br>+40 | +108<br>+68 | +272<br>+232 | +530<br>+490 |
| 450 | 500 | −480<br>−880 | | | | | | | | | | | +292<br>+252 | +580<br>+540 |

**附表1.5　优先配合孔的极限偏差**　　(单位:μm)

| 公称尺寸/mm | | 公差带 | | | | | | | | | | | | |
|---|---|---|---|---|---|---|---|---|---|---|---|---|---|---|
| | | C | D | F | G | H | | | | K | N | P | S | U |
| 大于 | 至 | 11 | 9 | 8 | 7 | 7 | 8 | 9 | 11 | 7 | 7 | 7 | 7 | 7 |
| — | 3 | +120<br>+60 | +45<br>+20 | +20<br>+6 | +12<br>+2 | +10<br>0 | +14<br>0 | +25<br>0 | +60<br>0 | 0<br>−10 | −4<br>−14 | −6<br>−16 | −14<br>−24 | −18<br>−28 |
| 3 | 6 | +145<br>+70 | +60<br>+30 | +28<br>+10 | +16<br>+4 | +12<br>0 | +18<br>0 | +30<br>0 | +75<br>0 | +9<br>−9 | −4<br>−16 | −8<br>−20 | −15<br>−27 | −19<br>−31 |
| 6 | 10 | +170<br>+80 | +76<br>+40 | +35<br>+13 | +20<br>+5 | +15<br>0 | +22<br>0 | +36<br>0 | +90<br>0 | +5<br>−10 | −4<br>−19 | −9<br>−24 | −17<br>−32 | −22<br>−37 |
| 10 | 14 | +205<br>+95 | +93<br>+50 | +43<br>+16 | +27<br>+6 | +18<br>0 | +27<br>0 | +43<br>0 | +110<br>0 | +6<br>−12 | −5<br>−23 | −11<br>−29 | −21<br>−39 | −26<br>−44 |
| 14 | 18 | | | | | | | | | | | | | |
| 18 | 24 | +240<br>+110 | +117<br>+65 | +53<br>+20 | +28<br>+7 | +21<br>0 | +33<br>0 | +52<br>0 | +130<br>0 | +6<br>−15 | −7<br>−28 | −14<br>−35 | −27<br>−48 | −33<br>−54 |
| 24 | 30 | | | | | | | | | | | | | −40<br>−61 |
| 30 | 40 | +280<br>+120 | +142<br>+80 | +64<br>+25 | +34<br>+9 | +25<br>0 | +39<br>0 | +62<br>0 | +160<br>0 | +7<br>−18 | −8<br>−33 | −17<br>−42 | −34<br>59 | −51<br>−76 |
| 40 | 50 | +290<br>+130 | | | | | | | | | | | | −61<br>−86 |
| 50 | 65 | +330<br>+140 | +174<br>+100 | +76<br>+30 | +40<br>+10 | +30<br>0 | +46<br>0 | +74<br>0 | +190<br>0 | +9<br>−21 | −9<br>−39 | −21<br>−51 | −42<br>−72 | −76<br>−106 |
| 65 | 80 | +340<br>+150 | | | | | | | | | | | −48<br>−78 | −91<br>−121 |
| 80 | 100 | +390<br>+170 | +207<br>+120 | +90<br>+36 | +47<br>+12 | +35<br>0 | +54<br>0 | +87<br>0 | +220<br>0 | +10<br>−25 | −10<br>−45 | −24<br>−59 | −58<br>−93 | −111<br>−146 |
| 100 | 120 | +400<br>+180 | | | | | | | | | | | −66<br>−101 | −131<br>−166 |
| 120 | 140 | +450<br>+200 | +245<br>+145 | +106<br>+43 | +54<br>+14 | +40<br>0 | +63<br>0 | +100<br>0 | +250<br>0 | +12<br>−28 | −12<br>−52 | −28<br>−68 | −77<br>−117 | −155<br>−195 |
| 140 | 160 | +460<br>+210 | | | | | | | | | | | −85<br>−125 | −175<br>−215 |
| 160 | 180 | +480<br>+230 | | | | | | | | | | | −93<br>−133 | −195<br>−235 |
| 180 | 200 | +530<br>+240 | +285<br>+170 | +122<br>+50 | +61<br>+15 | +46<br>0 | +72<br>0 | +115<br>0 | +290<br>0 | +13<br>−33 | −14<br>−60 | −33<br>−79 | −105<br>−151 | −219<br>−265 |
| 200 | 225 | +550<br>+260 | | | | | | | | | | | −113<br>−159 | −241<br>−287 |
| 225 | 250 | +570<br>+280 | | | | | | | | | | | −123<br>−169 | −267<br>−313 |
| 250 | 280 | +620<br>+300 | +320<br>+190 | +137<br>+56 | +69<br>+17 | +52<br>0 | +81<br>0 | +130<br>0 | +320<br>0 | +16<br>−36 | −14<br>−66 | −36<br>−88 | −138<br>−190 | −295<br>−347 |
| 280 | 315 | +650<br>+330 | | | | | | | | | | | −150<br>−202 | −330<br>−382 |
| 315 | 355 | +720<br>+360 | +350<br>+210 | +151<br>+62 | +75<br>+18 | +57<br>0 | +89<br>0 | +140<br>0 | +360<br>0 | +17<br>−40 | −16<br>−73 | −41<br>−98 | −169<br>−226 | −369<br>−426 |
| 355 | 400 | +760<br>+360 | | | | | | | | | | | −187<br>−244 | −414<br>−471 |
| 400 | 450 | +840<br>+440 | +385<br>+230 | +165<br>+68 | +83<br>+20 | +63<br>0 | +97<br>0 | +155<br>0 | +400<br>0 | +18<br>−45 | −17<br>−80 | −45<br>−108 | −209<br>−279 | −467<br>−530 |
| 450 | 500 | +880<br>+480 | | | | | | | | | | | −229<br>−292 | −517<br>−580 |

**附表1.6　基孔制优先、常用配合**

| 基准孔 | 轴 | | | | | | | | | | | | | | | | | | | | |
|---|---|---|---|---|---|---|---|---|---|---|---|---|---|---|---|---|---|---|---|---|---|
| | a | b | c | d | e | f | g | h | js | k | m | n | p | r | s | t | u | v | x | y | z |
| | 间隙配合 | | | | | | | | 过渡配合 | | | 过盈配合 | | | | | | | | | |
| H6 | | | | | | $\frac{H6}{f5}$ | $\frac{H6}{g5}$ | $\frac{H6}{h5}$ | $\frac{H6}{js5}$ | $\frac{H6}{k5}$ | $\frac{H6}{m5}$ | $\frac{H6}{n5}$ | $\frac{H6}{p5}$ | $\frac{H6}{r5}$ | $\frac{H6}{s5}$ | $\frac{H6}{t5}$ | | | | | |
| H7 | | | | | | $\frac{H7}{f6}$ | $\frac{H7^{*}}{g6}$ | $\frac{H7^{*}}{h6}$ | $\frac{H7}{js6}$ | $\frac{H7^{*}}{k6}$ | $\frac{H7}{m6}$ | $\frac{H7^{*}}{n6}$ | $\frac{H7^{*}}{p6}$ | $\frac{H7}{r6}$ | $\frac{H7^{*}}{s6}$ | $\frac{H7}{t6}$ | $\frac{H7^{*}}{u6}$ | $\frac{H7}{v6}$ | $\frac{H7}{x6}$ | $\frac{H7}{y6}$ | $\frac{H7}{z6}$ |
| H8 | | | | | $\frac{H8}{c7}$ | $\frac{H8^{*}}{f7}$ | $\frac{H8}{g7}$ | $\frac{H8^{*}}{h7}$ | $\frac{H8}{js7}$ | $\frac{H8}{k7}$ | $\frac{H8}{m7}$ | $\frac{H8}{n7}$ | $\frac{H8}{p7}$ | $\frac{H8}{r7}$ | $\frac{H8}{s7}$ | $\frac{H8}{t7}$ | $\frac{H8}{u7}$ | | | | |
| | | | | $\frac{H8}{d8}$ | $\frac{H8}{e8}$ | $\frac{H8}{f8}$ | | $\frac{H8}{h8}$ | | | | | | | | | | | | | |
| H9 | | | $\frac{H9}{c9}$ | $\frac{H9^{*}}{d9}$ | $\frac{H9}{e9}$ | $\frac{H9}{f9}$ | | $\frac{H9^{*}}{h9}$ | | | | | | | | | | | | | |
| H10 | | | $\frac{H10}{c10}$ | $\frac{H10}{d10}$ | | | | $\frac{H10}{h10}$ | | | | | | | | | | | | | |
| H11 | $\frac{H11}{a11}$ | $\frac{H11}{b11}$ | $\frac{H11^{*}}{c11}$ | $\frac{H11}{d11}$ | | | | $\frac{H11^{*}}{h11}$ | | | | | | | | | | | | | |
| H12 | | $\frac{H12}{b12}$ | | | | | | $\frac{H12}{h12}$ | | | | | | | | | | | | | |

注：1. $\frac{H6}{n5}$、$\frac{H7}{p6}$在基本尺寸小于或等于 3mm 和$\frac{H8}{r7}$在小于或等于 100mm 时为过渡配合。

2. 标注 * 的配合为优先配合。

**附表1.7　基轴制优先、常用配合**

| 基准孔 | 轴 | | | | | | | | | | | | | | | | | | | | |
|---|---|---|---|---|---|---|---|---|---|---|---|---|---|---|---|---|---|---|---|---|---|
| | A | B | C | D | E | F | G | H | Js | K | M | N | P | R | S | T | U | V | X | Y | Z |
| | 间隙配合 | | | | | | | | 过渡配合 | | | 过盈配合 | | | | | | | | | |
| h5 | | | | | | $\frac{F6}{h5}$ | $\frac{G6}{h5}$ | $\frac{H6}{h5}$ | $\frac{Js6}{h5}$ | $\frac{K6}{h5}$ | $\frac{M6}{h5}$ | $\frac{N6}{h5}$ | $\frac{P6}{h5}$ | $\frac{R6}{h5}$ | $\frac{S6}{h5}$ | $\frac{T6}{h5}$ | | | | | |
| h6 | | | | | | $\frac{F7}{h6}$ | $\frac{G7^{*}}{h6}$ | $\frac{H7^{*}}{h6}$ | $\frac{Js7}{h6}$ | $\frac{K7^{*}}{h6}$ | $\frac{M7}{h6}$ | $\frac{N7^{*}}{h6}$ | $\frac{P7^{*}}{h6}$ | $\frac{R7}{h6}$ | $\frac{S7^{*}}{h6}$ | $\frac{T7}{h6}$ | $\frac{U7^{*}}{h6}$ | | | | |
| h7 | | | | | $\frac{E8}{h7}$ | $\frac{F8^{*}}{h7}$ | | $\frac{H8^{*}}{h7}$ | $\frac{Js8}{h7}$ | $\frac{K8}{h7}$ | $\frac{M8}{h7}$ | $\frac{N8}{h7}$ | | | | | | | | | |
| h8 | | | | $\frac{D8}{h8}$ | $\frac{E8}{h8}$ | $\frac{F8}{h8}$ | | $\frac{H8}{h8}$ | | | | | | | | | | | | | |
| h9 | | | | $\frac{D9^{*}}{h9}$ | $\frac{E9}{h9}$ | $\frac{F9}{h9}$ | | $\frac{H9^{*}}{h9}$ | | | | | | | | | | | | | |
| h10 | | | | $\frac{D10}{h10}$ | | | | $\frac{H10}{h10}$ | | | | | | | | | | | | | |
| h11 | $\frac{A11}{h11}$ | $\frac{B11}{h11}$ | $\frac{C11^{*}}{h11}$ | $\frac{D11}{h11}$ | | | | $\frac{H11^{*}}{h11}$ | | | | | | | | | | | | | |
| h12 | | $\frac{B12}{h12}$ | | | | | | $\frac{H12}{h12}$ | | | | | | | | | | | | | |

注：标注 * 的配合为优先配合。

## 二、螺纹

**附表 2.1　普通螺纹**(GB/T 193—2003)

**标　记　示　例**

粗牙普通螺纹,公称直径 10mm,右旋,中径公差带代号 5g,顶径公差带代号 6g,短旋合长度的外螺纹:

M10－5g69－S

细牙普通螺纹,公称直径 10mm,螺距 1mm,左旋,中径和顶径公差带代号都是 6H,中等旋合长度的内螺纹:

M10×1LH－6H

(单位:mm)

| 公称直径 $D$、$d$ | | 螺　距　$P$ | | 粗牙小径 $D_1$、$d_1$ | 公称直径 $D$、$d$ | | 螺　距　$P$ | | 粗牙小径 $D_1$、$d_1$ |
|---|---|---|---|---|---|---|---|---|---|
| 第一系列 | 第二系列 | 粗牙 | 细牙 | | 第一系列 | 第二系列 | 粗牙 | 细牙 | |
| 3 | | 0.5 | 0.35 | 2.459 | | 22 | 2.5 | 2,1.5,1,(0.75),(0.5) | 19.294 |
| | 3.5 | (0.6) | | 2.850 | 24 | | 3 | 2,1.5,1,(0.75) | 20.752 |
| 4 | | 0.7 | 0.5 | 3.242 | | 27 | 3 | 2,1.5,1,(0.75) | 23.752 |
| | 4.5 | (0.75) | | 3.688 | | | | | |
| 5 | | 0.8 | | 4.134 | 30 | | 3.5 | (3),2,1.5,1,(0.75) | 26.211 |
| 6 | | 1 | 0.75(0.5) | 4.917 | | 33 | 3.5 | (3),2,1.5,(1),(0.75) | 29.211 |
| 8 | | 1.25 | 1,0.75,(0.5) | 6.647 | 36 | | 4 | 3,2,1.5,(1) | 31.670 |
| 10 | | 1.5 | 1.25,1,0.75,(0.5) | 8.376 | | 39 | 4 | | 34.670 |
| 12 | | 1.75 | 1.5,1.25,1,(0.75),(0.5) | 10.106 | 42 | | 4.5 | (4),3,2,1.5,(1) | 37.129 |
| | 14 | 2 | 1.5,(1.25),1,(0.75),(0.5) | 11.835 | | 45 | 4.5 | | 40.129 |
| 16 | | 2 | 1.5,1,(0.75),(0.5) | 13.835 | 48 | | 5 | | 42.587 |
| | 18 | 2.5 | 2,1.5,1,(0.75),(0.5) | 15.294 | | 52 | 5 | | 46.587 |
| 20 | | 2.5 | | 17.294 | 56 | | 5.5 | 4,3,2,1.5,(1) | 50.046 |

注:1. 优先选用第一系列,括号内尺寸尽可能不用;

2. 公称直径 $D$、$d$ 第三系列未列入。

**附表 2.2　非螺纹密封的管螺纹**(GB/T 7307—2001)

**标　记　示　例**

尺寸代号 1 1/2的左旋 A 级外螺纹:

G1 1/2A－LH

(单位:mm)

| 螺纹尺寸代号 | 每 25.4mm 内的牙数 | 螺　距 $P$ | 基本直径 | | 螺纹尺寸代号 | 每 25.4mm 内的牙数 | 螺　距 $P$ | 基本直径 | |
|---|---|---|---|---|---|---|---|---|---|
| | | | 大径 $d$,$D$ | 小径 $d_1$,$D_1$ | | | | 大径 $d$,$D$ | 小径 $d_1$,$D_1$ |
| 1/8 | 28 | 0.907 | 9.728 | 8.566 | 1 1/4 | 11 | 2.309 | 41.910 | 38.952 |
| 1/4 | 19 | 1.337 | 13.157 | 11.445 | 1 1/2 | | 2.309 | 47.807 | 44.845 |
| 3/8 | | 1.337 | 16.662 | 14.950 | 1 3/4 | | 2.309 | 53.746 | 50.788 |
| 1/2 | 14 | 1.814 | 20.955 | 18.631 | 2 | | 2.309 | 59.614 | 56.656 |
| (5/8) | | 1.814 | 22.911 | 20.587 | 2 1/4 | | 2.309 | 65.710 | 62.752 |
| 3/4 | | 1.814 | 26.441 | 24.117 | 2 1/2 | | 2.309 | 75.184 | 72.226 |
| (7/8) | | 1.814 | 30.201 | 27.877 | 2 3/4 | | 2.309 | 81.534 | 78.576 |
| 1 | 11 | 2.309 | 33.249 | 30.291 | 3 | | 2.309 | 87.884 | 84.926 |
| 1 1/8 | | 2.309 | 37.897 | 34.939 | 4 | | 2.309 | 113.030 | 110.072 |

**附表 2.3　普通螺纹的螺纹收尾、肩距、退刀槽、倒角**(GB/T3—1997)

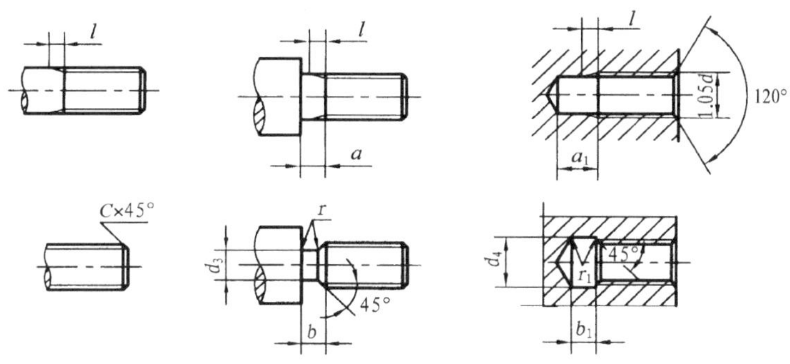


(单位:mm)

| 螺距 P | 外螺纹 | | | | | | | | | | 内螺纹 | | | | | | |
|---|---|---|---|---|---|---|---|---|---|---|---|---|---|---|---|---|---|
| | 粗牙螺纹大径 D,d | 螺纹收尾 l(不大于) | | 肩距 a(不大于) | | | 退刀槽 | | | 倒角 C | 螺纹收尾 l(不大于) | | 肩距 $a_1$(不小于) | | 退刀槽 | | |
| | | | | | | | b | r ≈ | $d_3$ | | | | | | $b_1$ | $r_1$ ≈ | $d_4$ |
| | | 一般 | 短的 | 一般 | 长的 | 短的 | 一般 | | | | 一般 | 短的 | 一般 | 长的 | 一般 | | |
| 0.5 | 3 | 1.25 | 0.7 | 1.5 | 2 | 1 | 1.5 | 0.5P | d-0.8 | 0.5 | 1 | 1.5 | 3 | 4 | 2 | 0.5P | d+0.3 |
| 0.6 | 3.5 | 1.5 | 0.75 | 1.8 | 2.4 | 1.2 | 1.5 | | d-1 | | 1.2 | 1.8 | 3.2 | 4.8 | | | |
| 0.7 | 4 | 1.75 | 0.9 | 2.1 | 2.8 | 1.4 | 2 | | d-1.1 | 0.6 | 1.4 | 2.1 | 3.5 | 5.6 | 3 | | |
| 0.75 | 4.5 | 1.9 | 1 | 2.25 | 3 | 1.5 | 2 | | d-1.2 | | 1.5 | 2.3 | 3.8 | 6 | | | |
| 0.8 | 5 | 2 | 1 | 2.4 | 3.2 | 1.6 | 2 | | d-1.3 | 0.8 | 1.6 | 2.4 | 4 | 6.4 | | | |
| 1 | 6,7 | 2.5 | 1.25 | 3 | 4 | 2 | 2.5 | | d-1.6 | 1 | 2 | 3 | 5 | 8 | 4 | | d+0.5 |
| 1.25 | 8 | 3.2 | 1.6 | 4 | 5 | 2.5 | 3 | | d-2 | 1.2 | 2.5 | 3.8 | 6 | 10 | 5 | | |
| 1.5 | 10 | 3.8 | 1.9 | 4.5 | 6 | 3 | 3.5 | | d-2.3 | 1.5 | 3 | 4.5 | 7 | 12 | 6 | | |
| 1.75 | 12 | 4.3 | 2.2 | 5.3 | 7 | 3.5 | 4 | | d-2.6 | 2 | 3.5 | 5.2 | 9 | 14 | 7 | | |
| 2 | 14,16 | 5 | 2.5 | 6 | 8 | 4 | 5 | | d-3 | | 4 | 6 | 10 | 16 | 8 | | |
| 2.5 | 18,20,22 | 6.3 | 3.2 | 7.5 | 10 | 5 | 6 | | d-3.6 | 2.5 | 5 | 7.5 | 12 | 18 | 10 | | |
| 3 | 24,27 | 7.5 | 3.8 | 9 | 12 | 6 | 7 | | d-4.4 | | 6 | 9 | 14 | 22 | 12 | | |
| 3.5 | 30,33 | 9 | 4.5 | 10.5 | 14 | 7 | 8 | | d-5 | 3 | 7 | 10.5 | 16 | 24 | 14 | | |
| 4 | 36,39 | 10 | 5 | 12 | 16 | 8 | 9 | | d-5.7 | | 8 | 12 | 18 | 26 | 16 | | |
| 4.5 | 42,45 | 11 | 5.5 | 13.5 | 18 | 9 | 10 | | d-6.4 | 4 | 9 | 13.5 | 21 | 29 | 18 | | |
| 5 | 48,52 | 12.5 | 6.3 | 15 | 20 | 10 | 11 | | d-7 | | 10 | 15 | 23 | 32 | 20 | | |
| 5.5 | 56,60 | 14 | 7 | 16.5 | 22 | 11 | 12 | | d-7.7 | 5 | 11 | 16.5 | 25 | 35 | 22 | | |
| 6 | 64,68 | 15 | 7.5 | 18 | 24 | 12 | 13 | | d-8.3 | | 12 | 18 | 28 | 38 | 24 | | |

## 三、常用的标准件

**附表 3.1　六角头螺栓——A 和 B 级**(GB/T 5782—2000)

**六角头螺栓—全螺纹——A 和 B 级**(GB/T 5783—2000)

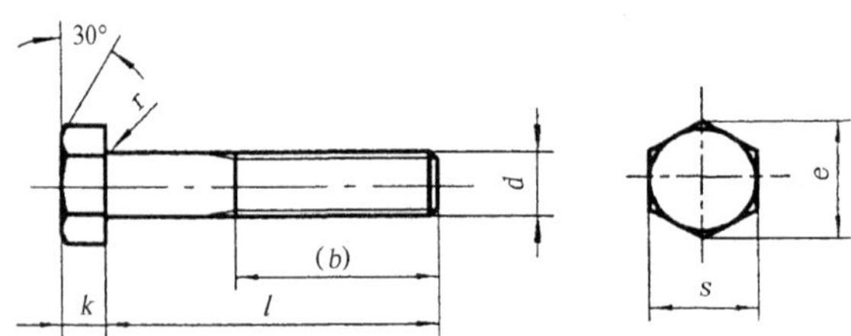


**标　记　示　例**

螺纹规格 $d$=M12、公称长度 $l$=80mm、性能等级为 8.8 级、表面氧化、A 级的六角螺栓：

螺栓 GB/T 5782　M12×80

(单位：mm)

| 螺纹规格 $d$ | | M3 | M4 | M5 | M6 | M8 | M10 | M12 | (M14) | M16 | (M18) | M20 | (M22) | M24 | (M27) | M30 | M36 |
|---|---|---|---|---|---|---|---|---|---|---|---|---|---|---|---|---|---|
| $s$ | | 5.5 | 7 | 8 | 10 | 13 | 16 | 18 | 21 | 24 | 27 | 30 | 34 | 36 | 41 | 46 | 55 |
| $k$ | | 2 | 2.8 | 3.5 | 4 | 5.3 | 6.4 | 7.5 | 8.8 | 10 | 11.5 | 12.5 | 14 | 15 | 17 | 18.7 | 22.5 |
| $r$ | | 0.1 | 0.2 | 0.2 | 0.25 | 0.4 | 0.4 | 0.6 | 0.6 | 0.6 | 0.6 | 0.8 | 1 | 0.8 | 1 | 1 | 1 |
| $e$ | A | 6.01 | 7.66 | 8.79 | 11.05 | 14.38 | 17.77 | 20.03 | 23.36 | 26.75 | 30.14 | 33.53 | 37.72 | 39.98 | — | — | — |
| | B | 5.88 | 7.50 | 8.63 | 10.89 | 14.20 | 17.59 | 19.85 | 22.78 | 26.17 | 29.56 | 32.95 | 37.29 | 39.55 | 45.2 | 50.85 | 51.11 |
| ($b$) GB/T 5782 | $l$≤125 | 12 | 14 | 16 | 18 | 22 | 26 | 30 | 34 | 38 | 42 | 46 | 50 | 54 | 60 | 66 | — |
| | 125<$l$≤200 | 18 | 20 | 22 | 24 | 28 | 32 | 36 | 40 | 44 | 48 | 52 | 56 | 60 | 66 | 72 | 84 |
| | $l$>200 | 31 | 33 | 35 | 37 | 41 | 45 | 49 | 53 | 57 | 61 | 65 | 69 | 73 | 79 | 85 | 97 |
| $l$ 范围 (GB/T 5782) | | 20～30 | 25～40 | 25～50 | 30～60 | 40～80 | 45～100 | 50～120 | 60～140 | 65～160 | 70～180 | 80～200 | 90～220 | 90～240 | 100～260 | 110～300 | 140～360 |
| $l$ 范围 (GB/T 5783) | | 6～30 | 8～40 | 10～50 | 12～60 | 16～80 | 20～100 | 25～120 | 30～140 | 30～150 | 35～150 | 40～150 | 45～150 | 50～150 | 55～200 | 60～200 | 70～200 |
| $l$ 系列 | | 6,8,10,12,16,20,25,30,35,40,45,50,(55),60,(65),70,80,90,100,110,120,130,140,150,160,180,200,220,240,260,280,300,320,340,360,380,400,420,440,460,480,500 | | | | | | | | | | | | | | | |

**附表 3.2　双头螺柱**

$b_m=1d$(GB/T 897—1988)，　$b_m=1.25d$(GB/T 898—1988)

$b_m=1.5d$(GB/T 899—1988)，　$b_m=2d$(GB/T 900—1988)

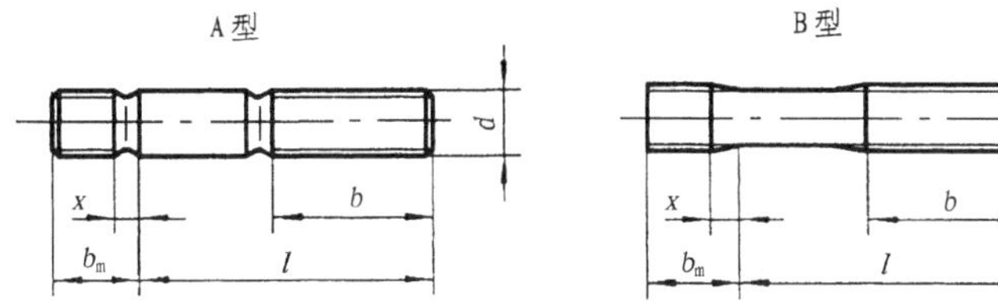


**标　记　示　例**

两端均为粗牙普通螺纹。螺纹规格 $d$=M10、公称长度 $l$=50mm、性能等级为 4.8 级、不经表面处理、$b_m=1d$、B 型的双头螺柱：

螺柱 GB/T 897　M10×50

旋入机体一端为粗牙普通螺纹，旋入螺母一端为螺距 $P$=1mm 的细牙普通螺纹，$b_m=d$、螺纹规格 $d$=M10、公称长度 $l$=50mm、性能等级为 4.8 级，不经表面处理、A 型、$b_m=1d$ 的双头螺柱：

螺柱　GB/T 897　AM10－M10×1×50

（单位：mm）

| 螺纹规格 $d$ | $b_m$ | | | | $l/b$ |
|---|---|---|---|---|---|
| | GB/T 897—1988 | GB/T 898—1988 | GB/T 899—1988 | GB/T 900—1988 | |
| M5 | 5 | 6 | 8 | 10 | $\frac{16\sim20}{10}$、$\frac{25\sim50}{16}$ |
| M6 | 6 | 8 | 10 | 12 | $\frac{20}{10}$、$\frac{25\sim30}{14}$、$\frac{35\sim70}{18}$ |
| M8 | 8 | 10 | 12 | 16 | $\frac{20}{12}$、$\frac{25\sim30}{16}$、$\frac{35\sim90}{22}$ |
| M10 | 10 | 12 | 15 | 20 | $\frac{25}{14}$、$\frac{30\sim35}{16}$、$\frac{40\sim120}{26}$，$\frac{130}{32}$ |
| M12 | 12 | 15 | 18 | 24 | $\frac{25\sim30}{16}$、$\frac{35\sim40}{20}$、$\frac{45\sim120}{30}$、$\frac{130\sim180}{36}$ |
| M16 | 16 | 20 | 24 | 32 | $\frac{30\sim35}{20}$、$\frac{40\sim55}{30}$、$\frac{60\sim120}{38}$、$\frac{130\sim200}{44}$ |
| M20 | 20 | 25 | 30 | 40 | $\frac{35\sim40}{25}$、$\frac{45\sim60}{35}$、$\frac{70\sim120}{46}$、$\frac{130\sim200}{52}$ |
| M24 | 24 | 30 | 36 | 48 | $\frac{45\sim50}{30}$、$\frac{60\sim75}{45}$、$\frac{80\sim120}{54}$、$\frac{130\sim200}{60}$ |
| M30 | 30 | 38 | 45 | 60 | $\frac{60\sim65}{40}$、$\frac{70\sim90}{50}$、$\frac{95\sim120}{66}$、$\frac{130\sim200}{72}$、$\frac{210\sim250}{85}$ |
| M36 | 36 | 45 | 54 | 72 | $\frac{65\sim75}{45}$、$\frac{80\sim110}{60}$、$\frac{120}{78}$、$\frac{130\sim200}{84}$、$\frac{210\sim300}{97}$ |
| $l$ 系列 | 16、20、25、30、35、40、45、50、55、60、65、70、75、80、85、90、95、100、110、120、130、140、150、160、170、180、190、200、210、220、230、240、250、260、280、300 | | | | |

### 附表 3.3　开槽螺钉

开槽圆柱头螺钉(GB/T 65—2000)、开槽沉头螺钉(GB/T 68—2000)、开槽盘头螺钉(GB/T 67—2000)

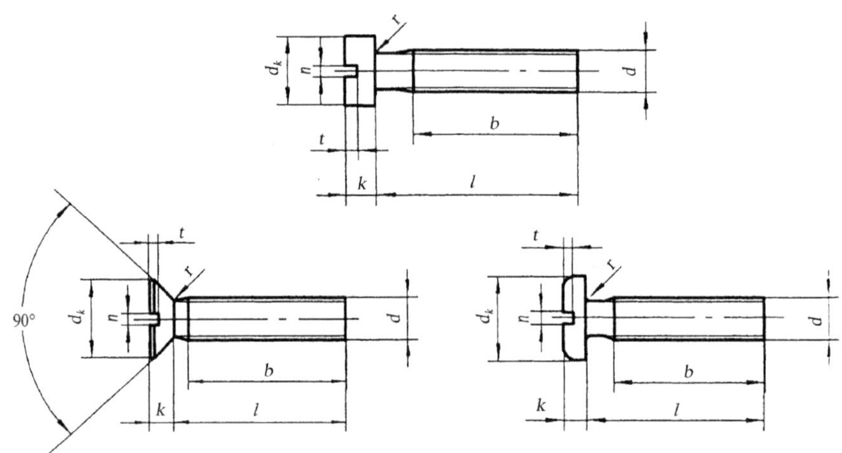


标 记 示 例

螺纹规格 $d$=M5,公称长度 $l$=20mm、性能等级为 4.8 级、不经表面处理的开槽圆柱头螺钉:

螺钉　GB/T 65　M5×20

(单位:mm)

| 螺纹规格 $d$ | | M1.6 | M2 | M2.5 | M3 | M4 | M5 | M6 | M8 | M10 |
|---|---|---|---|---|---|---|---|---|---|---|
| GB/T 65—1985 | $d_k$ | | | | | 7 | 8.5 | 10 | 13 | 16 |
| | $k$ | | | | | 2.6 | 3.3 | 3.9 | 5 | 6 |
| | $t$ min | | | | | 1.1 | 1.3 | 1.6 | 2 | 2.4 |
| | $r$ min | | | | | 0.2 | 0.2 | 0.25 | 0.4 | 0.4 |
| | $l$ | | | | | 5～40 | 6～50 | 8～60 | 10～80 | 12～80 |
| | 全螺纹时最大长度 | | | | | 40 | 40 | 40 | 40 | 40 |
| GB/T 67—1985 | $d_k$ | 3.2 | 4 | 5 | 5.6 | 8 | 9.5 | 12 | 16 | 23 |
| | $k$ | 1 | 1.3 | 1.5 | 1.8 | 2.4 | 3 | 3.6 | 4.8 | 6 |
| | $t$ min | 0.35 | 0.5 | 0.6 | 0.7 | 1 | 1.2 | 1.4 | 1.9 | 2.4 |
| | $r$ min | 0.1 | 0.1 | 0.1 | 0.1 | 0.2 | 0.2 | 0.25 | 0.4 | 0.4 |
| | $l$ | 2～16 | 2.5～20 | 3～25 | 4～30 | 5～40 | 6～50 | 8～60 | 10～80 | 12～80 |
| | 全螺纹时最大长度 | 30 | 30 | 30 | 30 | 40 | 40 | 40 | 40 | 40 |
| GB/T 68—1985 | $d_k$ | 3 | 3.8 | 4.7 | 5.5 | 8.4 | 9.3 | 11.3 | 15.8 | 18.3 |
| | $k$ | 1 | 1.2 | 1.5 | 1.65 | 2.7 | 2.7 | 3.3 | 4.65 | 5 |
| | $t$ min | 0.32 | 0.4 | 0.5 | 0.6 | 1 | 1.1 | 1.2 | 1.8 | 2 |
| | $r$ max | 0.4 | 0.5 | 0.6 | 0.8 | 1 | 1.3 | 1.5 | 2 | 2.5 |
| | $l$ | 2.5～16 | 3～20 | 4～25 | 5～30 | 6～40 | 8～50 | 8～60 | 10～80 | 12～80 |
| | 全螺纹时最大长度 | 30 | 30 | 30 | 30 | 45 | 45 | 45 | 45 | 45 |
| $n$ | | 0.4 | 0.5 | 0.6 | 0.8 | 1.2 | 1.2 | 1.6 | 2 | 2.5 |
| $b$ | | 25 | | | | 38 | | | | |
| $l$ 系列 | | 2、2.5、3、4、5、6、8、10、12、(14)、16、20、25、30、35、40、45、50、(55)、60、(65)、70、(75)、80 | | | | | | | | |

**附表3.4　内六角圆柱头螺钉(GB/T 70.1—2000)**

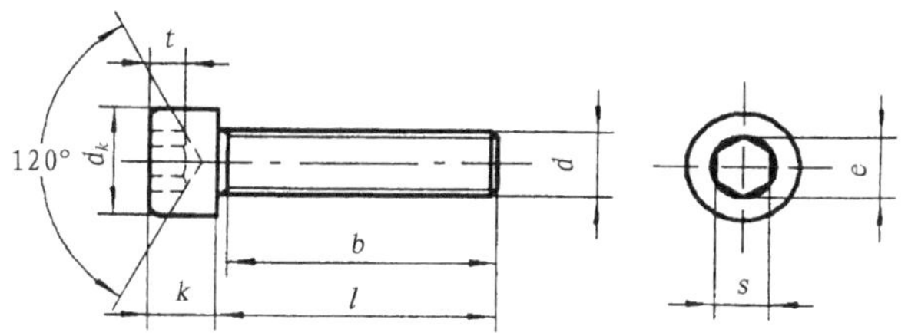


标　记　示　例

螺纹规格 $d$=M5、公称长度 $l$=20mm、性能等级为 8.8 级、表面氧化的内六角圆柱头螺钉：

螺钉 GB/T 70.1　M5×20

(单位:mm)

| 螺纹规格 $d$ | M2.5 | M3 | M4 | M5 | M6 | M8 | M10 | M12 | (M14) | M16 | M20 | M24 | M30 | M36 |
|---|---|---|---|---|---|---|---|---|---|---|---|---|---|---|
| $d_k$　max | 4.5 | 5.5 | 7 | 8.5 | 10 | 13 | 16 | 18 | 21 | 24 | 30 | 36 | 45 | 54 |
| $k$　max | 2.5 | 3 | 4 | 5 | 6 | 8 | 10 | 12 | 14 | 16 | 20 | 24 | 30 | 36 |
| $t$　min | 1.1 | 1.3 | 2 | 2.5 | 3 | 4 | 5 | 6 | 7 | 8 | 10 | 12 | 15.5 | 19 |
| $r$ | 0.1 | | 0.2 | | 0.25 | 0.4 | | 0.6 | | | 0.8 | | 1 | |
| $s$ | 2 | 2.5 | 3 | 4 | 5 | 6 | 8 | 10 | 12 | 14 | 17 | 19 | 22 | 27 |
| $e$ | 2.3 | 2.87 | 3.44 | 4.58 | 5.72 | 6.86 | 9.15 | 11.43 | 13.72 | 16 | 19.44 | 21.73 | 25.15 | 30.85 |
| $b$(参考) | 17 | 18 | 20 | 22 | 24 | 28 | 32 | 36 | 40 | 44 | 52 | 60 | 72 | 84 |
| $l$ 系列 | 2.5,3,4,5,6,8,10,12,(14),(16),20,25,30,35,40,45,50,(55),60,(65),70,80,90,100,110,120,130,140,150,160,180,200 | | | | | | | | | | | | | |

注:1. $b$ 不包括螺尾。2. M3～M20 为商品规格,其他为通用规格。

**附表3.5　开槽紧定螺钉**

锥端(GB/T 71—1985)、平端(GB/T 73—1985)、长圆柱端(GB/T 75—1985)

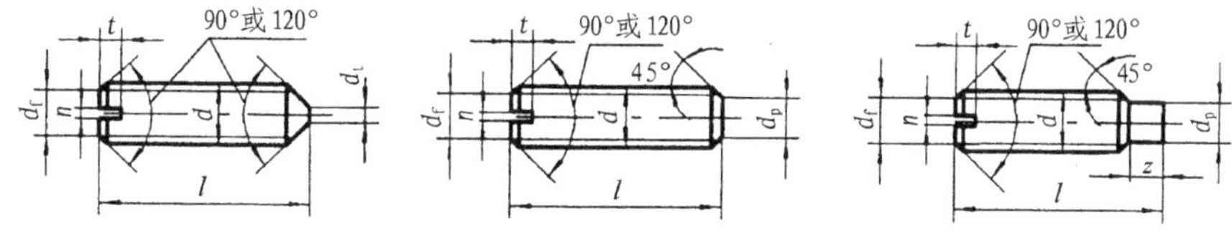


标　记　示　例

螺纹规格 $d$=M5、公称长度 $l$=12mm、性能等级为 14H 级、表面氧化的开槽锥端紧定螺钉：

螺钉　GB/T 71　M5×12

(单位:mm)

| 螺纹规格 $d$ | M2 | M2.5 | M3 | M4 | M5 | M6 | M8 | M10 | M12 |
|---|---|---|---|---|---|---|---|---|---|
| $d_f$ | 螺纹小径 | | | | | | | | |
| $d_t$ | 0.2 | 0.25 | 0.3 | 0.4 | 0.5 | 1.5 | 2 | 2.5 | 3 |
| $d_p$ | 1 | 1.5 | 2 | 2.5 | 3.5 | 4 | 5.5 | 7 | 8.5 |
| $n$ | 0.25 | 0.4 | 0.4 | 0.6 | 0.8 | 1 | 1.2 | 1.6 | 2 |
| $t$ | 0.84 | 0.95 | 1.05 | 1.42 | 1.63 | 2 | 2.5 | 3 | 3.6 |
| $z$ | 1.25 | 1.5 | 1.75 | 2.25 | 2.75 | 3.25 | 4.3 | 5.3 | 6.3 |
| $l$ 系列 | 2,2.5,3,4,5,6,8,10,12,(14),16,20,25,30,35,40,45,50,(55),60 | | | | | | | | |

**附表3.6　1 型六角螺母——C 级(GB/T 41—2000)、1 型六角螺母(GB/T 6170—2000)、六角薄螺母(GB/T 6172.1—2000)**

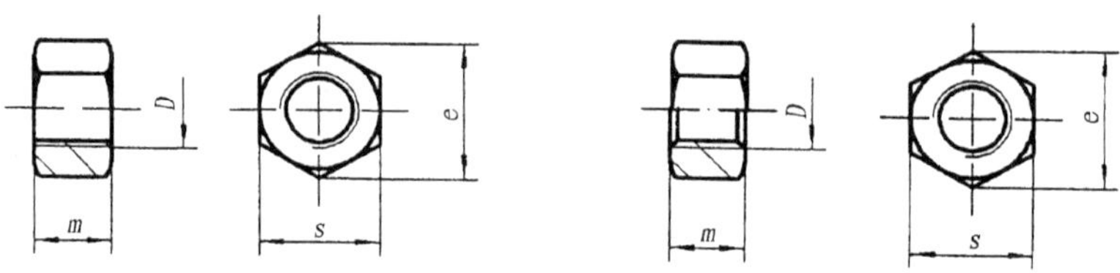


**标　记　示　例**

螺纹规格 $D$=M12、性能等级为 5 级、不经表面处理、C 级的 1 型六角螺母：

螺母　GB/T 41　M12

(单位：mm)

| 螺纹规格 D | | M3 | M4 | M5 | M6 | M8 | M10 | M12 | (M14) | M16 | (M18) | M20 | (M22) | M24 | (M27) | M30 | M36 | M42 | M48 |
|---|---|---|---|---|---|---|---|---|---|---|---|---|---|---|---|---|---|---|---|
| e min | GB/T 41 | — | — | 8.63 | 10.89 | 14.20 | 17.59 | 19.85 | 22.78 | 26.17 | 29.56 | 32.95 | 37.29 | 39.55 | 45.2 | 50.85 | 60.79 | 71.3 | 82.6 |
| | GB/T 6170 | 6.01 | 7.66 | 8.79 | 11.05 | 14.38 | 17.77 | 20.03 | 23.36 | 26.75 | 29.56 | 32.95 | 37.29 | 39.55 | 45.2 | 50.85 | 60.75 | 71.3 | 82.6 |
| | GB/T 6172.1 | | | | | | | | | | | | | | | | | | |
| s | | 5.5 | 7 | 8 | 10 | 13 | 16 | 18 | 21 | 24 | 27 | 30 | 34 | 36 | 41 | 46 | 55 | 65 | 75 |
| m max | GB/T 6170 | 2.4 | 3.2 | 4.7 | 5.2 | 6.8 | 8.4 | 10.8 | 12.8 | 14.8 | 15.8 | 18 | 19.4 | 21.5 | 23.8 | 25.6 | 31 | 34 | 38 |
| | GB/T 6172 | 1.8 | 2.2 | 2.7 | 3.2 | 4 | 5 | 6 | 7 | 8 | 9 | 10 | 11 | 12 | 13.5 | 15 | 18 | 21 | 24 |
| | GB/T 41 | | | 5.6 | 6.4 | 7.9 | 9.5 | 12.2 | 13.9 | 15.9 | 16.9 | 19 | 20.2 | 22.3 | 24.7 | 26.4 | 31.5 | 34.9 | 38.9 |

注：1. 不带括号的为优先系列。

2. A 级用于 $D \leqslant 16$ 的螺母；B 级用于 $D > 16$ 的螺母。

**附表3.7　1 型六角开槽螺母——A 和 B 级(GB/T 6178—1986)**

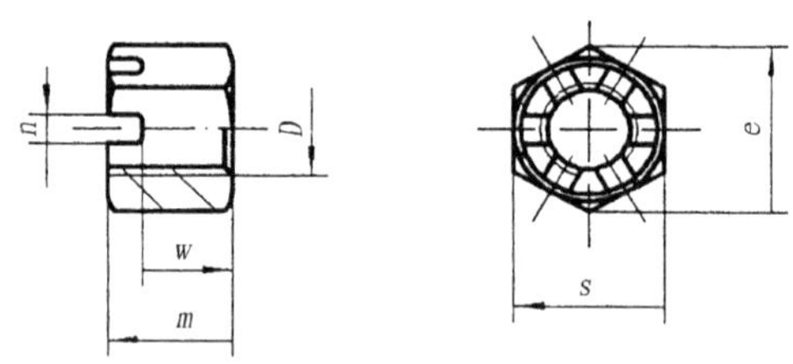


**标　记　示　例**

螺纹规格 $D$=M5、性能等级为 8 级、不经表面处理、A 级的 1 型六角开槽螺母：

螺母　GB/T 6178　M5

(单位：mm)

| 螺纹规格 D | M4 | M5 | M6 | M8 | M10 | M12 | (M14) | M16 | M20 | M24 | M30 |
|---|---|---|---|---|---|---|---|---|---|---|---|
| e | 7.7 | 8.8 | 11 | 14 | 17.8 | 20 | 23 | 26.8 | 33 | 39.6 | 50.9 |
| m | 6 | 6.7 | 7.7 | 9.8 | 12.4 | 15.8 | 17.8 | 20.8 | 24 | 29.5 | 34.6 |
| n | 1.2 | 1.4 | 2 | 2.5 | 2.8 | 3.5 | 3.5 | 4.5 | 4.5 | 5.5 | 7 |
| s | 7 | 8 | 10 | 13 | 16 | 18 | 21 | 24 | 30 | 36 | 46 |
| w | 3.2 | 4.7 | 5.2 | 6.8 | 8.4 | 10.8 | 12.8 | 14.8 | 18 | 21.5 | 25.6 |
| 开口销 | 1×10 | 1.2×12 | 1.6×14 | 2×16 | 2.5×20 | 3.2×22 | 3.2×25 | 4×28 | 4×36 | 5×40 | 6.3×50 |

注：1. 尽可能不采用括号内的规格。

2. A 级用于 $D \leqslant 16$ 的螺母；B 级用于 $D > 16$ 的螺母。

**附表3.8　紧固通孔及沉孔尺寸**(GB/T 5277—1985、GB/T 152.2～152.4—1988)

(单位:mm)

| 螺栓或螺钉直径 $d$ | | 3 | 4 | 5 | 6 | 8 | 10 | 12 | 14 | 16 | 20 | 24 | 30 | 36 |
|---|---|---|---|---|---|---|---|---|---|---|---|---|---|---|
| 通孔直径 $d_1$ (GB/T 5277—1985) | 精装配 | 3.2 | 4.3 | 5.3 | 6.4 | 8.4 | 10.5 | 13 | 15 | 17 | 21 | 25 | 31 | 37 |
| | 中等装配 | 3.4 | 4.5 | 5.5 | 6.6 | 9 | 11 | 13.5 | 15.5 | 17.5 | 22 | 26 | 33 | 39 |
| | 粗装配 | 3.6 | 4.8 | 5.8 | 7 | 10 | 12 | 14.5 | 16.5 | 18.5 | 24 | 28 | 35 | 42 |
| 六角头螺栓和六角螺母用沉孔(GB/T 152.4—1988) | $d_2$ | 9 | 10 | 11 | 13 | 18 | 22 | 26 | 30 | 33 | 40 | 48 | 61 | 71 |
| | $t$ | 只要能制出与通孔轴线垂直的圆平面即可 | | | | | | | | | | | | |
| 沉头用沉孔(GB/T 152.2—1988) | $d_2$ | 6.4 | 9.6 | 10.6 | 12.8 | 17.6 | 20.3 | 24.4 | 28.4 | 32.4 | 40.4 | — | — | — |
| 开槽圆柱头用的圆柱头沉孔(GB/T 152.3—1988) | $d_2$ | 6 | 8 | 10 | 11 | 15 | 18 | 20 | 24 | 26 | 33 | 40 | 48 | 57 |
| | $t$ | — | 3.2 | 4 | 4.7 | 6 | 7 | 8 | 9 | 10.5 | 12.5 | — | — | — |
| 内六角圆柱头用的圆柱头沉孔(GB/T 152.3—1988) | $d_2$ | 6 | 8 | 10 | 11 | 15 | 18 | 20 | 24 | 26 | 33 | 40 | 48 | 57 |
| | $t$ | 3.4 | 4.6 | 5.7 | 6.8 | 9 | 11 | 13 | 15 | 17.5 | 21.5 | 25.5 | 32 | 38 |

**附表 3.9　平垫圈——A 级(GB/T 97.1—2000)、平垫圈倒角型——A 级(GB/T 97.2—2002)**

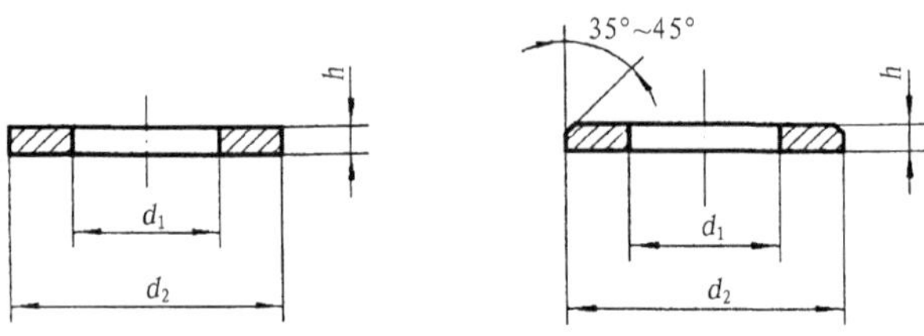


标　记　示　例

标准系列,公称尺寸 $d$=8mm,性能等级为 140HV 级,不经表面处理的平垫圈:

垫圈　GB/T 97.1　8－140HV

(单位:mm)

| 规格(螺纹直径) | 2 | 2.5 | 3 | 4 | 5 | 6 | 8 | 10 | 12 | 14 | 16 | 20 | 24 | 30 |
|---|---|---|---|---|---|---|---|---|---|---|---|---|---|---|
| 内径 $d_1$ | 2.2 | 2.7 | 3.2 | 4.3 | 5.3 | 6.4 | 8.4 | 10.5 | 13 | 15 | 17 | 21 | 25 | 31 |
| 外径 $d_2$ | 5 | 6 | 7 | 9 | 10 | 12 | 16 | 20 | 24 | 28 | 30 | 37 | 44 | 56 |
| 厚度 $h$ | 0.3 | 0.5 | 0.5 | 0.8 | 1 | 1.6 | 1.6 | 2 | 2.5 | 2.5 | 3 | 3 | 4 | 4 |

**附表 3.10　标准型弹簧垫圈(GB/T 93—1987)、轻型弹簧垫圈(GB/T 859—1987)**

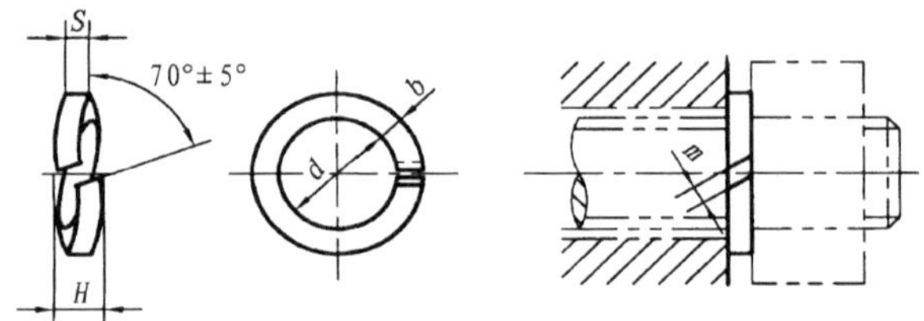


标　记　示　例

公称直径 16mm、材料为 65Mn、表面氧化的标准型弹簧垫圈:

垫圈　GB/T 93　16

(单位:mm)

<table>
<tr><td colspan="2">规格(螺纹直径)</td><td>2</td><td>2.5</td><td>3</td><td>4</td><td>5</td><td>6</td><td>8</td><td>10</td><td>12</td><td>16</td><td>20</td><td>24</td><td>30</td><td>36</td><td>42</td><td>48</td></tr>
<tr><td colspan="2">d</td><td>2.1</td><td>2.6</td><td>3.1</td><td>4.1</td><td>5.1</td><td>6.2</td><td>8.2</td><td>10.2</td><td>12.3</td><td>16.3</td><td>20.5</td><td>24.5</td><td>30.5</td><td>36.6</td><td>42.6</td><td>49</td></tr>
<tr><td rowspan="2">H</td><td>GB/T 93—1987</td><td>1.2</td><td>1.6</td><td>2</td><td>2.4</td><td>3.2</td><td>4</td><td>5</td><td>6</td><td>7</td><td>8</td><td>10</td><td>12</td><td>13</td><td>14</td><td>16</td><td>18</td></tr>
<tr><td>GB/T 859—1987</td><td>1</td><td>1.2</td><td>1.6</td><td>1.6</td><td>2</td><td>2.4</td><td>3.2</td><td>4</td><td>5</td><td>6.4</td><td>8</td><td>9.6</td><td>12</td><td></td><td></td><td></td></tr>
<tr><td>S(b)</td><td>GB/T 93—1987</td><td>0.6</td><td>0.8</td><td>1</td><td>1.2</td><td>1.6</td><td>2</td><td>2.5</td><td>3</td><td>3.5</td><td>4</td><td>5</td><td>6</td><td>6.5</td><td>7</td><td>8</td><td>9</td></tr>
<tr><td>S</td><td>GB/T 859—1987</td><td>0.5</td><td>0.6</td><td>0.8</td><td>0.8</td><td>1</td><td>1.2</td><td>1.6</td><td>2</td><td>2.5</td><td>3.2</td><td>4</td><td>4.8</td><td>6</td><td></td><td></td><td></td></tr>
<tr><td rowspan="2">m≤</td><td>GB/T 93—1987</td><td colspan="2">0.4</td><td>0.5</td><td>0.6</td><td>0.8</td><td>1</td><td>1.2</td><td>1.5</td><td>1.7</td><td>2</td><td>2.5</td><td>3</td><td>3.2</td><td>3.5</td><td>4</td><td>4.5</td></tr>
<tr><td>GB/T 859—1987</td><td colspan="2">0.3</td><td colspan="2">0.4</td><td>0.5</td><td>0.6</td><td>0.8</td><td>1</td><td>1.2</td><td>1.6</td><td>2</td><td>2.4</td><td>3</td><td></td><td></td><td></td></tr>
<tr><td>b</td><td>GB/T 859—1987</td><td colspan="2">0.8</td><td>1</td><td colspan="2">1.2</td><td>1.6</td><td>2</td><td>2.5</td><td>3.5</td><td>4.5</td><td>5.5</td><td>6.5</td><td>8</td><td></td><td></td><td></td></tr>
</table>

**附表 3.11　孔用弹性挡圈——A 型**(GB/T 893.1—1986)

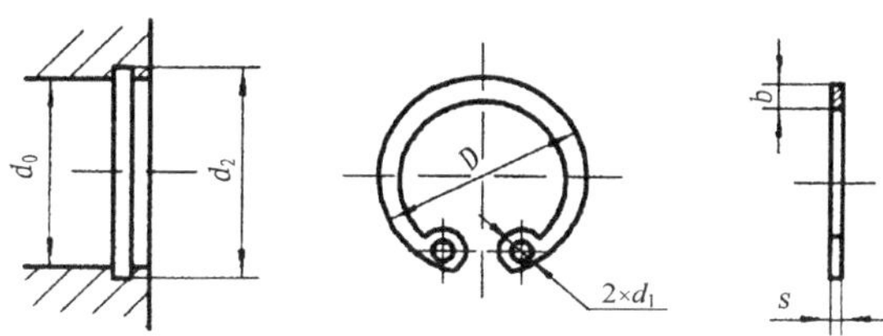


**标　记　示　例**

孔径 $d_0=50$mm,材料为 65Mn,热处理硬度为 44～51HRC,经表面氧化处理的 A 型孔用弹性挡圈:

挡圈 50　GB/T 893.1—1986

(单位:mm)

| 孔径 $d_0$ | $D$ | $S$ | $d_2$ | | $d_1$ | $b$ | 孔径 $d_0$ | $D$ | $S$ | $d_2$ | | $d_1$ | $b$ |
|---|---|---|---|---|---|---|---|---|---|---|---|---|---|
| 8 | 8.7 | 0.6 | 8.4 | $^{+0.09}_{0}$ | 1 | 1 | 37 | 39.8 | 1.5 | 39 | $^{+0.25}_{0}$ | 2.5 | 3.6 |
| 9 | 9.8 | | 8.4 | | | 1.2 | 38 | 40.8 | | 40 | | | |
| 10 | 10.8 | 0.8 | 10.4 | $^{+0.11}_{0}$ | 1.5 | 1.7 | 40 | 43.5 | | 42.5 | | | 4 |
| 11 | 11.8 | | 11.4 | | | | 42 | 45.5 | | 44.5 | | 3 | 4.7 |
| 12 | 13 | | 12.5 | | | | 45 | 48.5 | | 47.5 | | | |
| 13 | 14.1 | | 13.6 | | 1.7 | | 47 | 50.5 | | 49.5 | $^{+0.30}_{0}$ | | |
| 14 | 15.1 | 1 | 14.6 | | | 2.1 | 48 | 51.5 | | 50.5 | | | |
| 15 | 16.2 | | 15.7 | | | | 50 | 54.2 | 2 | 53 | | | |
| 16 | 17.3 | | 16.8 | | | | 52 | 16.2 | | 55 | | | |
| 17 | 18.3 | | 17.8 | | 2 | | 55 | 17.3 | | 58 | | | |
| 18 | 19.5 | | 19 | $^{+0.13}_{0}$ | | | 56 | 18.3 | | 59 | | | 5.2 |
| 19 | 20.5 | | 20 | | | 2.5 | 58 | 19.5 | | 61 | | | |
| 20 | 21.5 | | 21 | | | | 60 | 20.5 | | 63 | | | |
| 21 | 22.5 | | 22 | | | | 62 | 21.5 | | 65 | | | |
| 22 | 23.5 | | 23 | | | | 63 | 22.5 | | 66 | | | 5.7 |
| 24 | 25.9 | 1.2 | 25.2 | | | | 65 | 23.5 | 2.5 | 68 | | | |
| 25 | 26.9 | | 26.2 | $^{+0.21}_{0}$ | | 2.8 | 68 | 25.9 | | 71 | | | 6.3 |
| 26 | 27.9 | | 27.2 | | | | 70 | 26.9 | | 73 | | | |
| 28 | 30.1 | | 29.4 | | | 3.2 | 72 | 27.9 | | 75 | | | |
| 30 | 32.1 | | 31.4 | $^{+0.25}_{0}$ | | | 75 | 30.1 | | 78 | $^{+0.35}_{0}$ | | 6.8 |
| 31 | 33.4 | | 32.7 | | | | 78 | 32.1 | | 81 | | | |
| 32 | 34.4 | | 33.7 | | 2.5 | | 80 | 33.4 | | 83.5 | | | |
| 34 | 36.5 | 1.5 | 35.7 | | | 3.6 | 82 | 34.4 | | 85.5 | | | |
| 35 | 37.8 | | 37 | | | | 85 | 36.5 | | 88.5 | | | |
| 36 | 38.8 | | 38 | | | | | | | | | | |

**附表 3.12 轴用弹性挡圈——A 型(GB/T 894.1—1986)**

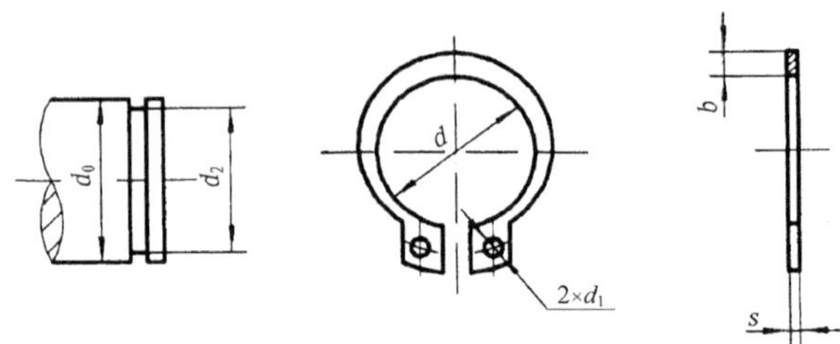


**标 注 示 例**

轴径 $d_0$=50mm、材料为 65Mn、热处理硬度为 44～51HRC、经表面氧化处理的 A 型轴用弹性挡圈：

挡圈 50 GB/T 894.1—1986

(单位:mm)

<table>
<tr><th>轴径 $d_0$</th><th>$d$</th><th>$S$</th><th colspan="2">$d_2$</th><th>$d_1$</th><th>$b$</th><th>轴径 $d_0$</th><th>$d$</th><th>$S$</th><th colspan="2">$d_2$</th><th>$d_1$</th><th>$b$</th></tr>
<tr><td>3</td><td>2.7</td><td rowspan="2">0.4</td><td>0.8</td><td>0<br>−0.04</td><td rowspan="3">1</td><td>0.8</td><td>28</td><td>25.9</td><td rowspan="4">1.2</td><td>26.6</td><td rowspan="3">0<br>−0.21</td><td rowspan="3">2</td><td>3.60</td></tr>
<tr><td>4</td><td>3.7</td><td>3.8</td><td rowspan="3">0<br>−0.048</td><td>0.88</td><td>29</td><td>26.9</td><td>27.6</td><td rowspan="2">3.72</td></tr>
<tr><td>5</td><td>4.7</td><td rowspan="3">0.6</td><td>4.8</td><td>1.12</td><td>30</td><td>27.9</td><td>28.6</td></tr>
<tr><td>6</td><td>5.6</td><td>5.7</td><td rowspan="4">1.2</td><td rowspan="3">1.32</td><td>32</td><td>29.6</td><td>30.3</td><td rowspan="12">0<br>−0.25</td><td rowspan="7">2.5</td><td>3.92</td></tr>
<tr><td>7</td><td>6.5</td><td>6.7</td><td rowspan="4">0<br>−0.058</td><td>34</td><td>31.5</td><td rowspan="9">1.5</td><td>32.3</td><td>4.32</td></tr>
<tr><td>8</td><td>7.4</td><td rowspan="2">0.8</td><td>7.6</td><td>35</td><td>32.2</td><td>33</td><td rowspan="3">4.52</td></tr>
<tr><td>9</td><td>8.4</td><td>8.6</td><td>1.44</td><td>36</td><td>33.2</td><td>34</td></tr>
<tr><td>10</td><td>9.3</td><td rowspan="13">1</td><td>9.6</td><td rowspan="3">1.5</td><td>1.44</td><td>37</td><td>34.2</td><td>35</td></tr>
<tr><td>11</td><td>10.2</td><td>10.5</td><td rowspan="5">0<br>−0.11</td><td>1.52</td><td>38</td><td>35.2</td><td>36</td><td rowspan="5">5.0</td></tr>
<tr><td>12</td><td>11</td><td>11.5</td><td>1.72</td><td>40</td><td>36.5</td><td>37.5</td></tr>
<tr><td>13</td><td>11.9</td><td>12.4</td><td rowspan="3">1.7</td><td rowspan="2">1.88</td><td>42</td><td>38.5</td><td>39.5</td><td rowspan="13">3</td></tr>
<tr><td>14</td><td>12.9</td><td>13.4</td><td>45</td><td>41.5</td><td>42.5</td></tr>
<tr><td>15</td><td>13.8</td><td>14.3</td><td>2.0</td><td>48</td><td>44.5</td><td>45.5</td></tr>
<tr><td>16</td><td>14.7</td><td>15.2</td><td rowspan="4">0<br>−0.11</td><td rowspan="3">1.7</td><td>2.32</td><td>50</td><td>45.8</td><td rowspan="7">2</td><td>47</td><td rowspan="3">5.48</td></tr>
<tr><td>17</td><td>15.7</td><td>16.2</td><td rowspan="3">2.48</td><td>52</td><td>47.8</td><td>49</td></tr>
<tr><td>18</td><td>16.5</td><td>17</td><td>55</td><td>50.8</td><td>52</td><td rowspan="8">0<br>−0.30</td></tr>
<tr><td>19</td><td>17.5</td><td>18</td><td rowspan="7">2</td><td>56</td><td>51.8</td><td>53</td><td rowspan="6">6.12</td></tr>
<tr><td>20</td><td>18.5</td><td>19</td><td rowspan="3">0<br>−0.13</td><td rowspan="3">2.68</td><td>58</td><td>53.8</td><td>55</td></tr>
<tr><td>21</td><td>19.5</td><td>20</td><td>60</td><td>55.8</td><td>57</td></tr>
<tr><td>22</td><td>20.5</td><td>21</td><td>62</td><td>57.8</td><td>59</td></tr>
<tr><td>24</td><td>22.2</td><td rowspan="3">1.2</td><td>22.9</td><td rowspan="3">0<br>−0.21</td><td rowspan="3">3.32</td><td>63</td><td>58.8</td><td rowspan="3">2.5</td><td>60</td></tr>
<tr><td>25</td><td>23.2</td><td>23.9</td><td>65</td><td>60.8</td><td>62</td></tr>
<tr><td>26</td><td>24.2</td><td>24.9</td><td>68</td><td>63.5</td><td>65</td><td>6.32</td></tr>
</table>

**附表 3.13　键和键槽的剖面尺寸（GB/T 1095—2003）、普通平键的形式尺寸（GB/T 1096—2003）**

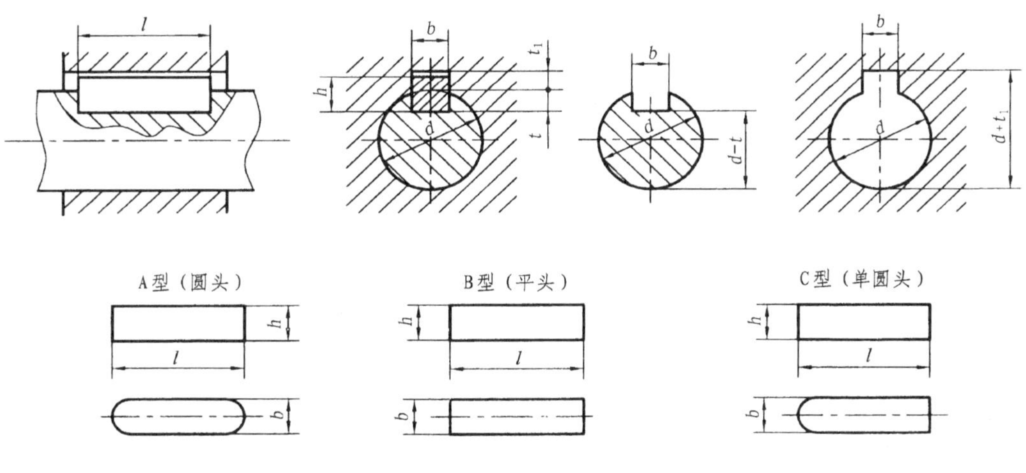


**标　记　示　例**

圆头普通平键（A 型）　$b=16\text{mm}, h=10\text{mm}, L=100\text{mm}$：

键 16×100　GB/T 1096—2003

（单位：mm）

| 轴径 | 键 | | 键槽 | | | | |
|---|---|---|---|---|---|---|---|
| $d$ | $b$ | $h$ | 宽　　度 | | | 深　　度 | |
| | | | $b$ | 一般键连接偏差 | | 轴　$t$ | 毂　$t_1$ |
| | | | | 轴 N9 | 毂 JS9 | | |
| 自 6～8 | 2 | 2 | 2 | −0.004<br>−0.029 | ±0.0125 | 1.2 | 1 |
| >8～10 | 3 | 3 | 3 | | | 1.8 | 1.4 |
| >10～12 | 4 | 4 | 4 | 0<br>−0.030 | ±0.018 | 2.5 | 1.8 |
| >12～17 | 5 | 5 | 5 | | | 3.0 | 2.3 |
| >17～22 | 6 | 6 | 6 | | | 3.5 | 2.8 |
| >22～30 | 8 | 7 | 8 | 0<br>−0.036 | ±0.018 | 4.0 | 3.3 |
| >30～38 | 10 | 8 | 10 | | | 5.0 | 3.3 |
| >38～44 | 12 | 8 | 12 | 0<br>−0.043 | ±0.0215 | 5.0 | 3.3 |
| >44～50 | 14 | 9 | 14 | | | 5.5 | 3.8 |
| >50～58 | 16 | 10 | 16 | | | 6.0 | 4.3 |
| >58～65 | 18 | 11 | 18 | | | 7.0 | 4.4 |
| >65～75 | 20 | 12 | 20 | 0<br>−0.052 | ±0.026 | 7.5 | 4.9 |
| >75～85 | 22 | 14 | 22 | | | 9.0 | 5.4 |
| >85～95 | 25 | 14 | 25 | | | 9.0 | 5.4 |
| >95～110 | 28 | 16 | 28 | | | 10.0 | 6.4 |
| >110～130 | 32 | 18 | 32 | 0<br>−0.062 | ±0.031 | 11.0 | 7.4 |
| >130～150 | 36 | 20 | 36 | | | 12.0 | 8.4 |
| >150～170 | 40 | 22 | 40 | | | 13.0 | 9.4 |
| >170～200 | 45 | 25 | 45 | | | 15.0 | 10.4 |
| $l$ 系列 | 6、8、10、12、16、18、20、22、25、28、32、36、40、45、50、56、63、70、80、90、100、110、125、140、160、180、200、220、250、280、320、360、400、450 | | | | | | |

**附表3.14　圆柱销、不淬硬钢和奥氏体不锈钢(GB/T 119.1—2000)**

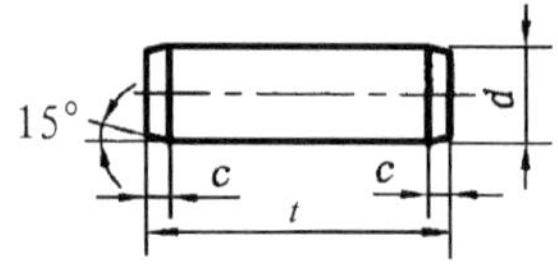


标　记　示　例

公称直径 $d$=8mm、公差为m6、长度 $l$=30mm、材料35钢、不经淬火、不经表面处理的圆柱销：

销　GB/T119.1　8m6×30

(单位:mm)

| $d$ | 1 | 1.2 | 1.5 | 2 | 2.5 | 3 | 4 | 5 | 6 | 8 | 10 | 12 |
|---|---|---|---|---|---|---|---|---|---|---|---|---|
| $a$≈ | 0.12 | 0.16 | 0.20 | 0.25 | 0.30 | 0.40 | 0.50 | 0.63 | 0.80 | 1.0 | 1.2 | 1.6 |
| $c$≈ | 0.20 | 0.25 | 0.30 | 0.35 | 0.40 | 0.50 | 0.63 | 0.80 | 1.2 | 1.6 | 2 | 2.5 |
| $l$系列 | 2,3,4,5,6,8,10,12,14,16,18,20,22,24,26,28,30,32,35,40,45,50,55,60,65,70,75,80,85,90 | | | | | | | | | | | |

**附表3.15　圆锥销(GB/T 117—2000)**

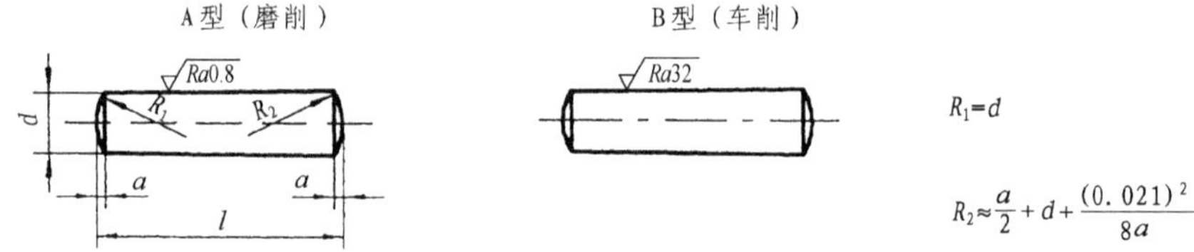


$$R_2 \approx \frac{a}{2}+d+\frac{(0.021)^2}{8a}$$

标　记　示　例

公称直径 $d$=10mm、长度 $l$=60mm、材料35钢、热处理硬度28～38HRC、表面氧化处理的A型圆锥销：

销　GB/T 117　10×60

(单位:mm)

| $d$ | 1 | 1.2 | 1.5 | 2 | 2.5 | 3 | 4 | 5 | 6 | 8 | 10 | 12 |
|---|---|---|---|---|---|---|---|---|---|---|---|---|
| $a$≈ | 0.12 | 0.16 | 0.2 | 0.25 | 0.3 | 0.4 | 0.5 | 0.63 | 0.8 | 1 | 1.2 | 1.6 |
| $l$系列 | 2,3,4,5,6,8,10,12,14,16,18,20,22,24,26,28,30,32,35,40,45,50,55,60,65,70,75,80,85,90 | | | | | | | | | | | |

**附表3.16　开口销(GB/T 91—2000)**

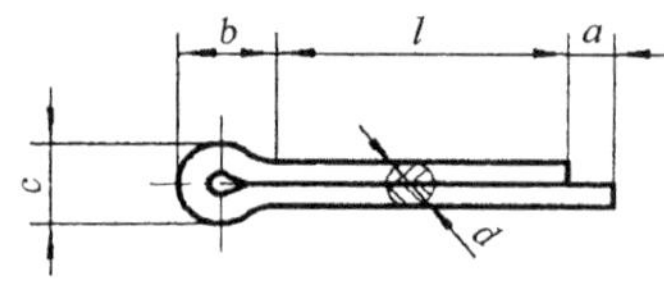


标　记　示　例

公称直径 $d$=5mm、长度 $l$=50mm、材料为Q215或Q235，不经表面处理的开口销：

销　GB/T91　5×50

(单位:mm)

| $d$ | | 1 | 1.2 | 1.6 | 2 | 2.5 | 3.2 | 4 | 5 | 6.3 | 8 | 10 | 12 |
|---|---|---|---|---|---|---|---|---|---|---|---|---|---|
| $c$ | max | 1.8 | 2 | 2.8 | 3.6 | 4.6 | 5.8 | 7.4 | 9.2 | 11.8 | 15 | 19 | 24.8 |
| | min | 1.6 | 1.7 | 2.4 | 3.2 | 4 | 5.1 | 6.5 | 8 | 10.3 | 13.1 | 16.6 | 21.7 |
| $b$≈ | | 3 | 3 | 3.2 | 4 | 5 | 6.4 | 8 | 10 | 12.6 | 16 | 20 | 26 |
| $a$ max | | 1.6 | 2.5 | | | | 3.2 | 4 | | | | 6.3 | |
| $l$系列 | | 2,3,4,5,6,8,10,12,14,16,18,20,22,24,26,28,30,32,35,40,45,50,55,60,65,70,75,80,85,90 | | | | | | | | | | | |

## 附表3.17　深沟球轴承(GB/T 276—1994)

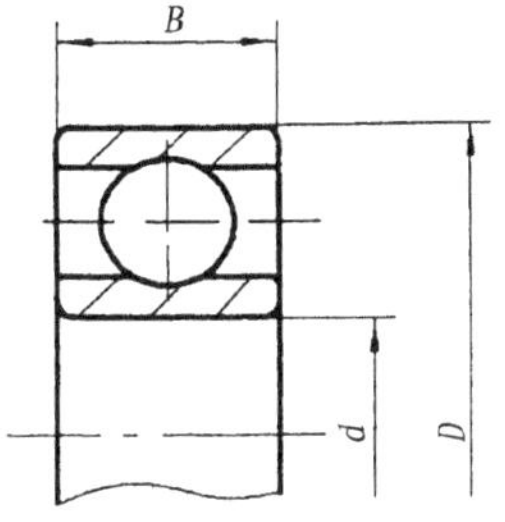


6000 型

**标　记　示　例**

滚动轴承　6012　GB/T 276—1994

(单位:mm)

| 轴承代号 | $d$ | $D$ | $B$ |
|---|---|---|---|
| 01 系列 | | | |
| 606 | 6 | 17 | 6 |
| 607 | 7 | 19 | 6 |
| 608 | 8 | 22 | 7 |
| 609 | 9 | 24 | 7 |
| 6000 | 10 | 26 | 8 |
| 6001 | 12 | 28 | 8 |
| 6002 | 15 | 32 | 9 |
| 6003 | 17 | 35 | 10 |
| 6004 | 20 | 42 | 12 |
| 6005 | 25 | 47 | 12 |
| 6006 | 30 | 55 | 13 |
| 6007 | 35 | 62 | 14 |
| 6008 | 40 | 68 | 15 |
| 6009 | 45 | 75 | 16 |
| 6010 | 50 | 80 | 16 |
| 6011 | 55 | 90 | 18 |
| 6012 | 60 | 95 | 18 |
| 02 系列 | | | |
| 623 | 3 | 10 | 4 |
| 624 | 4 | 13 | 5 |
| 625 | 5 | 16 | 5 |
| 626 | 6 | 19 | 6 |
| 627 | 7 | 22 | 7 |
| 628 | 8 | 24 | 8 |
| 629 | 9 | 26 | 8 |
| 6200 | 10 | 30 | 9 |
| 6201 | 12 | 32 | 10 |
| 6202 | 15 | 35 | 11 |
| 6203 | 17 | 40 | 12 |
| 6204 | 20 | 47 | 14 |
| 6205 | 25 | 52 | 15 |
| 6206 | 30 | 62 | 16 |
| 6207 | 35 | 72 | 17 |
| 6208 | 40 | 80 | 18 |
| 6209 | 45 | 85 | 19 |
| 6210 | 50 | 90 | 20 |
| 6211 | 55 | 100 | 21 |
| 6212 | 60 | 110 | 22 |
| 03 系列 | | | |
| 634 | 4 | 16 | 5 |
| 635 | 5 | 19 | 6 |
| 6300 | 11 | 35 | 11 |
| 6301 | 12 | 37 | 12 |
| 6302 | 15 | 42 | 13 |
| 6303 | 17 | 47 | 14 |
| 6304 | 20 | 52 | 15 |
| 6305 | 25 | 62 | 17 |
| 6306 | 30 | 72 | 19 |
| 6307 | 35 | 80 | 21 |
| 6308 | 40 | 90 | 23 |
| 6309 | 45 | 100 | 25 |
| 6310 | 50 | 110 | 27 |
| 6311 | 55 | 120 | 29 |
| 6312 | 60 | 130 | 31 |
| 04 系列 | | | |
| 6403 | 17 | 62 | 17 |
| 6404 | 20 | 72 | 19 |
| 6405 | 25 | 80 | 21 |
| 6406 | 30 | 90 | 23 |
| 6407 | 35 | 100 | 25 |
| 6408 | 40 | 110 | 27 |
| 6409 | 45 | 120 | 29 |
| 6410 | 50 | 130 | 31 |
| 6411 | 55 | 140 | 33 |
| 6412 | 60 | 150 | 35 |
| 6413 | 65 | 160 | 37 |
| 6414 | 70 | 180 | 42 |
| 6415 | 75 | 190 | 45 |
| 6416 | 80 | 200 | 48 |
| 6417 | 85 | 210 | 52 |
| 6418 | 90 | 225 | 54 |
| 6419 | 95 | 240 | 55 |

**附表 3.18　圆锥滚子轴承(GB/T 297—1994)**

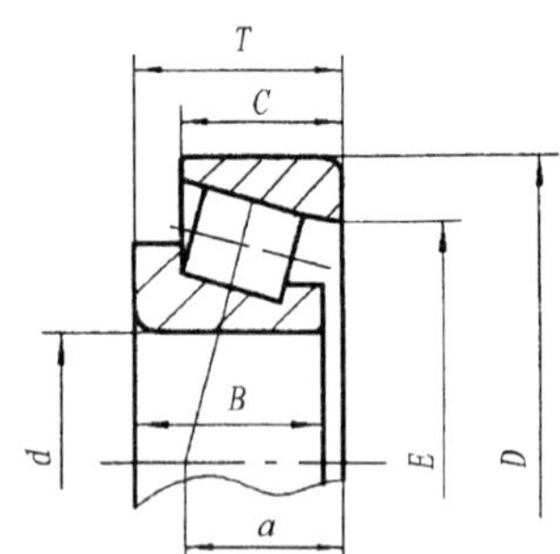


30000 型

标　记　示　例

滚动轴承　30204　GB/T 297—1994

(单位:mm)

| 轴承代号 | $d$ | $D$ | $T$ | $B$ | $C$ | $E$ | $a$ | 轴承代号 | $d$ | $D$ | $T$ | $B$ | $C$ | $E$ | $a$ |
|---|---|---|---|---|---|---|---|---|---|---|---|---|---|---|---|
| 02 系列 | | | | | | | | 22 系列 | | | | | | | |
| 30204 | 20 | 47 | 15.25 | 14 | 12 | 37.3 | 11.2 | 32206 | 30 | 62 | 21.25 | 20 | 17 | 48.9 | 15.4 |
| 30205 | 25 | 52 | 16.25 | 15 | 13 | 41.1 | 12.6 | 32207 | 35 | 72 | 24.25 | 23 | 19 | 57 | 17.6 |
| 30206 | 30 | 62 | 17.25 | 16 | 14 | 49.9 | 13.8 | 32208 | 40 | 80 | 24.75 | 23 | 19 | 64.7 | 19 |
| 30207 | 35 | 72 | 18.25 | 17 | 15 | 58.8 | 15.3 | 32209 | 45 | 85 | 24.75 | 23 | 19 | 69.6 | 20 |
| 30208 | 40 | 80 | 19.75 | 18 | 16 | 65.7 | 16.9 | 32210 | 50 | 90 | 24.75 | 23 | 19 | 74.2 | 21 |
| 30209 | 45 | 85 | 20.75 | 19 | 16 | 70.4 | 18.6 | 32211 | 55 | 100 | 26.75 | 25 | 21 | 82.8 | 22.5 |
| 30210 | 50 | 90 | 21.75 | 20 | 17 | 75 | 20 | 32212 | 60 | 110 | 29.75 | 28 | 24 | 90.2 | 24.9 |
| 30211 | 55 | 100 | 22.75 | 21 | 18 | 84.1 | 21 | 32213 | 65 | 120 | 32.75 | 31 | 27 | 99.4 | 27.2 |
| 30212 | 60 | 110 | 23.75 | 22 | 19 | 91.8 | 22.4 | 32214 | 70 | 125 | 33.25 | 31 | 27 | 103.7 | 28.6 |
| 30213 | 65 | 120 | 24.75 | 23 | 20 | 101.9 | 24 | 32215 | 75 | 130 | 33.25 | 31 | 27 | 108.9 | 30.2 |
| 30214 | 70 | 125 | 26.25 | 24 | 21 | 105.7 | 25.9 | 32216 | 80 | 140 | 35.25 | 33 | 28 | 117.4 | 31.3 |
| 30215 | 75 | 130 | 27.25 | 25 | 22 | 110.4 | 27.4 | 32217 | 85 | 150 | 38.5 | 36 | 30 | 124.9 | 34 |
| 30216 | 80 | 140 | 28.25 | 26 | 22 | 119.1 | 28 | 32218 | 90 | 160 | 42.5 | 40 | 34 | 132.6 | 36.7 |
| 30217 | 85 | 150 | 30.5 | 28 | 24 | 126.6 | 29.9 | 32219 | 95 | 170 | 45.5 | 43 | 37 | 140.2 | 39 |
| 30218 | 90 | 160 | 32.5 | 30 | 26 | 134.9 | 32.4 | 32220 | 100 | 180 | 49 | 46 | 39 | 148.1 | 41.8 |
| 30219 | 95 | 170 | 34.5 | 32 | 27 | 143.3 | 35.1 | | | | | | | | |
| 30220 | 100 | 180 | 37 | 34 | 29 | 151.3 | 36.5 | | | | | | | | |
| 03 系列 | | | | | | | | 23 系列 | | | | | | | |
| 30304 | 20 | 52 | 16.25 | 15 | 13 | 41.3 | 11 | 32304 | 20 | 52 | 22.25 | 21 | 18 | 39.5 | 13.4 |
| 30305 | 25 | 62 | 18.25 | 17 | 15 | 50.6 | 13 | 32305 | 25 | 62 | 25.25 | 24 | 20 | 48.6 | 15.5 |
| 30306 | 30 | 72 | 20.75 | 19 | 16 | 58.2 | 15 | 32306 | 30 | 72 | 28.75 | 27 | 23 | 55.7 | 18.8 |
| 30307 | 35 | 80 | 22.75 | 21 | 18 | 65.7 | 17 | 32307 | 35 | 80 | 32.75 | 31 | 25 | 62.8 | 20.5 |
| 30308 | 40 | 90 | 25.25 | 23 | 20 | 72.7 | 19.5 | 32308 | 40 | 90 | 35.25 | 33 | 27 | 69.2 | 23.4 |
| 30309 | 45 | 100 | 27.75 | 25 | 22 | 81.7 | 21.5 | 32309 | 45 | 100 | 38.25 | 36 | 31 | 78.3 | 25.6 |
| 30310 | 50 | 110 | 29.25 | 27 | 23 | 90.6 | 23 | 32310 | 50 | 110 | 42.25 | 40 | 33 | 86.2 | 28 |
| 30311 | 55 | 120 | 31.5 | 29 | 25 | 99.1 | 25 | 32311 | 55 | 120 | 45.5 | 43 | 35 | 94.3 | 30.6 |
| 30312 | 60 | 130 | 33.5 | 31 | 26 | 107.7 | 26.5 | 32312 | 60 | 130 | 48.5 | 46 | 37 | 102.9 | 32 |
| 30313 | 65 | 140 | 36 | 33 | 28 | 116.8 | 29 | 32313 | 65 | 140 | 51 | 48 | 39 | 111.7 | 34 |
| 30314 | 70 | 150 | 38 | 35 | 30 | 125.2 | 30.6 | 32314 | 70 | 150 | 54 | 51 | 40 | 119.7 | 36.5 |
| 30315 | 75 | 160 | 40 | 37 | 31 | 134 | 32 | 32315 | 75 | 160 | 58 | 55 | 42 | 127.8 | 39 |
| 30316 | 80 | 170 | 42.5 | 39 | 33 | 143.1 | 34 | 32316 | 80 | 170 | 61.5 | 58 | 45 | 136.5 | 42 |
| 30317 | 85 | 180 | 44.5 | 41 | 34 | 150.4 | 36 | 32317 | 85 | 180 | 63.5 | 60 | 48 | 144.2 | 43.6 |
| 30318 | 90 | 190 | 46.5 | 43 | 36 | 159 | 37.5 | 32318 | 90 | 190 | 67.5 | 64 | 49 | 151.7 | 46 |
| 30319 | 95 | 200 | 49.5 | 45 | 38 | 165.8 | 40 | 32319 | 95 | 200 | 71.5 | 67 | 53 | 160.3 | 49 |
| 30320 | 100 | 215 | 51.5 | 47 | 39 | 178.5 | 42 | 32320 | 100 | 215 | 77.5 | 73 | 55 | 171.6 | 53 |

**附表3.19　单向平底推力球轴承**(GB/T301—1995)

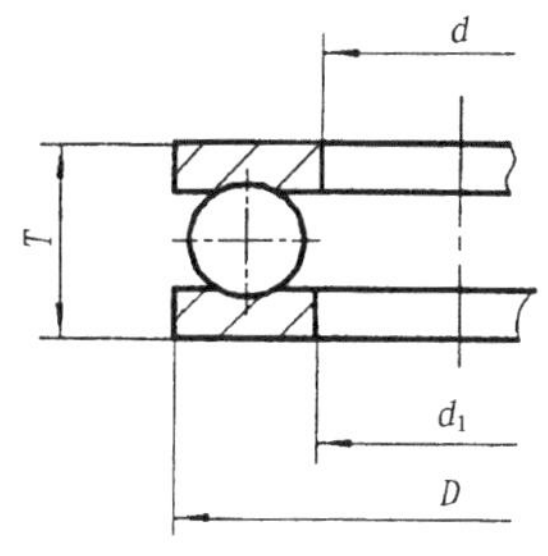


50000 型

**标　记　示　例**

滚动轴承　51214　GB/T 301—1995

(单位:mm)

| 轴承代号 | $d$ | $d_1$ | $D$ | $T$ |
|---|---|---|---|---|
| 11 系列 | | | | |
| 51100 | 10 | 11 | 24 | 9 |
| 51101 | 12 | 13 | 26 | 9 |
| 51102 | 15 | 16 | 28 | 9 |
| 51103 | 17 | 18 | 30 | 9 |
| 51104 | 20 | 21 | 35 | 10 |
| 51105 | 25 | 26 | 42 | 11 |
| 51106 | 30 | 32 | 47 | 11 |
| 51107 | 35 | 37 | 52 | 12 |
| 51108 | 40 | 42 | 60 | 13 |
| 51109 | 45 | 47 | 65 | 14 |
| 51110 | 50 | 52 | 70 | 14 |
| 51111 | 55 | 57 | 78 | 16 |
| 51112 | 60 | 82 | 85 | 17 |
| 51113 | 65 | 65 | 90 | 18 |
| 51114 | 70 | 72 | 95 | 18 |
| 51115 | 75 | 77 | 100 | 19 |
| 51116 | 80 | 82 | 105 | 19 |
| 51117 | 85 | 87 | 110 | 19 |
| 51118 | 90 | 92 | 120 | 22 |
| 51120 | 100 | 102 | 135 | 25 |
| 12 系列 | | | | |
| 51200 | 10 | 12 | 26 | 11 |
| 51201 | 12 | 14 | 28 | 11 |
| 51202 | 15 | 17 | 32 | 12 |
| 51203 | 17 | 19 | 35 | 12 |
| 51204 | 20 | 22 | 40 | 14 |
| 51205 | 25 | 27 | 47 | 15 |
| 51206 | 30 | 32 | 52 | 16 |
| 51207 | 35 | 37 | 62 | 18 |
| 51208 | 40 | 42 | 68 | 19 |
| 51209 | 45 | 47 | 73 | 20 |
| 51210 | 50 | 52 | 78 | 22 |
| 51211 | 55 | 57 | 90 | 25 |
| 51212 | 60 | 62 | 95 | 26 |
| 51213 | 65 | 67 | 100 | 27 |

| 轴承代号 | $d$ | $d_1$ | $D$ | $T$ |
|---|---|---|---|---|
| 12 系列 | | | | |
| 51214 | 70 | 72 | 105 | 27 |
| 51215 | 75 | 77 | 110 | 27 |
| 51216 | 80 | 82 | 115 | 28 |
| 51217 | 85 | 88 | 125 | 31 |
| 51218 | 90 | 93 | 135 | 35 |
| 51219 | 100 | 103 | 150 | 38 |
| 13 系列 | | | | |
| 51304 | 20 | 22 | 47 | 18 |
| 51305 | 25 | 27 | 52 | 18 |
| 51306 | 30 | 32 | 60 | 21 |
| 51307 | 35 | 37 | 68 | 24 |
| 51308 | 40 | 42 | 78 | 26 |
| 51309 | 45 | 47 | 85 | 28 |
| 51310 | 50 | 52 | 95 | 31 |
| 51311 | 55 | 57 | 105 | 35 |
| 51312 | 60 | 62 | 110 | 35 |
| 51313 | 65 | 67 | 115 | 36 |
| 51314 | 70 | 72 | 125 | 40 |
| 51315 | 75 | 77 | 135 | 44 |
| 51316 | 80 | 82 | 140 | 44 |
| 51317 | 85 | 88 | 150 | 49 |
| 14 系列 | | | | |
| 51405 | 25 | 27 | 60 | 24 |
| 51406 | 30 | 32 | 70 | 28 |
| 51407 | 35 | 37 | 80 | 32 |
| 51408 | 40 | 42 | 90 | 36 |
| 51409 | 45 | 47 | 100 | 39 |
| 51410 | 50 | 52 | 110 | 43 |
| 51411 | 55 | 57 | 120 | 48 |
| 51412 | 60 | 62 | 130 | 51 |
| 51413 | 65 | 68 | 140 | 56 |
| 51414 | 70 | 73 | 150 | 60 |
| 51415 | 75 | 78 | 160 | 65 |
| 51416 | 80 | 83 | 170 | 68 |
| 51417 | 85 | 88 | 180 | 72 |

# 参考文献

刘苏. 2010. 现代工程图学教程. 北京:科学出版社
何铭新等. 1999. 机械制图. 北京:高等教育出版社
钱志峰. 2001. 工程图学基础教程. 2版. 北京:科学出版社
唐克中等. 2002. 画法几何及工程制图 . 3版. 北京:高等教育出版社
唐嵬. 2001. 工程制图. 北京:北京理工大学出版社
王农等. 2002. 工程图学基础. 北京:北京航空航天大学出版社
解晓梅等. 2000. 工程制图. 哈尔滨:哈尔滨工业大学出版社
燕山大学. 2001. 工程制图. 北京:中国标准出版社